Hansjoachim Walther
Günter Nägler

Graphen-Algorithmen-Programme

Springer-Verlag Wien New York

Prof. Dr. rer. nat. habil. Hansjoachim Walther
Technische Hochschule Ilmenau

Dr. sc. nat. Günter Nägler
Technische Hochschule Leipzig

Mit 70 Abbildungen

CIP-Kurztitelaufnahme der Deutschen Bibliothek

Walther, Hansjoachim:
Graphen, Algorithmen, Programme / Walther ; Nägler. — Wien ; New York : Springer, 1987.
Gemeinschaftsausg. mit: Fachbuchverl., Leipzig
ISBN-13:978-3-7091-8857-6

NE: Nägler, Günter:

Softcover reprint of the hardcover 1st edition 1987

Gesamtherstellung: Druckhaus Köthen, DDR-4370 Köthen

ISBN-13:978-3-7091-8857-6 e-ISBN-13:978-3-7091-8856-9
DOI: 10.1007/978-3-7091-8856-9

Vorwort

Graphentheorie ist eine junge mathematische Disziplin, 1936 erschien das erste Lehrbuch vom ungarischen Mathematiker Dénes König. Mit der stürmischen Entwicklung der Operationsforschung erlebte auch die Graphentheorie eine ungeahnte Blüte, so daß die Zahl der Bücher zur Graphentheorie heute schon Legion ist. Das Gros der Autoren setzt jedoch beim Leser einen relativ hohen mathematischen Ausbildungsgrad sowie ein hohes Abstraktionsvermögen voraus. Wir verlangen vom Leser im allgemeinen nicht mehr mathematische Kenntnisse, als in den allgemeinbildenden Schulen vermittelt werden (sieht man einmal von den Begriffen Vektor und Matrix ab) und auch nicht mehr als elementare Kenntnisse über Programmierung (Ergibtanweisung, Laufanweisung, bedingter Sprung u.a.). Was wir jedoch vom Leser erwarten, ist die Bereitschaft, sich Zeile für Zeile durch einen Algorithmus hindurchzuarbeiten. Dabei kann der Leser ständig testen, ob er den behandelten Algorithmus verstanden hat, wenn er nämlich das sich anschließende Beispiel selbständig zu Ende führen kann. Kleine Aufgaben sind ebenfalls in die einzelnen Abschnitte eingestreut.

Das vorliegende Lehrbuch wendet sich an Studierende von Fach- und Hochschulen technischer, naturwissenschaftlicher und ökonomischer Fachrichtungen, ferner an in der Praxis Tätige, die sich mit Modellierung, Strukturanalyse und Optimierung diskreter Systeme befassen. Aber auch der Leser, welcher bloß Spaß an der Lösung kombinatorischer Probleme hat, wird nicht umsonst zu diesem Buch greifen.

Zwei Ziele werden mit diesem Buch angesteuert: Erstens soll der Leser mit bekannten, man kann wohl sagen Standardlösungen der angeschnittenen Probleme vertraut gemacht werden, und zweitens soll der Leser lernen, praktische Probleme mit Hilfe von Graphen zu modellieren, Lösungsalgorithmen selbständig zu entwickeln und Programme aufzustellen, damit Rechner zur Lösung des gestellten Problems herangezogen werden können.

Eine Fülle von Beispielen soll das Verständnis erleichtern, sie soll aber auch den anschaulichen Apparat der Graphentheorie dem Leser nahebringen. Natürlich könnte man die Graphentheorie, wie oft geschehen, abstrakt aufbauen, doch glauben wir nicht, dem Leser und vor allem dem Anwender damit einen guten Dienst zu erweisen. Einige Beispiele und Aufgaben aus der Unterhaltungsmathematik sollen den Stoff etwas auflockern.

Die Autoren möchten dem Fachbuchverlag für seine verständnisvolle Hilfe bei der Erarbeitung dieses Buches danken. Vielen Dank auch Herrn Prof. Dr. rer. nat. habil. Horst Sachs für seine wertvollen Hinweise.

Hansjoachim Walther
Ilmenau

Günter Nägler
Leipzig

Inhaltsverzeichnis

0. Einleitung 9

1. Grundlagen 12

1.1. Was ist ein Graph? 12
1.2. Beschreibung und Speicherung von Graphen 14
1.3. Algorithmus und Programm 19
1.4. Einfache Organisationsalgorithmen 23
1.5. Abschätzungen des Aufwandes von Algorithmen 30

2. Abstandsprobleme 36

2.1. Einführung 36
2.2. Erreichbarkeit 37
2.2.1. Problemstellung 37
2.2.2. TRÉMAUX-Algorithmus 38
2.2.3. Das Prinzip Depth-First-Search (DFS) 39
2.2.4. Das Prinzip Breadth-First-Search (BFS) 41
2.3. Wurzelbäume 42
2.3.1. Beispiele 42
2.3.2. Ordnungen in Wurzelbäumen 43
2.4. Zusammenhang 47
2.5. Starker Zusammenhang 50
2.6. Kreisfreiheit 53
2.7. Kürzeste Wege 55
2.7.1. Beispiele 55
2.7.2. Nichtnegative Bogenlängen 57
2.7.3. Beliebige reelle Bogenlängen 59
2.7.4. Kaskadealgorithmus und FLOYD-Algorithmus 62
2.8. Radius und Zentrum 66
2.8.1. Beispiele 66
2.8.2. Definitionen und Aufgabenstellung 67
2.8.3. Algorithmus zur Radius- und Zentrumsermittlung 67
2.8.4. Zentrumsmengen 69
2.9. Längste Wege 71
2.9.1. Beispiele 71
2.9.2. Längste Wege und Kreisfreiheit 74
2.9.3. Graphen ohne Kreise 76
2.9.4. Graphen mit Kreisen 77
2.10. Minimalgerüst 79
2.10.1. Aufgabenstellung 79
2.10.2. Grundidee zur Lösung des Minimalgerüstproblems 80
2.10.3. Greedyalgorithmen 80
2.10.4. Ein Algorithmus vom Aufwand $\mathbf{O}(m\,n)$ 82
2.10.5. Ein Algorithmus vom Aufwand $\mathbf{O}(m \cdot \log n)$ 84
2.11. Das STEINER-Problem 86
2.11.1. Aufgabenstellung 86
2.11.2. Eigenschaften von Minimalnetzen 87
2.11.3. Konstruktion eines Minimalnetzes 89
2.11.4. Algorithmus zur Ermittlung eines STEINER-Netzes 93
2.11.5. Kostenabhängigkeit 94

3. Strom- und Transportprobleme 96

3.1. Beispiele und Definitionen 96
3.2. Elektrische Netze 98
3.2.1. Aufgabenstellung 98
3.2.2. Mathematische Sätze 99
3.2.3. Methoden zur Lösung der Gleichungssysteme 102
3.2.4. Eine mathematische Perle 104
3.3. Maximalstromproblem 108
3.3.1. Problemformulierung 108
3.3.2. Eine Ersatzaufgabe 111
3.3.3. Verbalalgorithmus zur Lösung des Maximalstromproblems MAX 2 und PASCAL-procedure 112
3.4. Zirkulationsproblem 115
3.4.1. Problemstellung und Beispiele 115
3.4.2. Das Optimalitätskriterium 120
3.4.3. Die Idee des out-of-kilter-Algorithmus 120
3.4.4. Verbalalgorithmus und PASCAL-procedure TRANSPORT 126
3.5. Das Zuordnungsproblem 129

3.5.1. Aufgabenstellung 129
3.5.2. Der Satz von KÖNIG 130
3.5.3. Verbalalgorithmus zur Lösung des Zuordnungsproblems 131
3.5.4. Ein Beispiel 131
3.5.5. PASCAL-procedure ZUORDNUNG 133
3.6. Das Rundreiseproblem 134
3.6.1. Aufgabenstellung 134
3.6.2. Ein Verfahren, basierend auf dem Prinzip branch-and-bound 135
3.6.3. Verbalalgorithmus zur exakten Lösung des Rundreiseproblems 137
3.6.4. Näherungsverfahren zur Lösung des Rundreiseproblems und PASCAL-procedures 137

4. Parameterprobleme 146

4.1. Innere Stabilitätszahl 146
4.1.1. Beispiele und Probleme 146
4.1.2. Verbalalgorithmus zur Ermittlung innerlich stabiler Mengen und PASCAL-procedure 148
4.2. Chromatische Zahl 152
4.2.1. Problemstellung 152
4.2.2. Definitionen und Sätze 152
4.2.3. Verbalalgorithmen zur zulässigen Färbung eines Graphen .. 154
4.2.4. PASCAL-procedure zur Minimalgradfolge und zulässiger Färbung 156
4.2.5. Exakter Algorithmus zur Bestimmung der chromatischen Zahl und PASCAL-procedure . 157
4.2.6. Prozedur zur Ermittlung der chromatischen Zahl 162
4.3. Dominierende Knotenmengen 164
4.3.1. Beispiele und Aufgabenstellung 164
4.3.2. Definitionen, Verbalalgorithmus und PASCAL-procedure 166
4.4. Maximumpaarung 169
4.4.1. Aufgabenstellung 169
4.4.2. Erforderliche Sätze 170
4.4.3. Verbalalgorithmus 171
4.4.4. PASCAL-procedure zur Näherung an eine Maximumpaarung 172
4.5. Planarität von Graphen 174
4.5.1. Problemstellung 174
4.5.2. Planaritätssätze 175
4.5.2.1. Der Satz von KURATOWSKI .. 175
4.5.2.2. Der Satz von MCLANE 176
4.5.2.3. Der Satz von WHITNEY 178
4.5.3. Planaritätsalgorithmen 179
4.6. Bemerkungen zur Auswertung von Rechenbeispielen 183

Literatur- und Quellenverzeichnis 188

Sachwortverzeichnis 190

0. Einleitung

Was erwartet den Leser in diesem Buch?

Im ersten Abschnitt wird erklärt, was wir unter einem *Graphen*, einem *Algorithmus* und einem *Programm* verstehen wollen. Einfache Beispiele, Darstellungs- und Speicherformen von Graphen sowie erste kleine Algorithmen, vor allem in den nächsten Kapiteln benötigte Organisationsalgorithmen, werden zusammengestellt.
Abschnitt 2. ist als zentrales Kapitel des Buches anzusehen. Hier wird der Leser vor allem damit vertraut gemacht, wie man aus der praktischen Aufgabenstellung heraus zum Graphenmodell und einer Problemstellung diesen Graphen betreffend gelangt. Aus der Problemstellung auf dem Graphen wird zunächst ein Verbalalgorithmus formuliert, aus diesem heraus eine befehlsmäßige ALGOL-ähnliche Aufschlüsselung des Algorithmus und schließlich hieraus die **PASCAL**-procedure. Eine besondere Rolle, auch für die späteren Abschnitte, spielt der Begriff der *Erreichbarkeit* in einem Graphen. Auf diesen Begriff aufbauend, werden dann im dritten Abschnitt Strom- bzw. Zirkulationsprobleme behandelt. Im vierten Abschnitt geht es vor allem um die numerische Ermittlung von Parametern eines Graphen.
Die einzelnen Abschnitte sind weitgehend einheitlich aufgebaut. Beginnend mit einem praktischen Problem, wird eine mathematische Aufgabenstellung auf einem Modellgraphen formuliert. Ohne Beweise werden dann erforderliche mathematische Sätze genannt, aus denen heraus die Idee zur Lösung des mathematischen Problems in Form eines Verbalalgorithmus entwickelt wird. Ein kleines Handbeispiel zum Verständnis des Algorithmus schließt sich an. Im Gegensatz zum zweiten Abschnitt, wo befehlsmäßig aufgeschlüsselter Algorithmus und **PASCAL**-procedure optisch parallel dargestellt werden, sind im dritten und vierten Abschnitt nur noch die **PASCAL**-procedures angegeben.
Aus Platzersparnisgründen haben wir auf eine Angabe von Programmablaufplänen verzichtet.
Wir werden es ständig mit *Mengen* zu tun haben, wobei alle auftretenden Mengen endlich sind. Wenn in der Mathematik von einer Menge die Rede ist, so ist darin eingeschlossen, daß die Elemente derselben paarweise verschieden voneinander sind. Bei vielen Anwendungsfällen geschieht es jedoch, daß in einem Ensemble $\mathfrak{B} = \{b_1, b_2, \ldots, b_n\}$ von Elementen b_i gewisse der Elemente gleich sind (oder doch gleich sein können). In einem solchen Fall pflegt der Mathematiker das Ensemble $\mathfrak{B}$ eine *Familie* zu nennen. Handelt es sich in diesem Buch um Ensembles von Knoten, Bögen oder Kanten, so sind die Elemente stets verschieden voneinander, handelt es sich jedoch um Größen, die Knoten, Bögen oder Kanten zugeordnet sind (z.B. Bogenlängen, Kapazitäten, Potentiale o.a.), so müssen die zu einem Ensemble zusammengefaßten Größen nicht unbedingt paarweise verschieden voneinander sein.
Denken wir uns z.B. 5 Kinder $X_1, X_2, \ldots, X_5$ zu einer Menge $\mathfrak{X}$ zusammengefaßt. Die 5 Kinder mögen eine Kette $\mathbf{K}_1 = (X_2, X_4, X_5, X_1, X_3)$ bilden, wobei X_2 sich an X_4 festhält, X_4 sich an X_2 und X_5 festhält usw. In dieser Deutung spielt die Anordnung der Elemente der Menge $\mathfrak{X}$ offenbar eine große Rolle, da sich die Kette

$\mathbf{K}_1$ von einer Kette $\mathbf{K}_2 = (X_1, X_2, X_3, X_4, X_5)$ unterscheidet, wenn sich die Kinder in einer anderen Reihenfolge festhalten. In der Mathematik nennt man die Anordnung der 5 Elemente $X_1, X_2, \ldots, X_5$ gemäß der Kette $\mathbf{K}_1$ eine *Permutation* der 5 Elemente gemäß der Anordnung $\mathbf{K}_2$ (oder auch umgekehrt). Hat man allgemein eine Menge $\mathfrak{M} = \{X_1, X_2, \ldots, X_n\}$ von n Elementen gegeben, so beschreiben wir eine Permutation von $\mathfrak{M}$ durch $(X_{i_1}, X_{i_2}, \ldots, X_{i_n})$, wobei die Indizes $i_1, i_2, \ldots, i_n$ eine Umordnung der ersten n natürlichen Zahlen $1, 2, \ldots, n$ sind.
Im obigen Beispiel ($\mathbf{K}_1$ aufgefaßt als Permutation von $\mathbf{K}_2$) wäre

$$i_1 = 2, i_2 = 4, i_3 = 5, i_4 = 1, i_5 = 3.$$

Leider benötigen wir manchmal noch kompliziertere Indizierungen einer Menge oder doch von Teilmengen derselben.
Denken wir uns eine Menge $\mathfrak{X} = \{X_1, X_2, \ldots, X_n\}$ gegeben. Wir wollen eine gewisse Anzahl r von Untermengen $\mathfrak{X}_i$ $(i = 1, 2, \ldots, r)$ beschreiben. Dann unterscheiden sich die Untermengen voneinander nicht nur in den Elementen, aus denen sie gebildet werden, sondern evtl. auch in ihrer Anzahl. Wir beschreiben dann die $\mathfrak{X}_i$ in der Form:

$$\mathfrak{X}_1 = \{X_{i_1^1}, X_{i_2^1}, \ldots, X_{i_{n_1}^1}\}, \ldots, \mathfrak{X}_r = \{X_{i_1^r}, X_{i_2^r}, \ldots, X_{i_{n_r}^r}\}.$$

Wäre z.B. $\mathfrak{X} = \{X_1, X_2, X_3, X_4, X_5\}$, $r = 3$, und $\mathfrak{X}_1 = \{X_1, X_4\}$, $\mathfrak{X}_2 = \{X_3, X_5\}$ und $\mathfrak{X}_3 = \{X_2, X_3, X_4, X_5\}$, so wäre $i_1^1 = 1$, $i_2^1 = 4$, $n_1 = 2$ usw.
Kommen wir nun zu dem häufig benötigten Begriff der *lexikographischen Anordnung* von Untermengen einer gegebenen Menge. Dazu betrachten wir das folgende Beispiel.
In einer Kiste befinden sich 8 Gewichte $P_1, P_2, \ldots, P_8$ zu 1 kg, 2 kg, …, 8 kg, resp. Welche Möglichkeiten bestehen für ein Kind, gewisse der Gewichte wegzutragen, wenn es einerseits möglichst viele Gewichte wegtragen möchte, jedoch andererseits nicht mehr als 7 kg auf einmal tragen kann?
Ausprobieren aller Varianten zeigt, daß die folgenden 7 Möglichkeiten bestehen:

$$\mathfrak{T}_1 = \{P_1, P_2, P_3\}, \mathfrak{T}_2 = \{P_1, P_2, P_4\}, \mathfrak{T}_3 = \{P_1, P_5\}, \mathfrak{T}_4 = \{P_1, P_6\},$$
$$\mathfrak{T}_5 = \{P_2, P_5\}, \mathfrak{T}_6 = \{P_3, P_4\}, \mathfrak{T}_7 = \{P_7\}.$$

Alle diese 7 Mengen sind *maximale Mengen*. Darunter verstehen wir, daß es nicht möglich ist, zu irgendeiner der Mengen $\mathfrak{T}_i$ noch ein nicht in $\mathfrak{T}_i$ liegendes Element P_j hinzuzufügen, ohne die Gewichtsgrenze von 7 kg zu überschreiten. Als *Maximummengen* (die möglichst viele Elemente enthalten) kommen jedoch nur $\mathfrak{T}_1$ und $\mathfrak{T}_2$ in Frage.
Die 7 das gestellte Problem lösenden Teilmengen $\mathfrak{T}_i$ haben wir – wie man sagt – *lexikographisch geordnet*. Darunter ist folgendes zu verstehen: Gegeben sei eine n-elementige Menge $\mathfrak{X} = \{X_1, \ldots, X_n\}$. Einer Teilmenge $\mathfrak{X}'$ von $\mathfrak{X}$ ordnen wir einen Vektor $\boldsymbol{t} = (t_1, t_2, \ldots, t_n)$ mit n Komponenten zu, wobei

$$t_i = \begin{cases} 0, \text{ falls } X_i \notin \mathfrak{X}' \\ 1, \text{ falls } X_i \in \mathfrak{X}'. \end{cases}$$

$\boldsymbol{t}$ heißt der *charakteristische Vektor* von $\mathfrak{X}'$ bez. $\mathfrak{X}$.
In unserem Beispiel der Gewichte wäre der zur Untermenge $\mathfrak{T}_3$ gehörige charakteristische Vektor $\boldsymbol{t}_3 = (1, 0, 0, 0, 1, 0, 0)$.
Seien $\boldsymbol{t}$ und $\boldsymbol{s}$ die den zwei Teilmengen $\mathfrak{T}, \mathfrak{S} \subseteq \mathfrak{X}$ einer Menge $\mathfrak{X} = \{X_1, X_2, \ldots, X_n\}$ zugeordneten charakteristischen Vektoren bez. $\mathfrak{X}$. Für $\mathfrak{S} \neq \mathfrak{T}$ unterscheiden sich

$\boldsymbol{t}$ und $\boldsymbol{s}$ in wenigstens einer Komponente. Es sei k die kleinste natürliche Zahl, für die $t_k \neq s_k$ gilt (wenn $\boldsymbol{t} = (t_1, \ldots, t_n)$ und $\boldsymbol{s} = (s_1, \ldots, s_n)$ ist). Falls $t_k = 1$ und $s_k = 0$ ist, so sagen wir, $\boldsymbol{t}$ *liegt vor* $\boldsymbol{s}$ (geschrieben $\boldsymbol{t} < \boldsymbol{s}$), andernfalls liegt $\boldsymbol{s}$ vor $\boldsymbol{t}$.

Eine Menge $\{\mathfrak{T}_1, \mathfrak{T}_2, \ldots, \mathfrak{T}_r\}$ von Teilmengen einer Menge $\mathfrak{X}$ heißt *lexikographisch geordnet,* falls für die charakteristischen Vektoren bez. $\mathfrak{X}$ die Beziehung $\boldsymbol{t}_1 < \boldsymbol{t}_2 < \ldots < \boldsymbol{t}_r$ gilt.

Der Leser schreibe für das Beispiel die 7 charakteristischen Vektoren auf und überzeuge sich selber davon, daß die $\mathfrak{T}_i$ in der angegebenen Reihenfolge lexikographisch geordnet sind.

Abschließend möchten wir noch den häufig – nicht nur im Buch – gebrauchten Begriff der *Optimierung* klären: Wir verstehen durchgehend unter Optimierung das Auffinden eines Maximums oder Minimums – je nach Aufgabenstellung. In der nichtmathematischen Sprache wird der Begriff Optimierung [optimum (lat.) das beste, am besten] zunehmend falsch verwendet, etwa in der Form: Gegeben ist der Zustand eines Systems, der einem nicht gefällt und den man zu verbessern wünscht. Wenn es nun gelingt, den Zustand tatsächlich zu verbessern, so wird dieses häufig bereits als Optimierung gefeiert, obwohl es doch nur eine Meliorierung [melior (lat.) besser] ist, denn ob man wirklich den bestmöglichen Zustand erreicht hat, entzieht sich meist der Beurteilung.

Für Meliorierung hat sich in der Fachliteratur ein anderer, auch nicht gerade glücklicher Begriff eingestellt: Ist einem eine Meliorierung gelungen, weiß man aber ziemlich sicher, daß das Optimum noch nicht erreicht ist, so spricht man davon, daß die gefundene Lösung suboptimal ist, dabei suggerierend, daß man wohl schon dicht am Optimum liegt. Als kritischer Beobachter könnte man die gefundene Lösung ebensogut als nonpessimal [pessimum (lat.) das schlechteste, am schlechtesten] bezeichnen. Aus mathematischer Sicht befindet sich ein System in suboptimalem Zustand genau dann, wenn es sich nicht im pessimalen Zustand befindet.

1. Grundlagen

1.1. Was ist ein Graph?

In vielfältiger Form treten uns Graphen direkt oder indirekt entgegen. In direkter Form z.B. als Stadtpläne, wo den Kreuzungen die Punkte oder Knoten des Graphen entsprechen und den die Kreuzungen verbindenden Straßen die Kanten, sofern die Straßen in beiden Richtungen befahrbar sind, oder die Bögen, sofern es sich um Einbahnstraßen handelt. In vielen Anwendungsfällen aber treten uns die Graphen nicht unmittelbar entgegen. Betrachten wir etwa die elektrische Schaltung der Abb. 1.1.1a. Die Modellierung mittels eines Graphen gemäß Abb. 1.1.1b erfordert einerseits einige Opfer an Information, wohingegen sie andererseits gewisse Eigenschaften deutlicher hervortreten läßt. Geht es z.B. nur darum zu ermitteln, wieviel unabhängige Maschen das elektrische Netz hat, so reicht der Modellgraph völlig aus. Benötigt man jedoch zur Berechnung der Zweigströme die genauen Maschengleichungen, so reicht der Graph nicht mehr aus, denn die EMK und Widerstände sind im Graphen verlorengegangen.

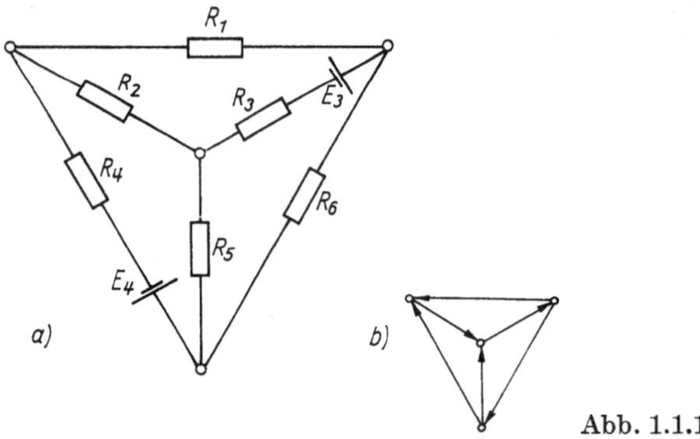

Abb. 1.1.1

Noch weniger offensichtlich ist die Modellierung einer allseits beliebten Flüssigkeit durch einen Graphen. Hat der Chemiker durch die Summenformel C_2H_5OH (vgl. Abb. 1.1.2a) bereits fast alles Schöne beseitigt, so ist dem Graphen der Abb. 1.1.2b nichts Originales mehr anzusehen.

Für manche Zwecke ist dennoch auch hier das Graphenmodell völlig ausreichend, etwa wenn man sich nur für die Valenzverhältnisse interessiert.

Bei manchen Problemen wird man quasi zwangsweise auf ein Graphenmodell geführt: Der Schüler, der sich an dem Problem versucht, drei Häuser mit drei Werken so zu verbinden, daß sich keine zwei Verbindungen kreuzen, macht sich selber ein Modell, denn selten wird er drei Häuser und drei Werke hinzeichnen und zwischen ihnen die Verbindungen suchen, sondern er wird die drei Häuser durch einen Typ von Punkten oder Knoten charakterisieren und die Werke durch einen anderen Typ und hat damit bereits eine Modellierung vollzogen.

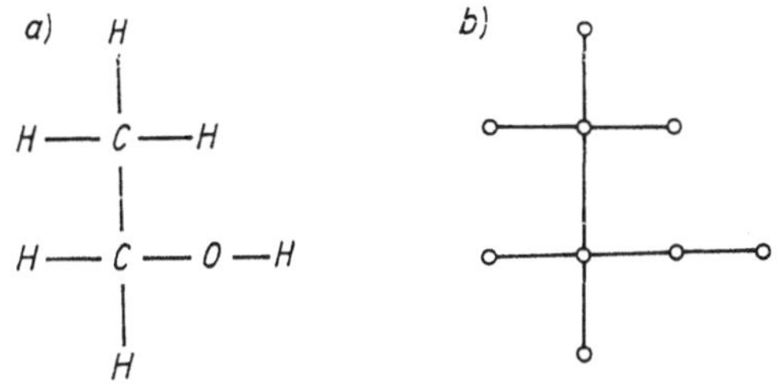

Abb. 1.1.2

War bei den bisherigen Beispielen jedem Leser einleuchtend, daß man mittels eines Graphen ein für gewisse Zwecke brauchbares Modell aufbauen kann, so ist das bei dem folgenden keineswegs mehr der Fall. Betrachten wir dazu ein Beispiel aus der Unterhaltungsmathematik: Am rechten Ufer eines Flusses befinden sich zwei Missionare und zwei Kannibalen sowie ein Boot, das höchstens zwei Personen befördern kann. Genau einer der Missionare und genau einer der Kannibalen ist in der Lage, das Boot zu rudern. Ziel ist es, alle vier Personen auf die linke Seite des Flusses zu rudern, wobei dafür zu sorgen ist, daß nirgends ein Missionar allein beiden Kannibalen gegenübersteht (evtl. weil die Kannibalen den Missionar von der Erfolglosigkeit seiner Mission überzeugen könnten). Wie ist die Überfahrt zu organisieren? Der Leser wird sicher selber eine Lösung dieser kleinen Aufgabe finden, dennoch wollen wir ein Graphenmodell angeben, mit dessen Hilfe nicht nur diese kleine Aufgabe gelöst werden kann, sondern welches uns die Möglichkeit gibt, auch analoge Aufgaben zu lösen:

Der Ausgangszustand wird beschrieben durch das Symbol $\dot{M}M\dot{K}K$, dabei bedeutet ein Punkt über M oder K, daß dieser Missionar bzw. Kannibale zu rudern in der Lage ist. Weiter sind die folgenden Zustände möglich: $\dot{M}M\dot{K}$, $\dot{M}MK$, $\dot{M}\dot{K}$, $\dot{M}K$, $M\dot{K}$, $\dot{K}K$, $\dot{K}$, $\emptyset$, wobei wir uns stets das Boot auf der rechten Seite denken (außer im Falle $\emptyset$, in welchem niemand mehr auf der rechten Seite ist, womit ja zwangsläufig auch das Boot nicht rechts sein kann). Ein Zustand $M\dot{K}K$ ist nicht möglich, da die Kannibalenzahl rechts die der Missionare übertrifft, aber auch der Zustand $\dot{M}$ ist nicht möglich, da andernfalls links mehr Kannibalen als Missionare wären. Der Zustand K ist nicht möglich, da das Boot von einem Kannibalen ohne Qualifikation gerudert worden wäre. Nun konstruieren wir einen Graphen, und zwar wird jedem der möglichen Zustände auf dem rechten Ufer ein Knoten zugeordnet, vgl. Abb. 1.1.3, dabei verbinden wir genau dann zwei Knoten durch eine Kante, wenn die den Knoten entsprechenden Zustände durch eine Hin- und Herfahrt ineinander überführbar sind. So ist es z.B. möglich, den Zustand $\dot{M}MK$ in den Zustand $\dot{M}K$ zu überführen, indem beide Missionare auf die linke Seite rudern, dort steigt der ruderunfähige Missionar aus, und der andere Missionar rudert zurück nach rechts. Da im Falle erfolgreicher Überfahrt aller das Boot zwangsläufig auf der linken Seite ist, haben wir den Zustand $\emptyset$ durch eine Schlange über der 0 gekennzeichnet. Zur Lösung der ursprünglichen Aufgabe müssen wir nun einen Weg vom Knoten $\dot{M}M\dot{K}K$ zum Knoten 0 finden. Da es mehrere Wege gibt, gibt es auch mehrere Lösungen. Der Leser überlege sich selber, ob die Überfahrt auch gelungen wäre, wenn nur ein Missionar oder nur ein Kannibale rudern könnte. Wie sieht es bei der Überfahrt dreier Missionare und dreier Kannibalen aus, wenn nur ein Missionar und nur ein Kannibale rudern kann? Beliebig viele Aufgaben schließen sich an, die durch ähnliche Modelle behandelbar sind.

Nach diesen Beispielen kommen wir nun zur mathematischen Definition eines Graphen.

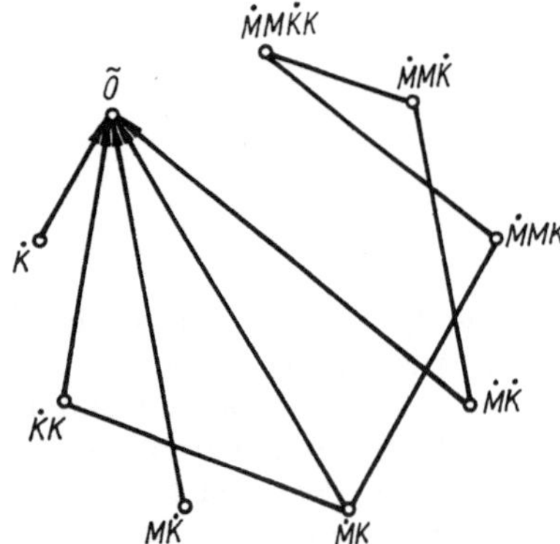

Abb. 1.1.3

Definition

Ein *Graph* $\mathfrak{G} = \mathfrak{G}(\mathfrak{X}, \mathfrak{U})$ besteht aus einer Menge $\mathfrak{X} = \{X_1, \ldots, X_n\}$, genannt Menge der *Knotenpunkte* oder *Knoten* des Graphen, einer Menge $\mathfrak{U} = \{u_1, \ldots, u_m\}$, genannt Menge der *Kanten* im ungerichteten Fall und Menge der *Bögen* im gerichteten Fall, sowie einer sog. *Inzidenzfunktion* f, die jeder Kante u_r ein ungeordnetes Paar $[X_i, X_j]$ von Knoten X_i, X_j – nämlich ihre *Endpunkte* oder *Endknoten* – bzw. im gerichteten Fall jedem Bogen u_r ein geordnetes Paar (X_i, X_j) von Knoten X_i, X_j zuordnet. Im gerichteten Fall heißt dann X_i der *Anfangs-* oder *Startknoten* des Bogens u_r und X_j *End-* und *Zielknoten* von u_r.

Wem zu Beginn diese Definition zu abstrakt ist, der sei nicht betrübt, im praktischen Arbeiten mit den Graphen gibt es nur Knoten und Kanten oder Bögen, die gewisse dieser Knoten miteinander verbinden. In dieser Weise werden wir auch stets sprechen.

1.2. Beschreibung und Speicherung von Graphen

Will man mittels einer EDVA (Elektronische Datenverarbeitungsanlage – ein schönes kurzes Wort gemessen am Wort Rechner) einen Graphen »verarbeiten«, so muß der Graph dem Rechner in vernünftiger Weise »eingegeben« werden. Um die rechentechnische Organisation dieser Eingabe wollen wir uns nicht weiter kümmern. Wichtig ist, daß der Graph im Ergebnis in irgendeiner Weise »aufgelistet« ist, daß also am Ende der Eingabe auf alle Fälle die Knoten numeriert sind. Wir werden dabei im weiteren die Knotennummer mit dem bei der Definition des Graphen verwandten Knotenindex gleichsetzen. Man soll sich jedoch klar sein, daß diese Numerierung willkürlich »aufgezwungen« ist, daß derselbe Graph also auf verschiedene Weise beschrieben werden kann (sog. *Isomorphie* von Graphen). Mit diesem Mangel müssen wir leben.

Obwohl moderne Rechner durch Magnetbänder und -platten praktisch unbegrenzt über Speicherplatz verfügen, ist für die Rechengeschwindigkeit doch der innere Hauptspeicher mit schnellem Zugriff von ausschlaggebender Bedeutung. Gehen wir bei Überlegungen zur Speichertechnik von einer »Partitionierung« des Speichers aus, so ist es real anzunehmen, daß zur Speicherung etwa 100 KByte zur Verfügung stehen (1 Byte = 8 bit, 1 KByte = 1024 Byte). Nehmen wir an, daß ein Graph (z.B. der Netzplan eines größeren Projektes) 1000 Knoten und 2000 Bögen hat, und packen wir jede Knotennummer und jede Bogennummer in je ein Wort zu 4 Byte, so benötigen wir rund 12 KByte zur alleinigen Speicherung der Knoten- und Bogennummern, ohne daß schon irgendwelche Inzidenzverhältnisse gespeichert wären. Es ist also ratsam, den Speicherbedarf sorgfältig zu kalkulieren. Es darf aber auch an die Grundvorstellungen vom Aufbau eines Speichers erinnert werden: Der abzuspeichernde mathematische Begriff ist naturgemäß der *Vektor*, dem in der Rechentechnik die *Liste* entspricht. Eine Matrix z.B. wird als Folge von Spalten- oder auch Zeilenvektoren gespeichert.

Will man zeitaufwendige Adreßrechnungen vermeiden, so muß man bei der Speicherung die zu programmierenden Algorithmen beachten, und umgekehrt – wir werden das genügend oft praktizieren – sollte man beim Algorithmenentwurf die Speichertechnik ins Auge fassen.

Da wir eigentlich ausschließlich sog. *schlichte* Graphen betrachten, also Graphen, die weder isolierte Knoten noch *Schlingen* (Anfangs- und Endknoten des Bogens fallen zusammen) noch *Mehrfachbögen* (verschiedene Bögen haben gleiche Anfangs- und Endknoten) besitzen, wollen wir, wenn wir von Graphen sprechen, stets schlichte Graphen im Auge haben. Sollte an irgendeiner Stelle diese Voraussetzung verletzt sein, so wollen wir an Ort und Stelle darauf verweisen.

Da wir in den Rechnerprogrammen ausschließlich mit gerichteten Graphen operieren, wollen wir die folgenden Definitionen nur für gerichtete Graphen angeben. Für ungerichtete Graphen können die Definitionen in ähnlicher Weise übernommen werden.

Auch wenn sich die spezielle Aufgabenstellung auf einen ungerichteten Graphen $\mathfrak{G}$ bezieht, werden wir zur rechentechnischen Realisierung der erforderlichen Lösungsalgorithmen $\mathfrak{G}$ in einen gerichteten Graphen verwandeln (vgl. Abschnitt 1.4.).

1. Speichervariante: Adjazenzmatrix

Wir denken uns die Knotenpunkte in irgendeiner Weise numeriert, also $\mathfrak{X} = \{X_1, X_2, \ldots, X_n\}$. Dem Graphen $\mathfrak{G}(\mathfrak{X}, \mathfrak{U})$ ordnen wir seine *Adjazenzmatrix* $\boldsymbol{A} = (a_{ij})_{\substack{i=1,2,\ldots,n\\ j=1,2,\ldots,n}}$ mit n Zeilen und n Spalten wie folgt zu:

$$a_{ij} = \begin{cases} 1, & \text{sofern es einen Bogen } u = (X_i, X_j) \text{ gibt} \\ 0 & \text{andernfalls.} \end{cases}$$

Betrachten wir den Graphen der Abb. 1.2.1a. Die zugehörige Adjazenzmatrix ist:

$$\begin{matrix} & \begin{matrix} 1 & 2 & 3 & 4 & 5 & 6 \end{matrix} & \\ \boldsymbol{A} = \boldsymbol{A}(\mathfrak{G}) = & \begin{pmatrix} 0 & 1 & 0 & 0 & 0 & 1 \\ 0 & 0 & 1 & 0 & 0 & 0 \\ 0 & 0 & 0 & 1 & 1 & 0 \\ 0 & 1 & 0 & 0 & 1 & 0 \\ 1 & 0 & 0 & 0 & 0 & 0 \\ 0 & 0 & 0 & 0 & 1 & 0 \end{pmatrix} & \begin{matrix} 1 \\ 2 \\ 3 \\ 4 \\ 5 \\ 6 \end{matrix} \end{matrix}$$

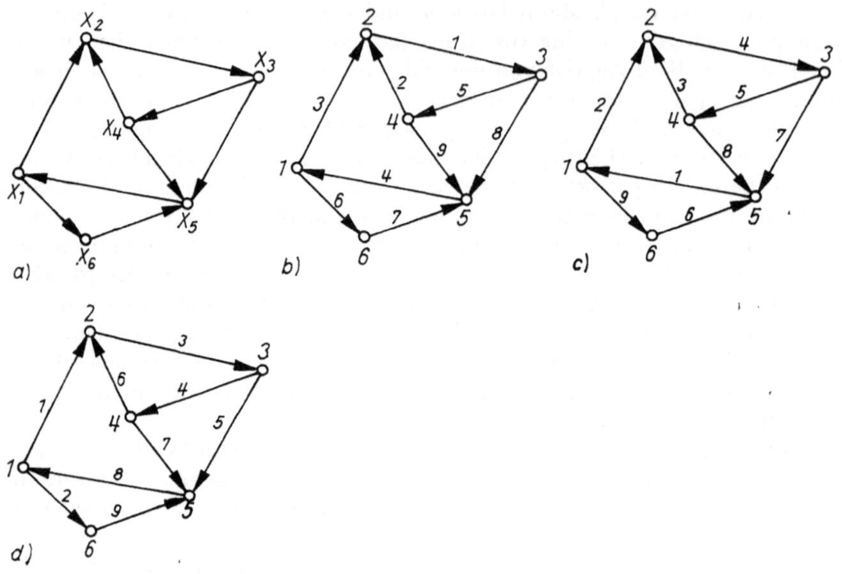

Abb. 1.2.1

Bei einer anderen Numerierung der Knoten wäre selbstverständlich eine andere Adjazenzmatrix herausgekommen, die jedoch durch geeignete Permutation der Zeilen und Spalten in obige Matrix transformierbar ist.

2. Speichervariante: Inzidenzmatrix

Außer den Knoten des Graphen $\mathfrak{G}$ numerieren wir auch die Bögen willkürlich durch, etwa gemäß der Abb. 1.2.1b.
Wir ordnen $\mathfrak{G}$ die sog. *Inzidenzmatrix* $\boldsymbol{F} = (f_{rs})_{\substack{r=1,2,\ldots,n\\ s=1,2,\ldots,m}}$ zu, wobei

$$f_{rs} = \begin{cases} 1, & \text{falls } X_r \text{ Startknoten des Bogens } u_s \text{ ist} \\ -1, & \text{falls } X_r \text{ Zielknoten des Bogens } u_s \text{ ist} \\ 0, & \text{falls } X_r \text{ nicht mit } u_s \text{ inzidiert.} \end{cases}$$

Für den Graphen der Abb. 1.2.1b und die dort angegebene Numerierung der Knoten und Bögen erhalten wir:

$$\boldsymbol{F} = \boldsymbol{F}(\mathfrak{G}) = \begin{array}{c} \begin{matrix} 1 & \;\;2 & \;\;3 & \;\;4 & \;\;5 & \;\;6 & \;\;7 & \;\;8 & \;\;9 \end{matrix} \\ \begin{pmatrix} 0 & 0 & 1 & -1 & 0 & 1 & 0 & 0 & 0 \\ 1 & -1 & -1 & 0 & 0 & 0 & 0 & 0 & 0 \\ -1 & 0 & 0 & 0 & 1 & 0 & 0 & 1 & 0 \\ 0 & 1 & 0 & 0 & -1 & 0 & 0 & 0 & 1 \\ 0 & 0 & 0 & 1 & 0 & 0 & -1 & -1 & -1 \\ 0 & 0 & 0 & 0 & 0 & -1 & 1 & 0 & 0 \end{pmatrix} \end{array} \begin{matrix} 1 \\ 2 \\ 3 \\ 4 \\ 5 \\ 6 \end{matrix}.$$

Auch die Inzidenzmatrix hätte bei anderer Numerierung von Knoten oder Bögen ein anderes Aussehen erhalten.

3. Speichervariante: Listenspeicherung

In vielen praktischen Fällen ist die Adjazenzmatrix nur dünn besetzt, d.h., der größte Teil der Matrixelemente ist 0, jedoch wird durch das Speichern der vielen Nullen beträchtlicher Speicherplatz vergeudet. Die Inzidenzmatrix gar besteht bis auf zwei Elemente pro Spalte aus Nullen.
Denken wir uns etwa einen Graphen mit 1000 Knoten und 2000 Bögen, nehmen wir an, wir benötigen für ein Element von $\boldsymbol{A}$ (also 0 oder 1) 1 bit und für ein Element aus $\boldsymbol{F}$ (also 0 oder 1 oder -1) 2 bit, so benötigt die Speicherung von $\boldsymbol{A}$ etwa 125 KByte und die von $\boldsymbol{F}$ sogar 500 KByte.
Darüber hinaus treten für eine Reihe von Aufgabenstellungen noch Suchprobleme auf; denn zum Prüfen, ob z.B. der Knoten X_i mit dem Knoten X_j durch einen Bogen verbunden ist, benötigt man bis zu 1000 Vergleiche. So angenehm für theoretische Untersuchungen und evtl. für Rechnungen von Hand die Matrixdarstellung eines Graphen sein kann, für die Rechnung mittels Rechners ist eine Matrixdarstellung i. allg. indiskutabel (wie Ausnahmen stets zur Regel gehören, werden wir ab und zu – etwa im Abschnitt über kürzeste Wege – auch einmal von der Matrixdarstellung Gebrauch machen).

3.a) *Listenspeicherung Vorläufer* $VL\,[k]$ mit zugehöriger *Indexliste* $IVL\,[i]$

Zur Erläuterung betrachten wir den Graphen der Abb. 1.2.1c. Die Knoten sind wiederum willkürlich numeriert. Die Bögen numerieren wir wie folgt: Wir betrachten alle Bögen, die in den Knoten X_1 hineinlaufen, es mögen genau $v^-(X_1)$ (die sog. *Eingangsvalenz* von X_1) Stück sein. In beliebiger Reihenfolge geben wir diesen $v^-(X_1)$ Bögen die Nummern $1, 2, \ldots, v^-(X_1)$ (im Beispiel läuft nur ein Bogen in X_1 hinein, somit bekommt dieser eine Bogen die Nummer 1). Nun betrachten wir die $v^-(X_2)$ Bögen, die in den Knoten X_2 hineinlaufen [im Beispiel ist $v^-(X_2) = 2$], und geben diesen $v^-(X_2)$ Bögen in beliebiger Reihenfolge die Nummern $v^-(X_1) + 1, v^-(X_1) + 2, \ldots, v^-(X_1) + v^-(X_2)$, also die nächsten $v^-(X_2)$ Nummern. So setzen wir das Verfahren fort, eine mögliche Numerierung gemäß dieser Vorschrift ist in Abb. 1.2.1c angegeben. Damit sind die Nummern der Bögen fixiert, eine gewisse Freiheit besteht noch in der Reihenfolge, so hätte man die Nummern 6, 7, 8 der drei in den Knoten X_5 einlaufenden Bögen auch permutieren können. Es zeigt sich jedoch, daß eine exakte Vorschrift in der Reihenfolge – etwa bei festem Zielknoten nach steigender Nummer des Startknotens – keinen Gewinn bringt.
Nach dieser Bogennumerierung kann man nun den Graphen mittels einer Bogenliste der Länge m (Anzahl der Bögen von $\mathfrak{G}$), die wir *Vorläuferliste* $VL\,[k]$ nennen, und einer *Indexliste* der Länge $n + 1$ (n ist die Knotenanzahl) beschreiben. An die Stelle k der Bogenliste $VL\,[k]$ schreiben wir die Nummer des Startknotens des Bogens mit der Nummer k, also in unserem Beispiel

$$\begin{array}{lccccccccc} k & =1 & 2 & 3 & 4 & 5 & 6 & 7 & 8 & 9 \\ VL\,[k] & =5 & 1 & 4 & 2 & 3 & 6 & 3 & 4 & 1. \end{array}$$

An die Stelle i der Indexliste $IVL\,[i]$ schreiben wir die Nummer des Bogens mit kleinster Nummer unter allen Bögen, die in den Knoten X_i einlaufen. In unserem Beispiel ergibt sich

$$\begin{array}{lcccccccc} i & =1 & 2 & 3 & 4 & 5 & 6 & / & 7 \\ IVL[i] & =1 & 2 & 4 & 5 & 6 & 9 & / & 10. \end{array}$$

Aus Gründen der Zweckmäßigkeit haben wir noch einen fiktiven Knoten X_{n+1} mit $IVL[n+1] = m+1$ aufgenommen. Dadurch werden Schwierigkeiten am Listenende vermieden, so erhält man durch diese Festlegung für jeden Knoten $X_i (i = 1, 2, \ldots, n)$ die Anzahl $v^-(X_i)$ der in den Knoten X_i einlaufenden Bögen aus der Beziehung

$$v^-(X_i) = IVL[i+1] - IVL[i], \; i = 1, 2, \ldots, n.$$

Die Zweckmäßigkeit der Einführung von $IVL[n+1]$ werden wir noch genügend oft erleben.
Eine weitere Schwierigkeit muß noch behoben werden: Es kann ja geschehen, daß überhaupt kein Bogen in den Knoten X_i einläuft. Dann gibt es natürlich auch keinen Bogen mit kleinster Nummer, der in X_i einläuft. Da wir aber dennoch einen Wert $IVL[i]$ in diesem Fall benötigen, setzen wir zweckmäßig $IVL[i] := IVL[i+1]$. Betrachten wir dazu den Graphen der Abb. 1.2.2a. Die beiden Listen haben dann folgendes Aussehen:

k	$=1$	2	3	4	5	6	7	8	9
$VL[k]$	$=3$	7	3	7	4	1	5	4	6
i	$=1$	2	3	4	5	6	7	/	8
$IVL[i]$	$=1$	3	5	5	5	7	8	/	10.

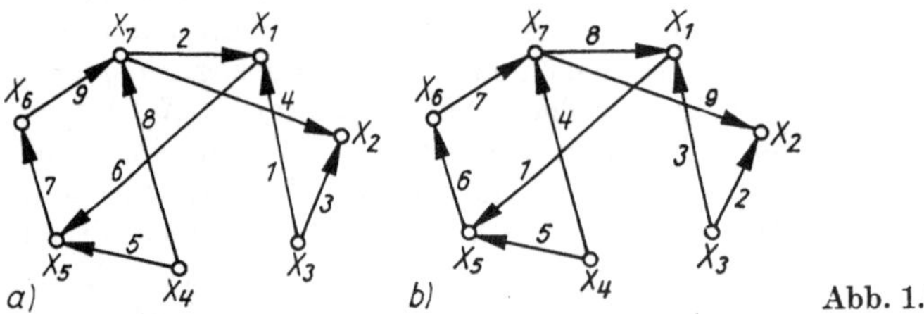

Abb. 1.2.2

Da nämlich in X_3 kein Bogen einläuft, wird $IVL[3] := IVL[4]$. Da aber auch in X_4 kein Bogen einläuft, wird $IVL[4] := IVL[5] := 5$.

3.b) *Listenspeicherung Nachfolger* $NF[k]$ mit zugehöriger *Indexliste* $INF[i]$

Für eine Reihe von Problemen ist es zweckmäßiger, die Numerierung der Bögen nicht nach steigender Zielknotennummer, sondern nach steigender Startknotennummer vorzunehmen. Wir erhalten dann die nachfolgeorientierte Listenspeicherung. Betrachten wir dazu den Graphen der Abb. 1.2.1d. Obwohl dieser Graph offenbar gleich (besser: isomorph) den anderen der Abbn. 1.2.1 ist, werden wir bei gleicher Knotennumerierung nunmehr eine andere Bogennumerierung erhalten. Aus X_1 laufen zwei Bögen aus, diese beiden Bögen erhalten in beliebiger Reihenfolge die Nummern 1 und 2. Aus X_2 läuft ein Bogen aus, er erhält die Nummer 3, aus X_3 laufen zwei Bögen aus, diese erhalten in beliebiger Reihenfolge die Nummern 4 und 5, usw. Eine solche Bogennumerierung ist in Abb. 1.2.1d angegeben. In die Bogenliste $NF[k]$ schreiben wir an die Stelle k die Nummer des Zielknotens des Bogens mit der Nummer k, an die Stelle i der Indexliste $INF[i]$ schreiben wir die Nummer des ersten (in der Reihenfolge der Numerierung) aus X_i auslaufenden Bogens. In unserem Beispiel ergibt sich

k	$=1$	2	3	4	5	6	7	8	9
$NF[k]$	$=2$	6	3	4	5	2	5	1	5
i	$=1$	2	3	4	5	6	/	7	
$INF[i]$	$=1$	3	4	6	8	9	/	10.	

Auch in diesem Falle wurde zweckmäßig für einen fiktiven Knoten X_{n+1} ein Index $INF[n+1]$ eingeführt mit $INF[n+1] := m + 1$. Entsprechend der Festlegung bei der Vorläuferorientierung ergibt sich dadurch für die *Ausgangsvalenz* $v^+(X_i)$ irgendeines Knotens X_i:

$$v^+(X_i) = INF[i+1] - INF[i], \; i = 1, 2, \ldots, n.$$

Falls es einen (oder mehrere) Knoten X_i gibt, aus dem kein Bogen herausläuft, setzen wir $INF[i] := INF[i+1]$. Damit ergibt sich für den Graphen der Abb. 1.2.2b (der gleich dem der Abb. 1.2.2a ist)

k	$=1$	2	3	4	5	6	7	8	9
$NF[k]$	$=5$	2	1	7	5	6	7	1	2
i	$=1$	2	3	4	5	6	7	/	8
$INF[i]$	$=1$	2	2	4	6	7	8	/	10.

Es ist leicht zu erkennen, daß sich die Numerierung der Bögen bei der Nachfolgerorientierung von der bei der Vorläuferorientierung unterscheidet. Für viele Rechnungen ist es sehr wichtig, das zu beachten.

Die Listenspeicherung ist meist günstiger als die Matrixspeicherung; denn bei der Listenspeicherung werden jeweils nur $m + n + 1$ Speicherplätze benötigt. Ist der Graph jedoch sehr dicht, gibt es also zu fast jedem Paar X_i, X_j von Knoten auch den Bogen (X_i, Y_j), so wird die Listenspeicherung nicht speicherplatzgünstiger als die Matrixspeicherung. In den meisten Anwendungsfällen sind die Graphen jedoch nicht sehr dicht.

Welche der beiden Listenspeicherungen (vorläufer- oder nachfolgerorientiert) generell besser ist, kann nicht gesagt werden. Der Aufgabenstellung angepaßt, werden wir die eine oder die andere Variante wählen.

Bei einer Reihe von Problemen sind die Modellgraphen von Natur aus ungerichtet. In diesem Fall geben wir den Graphen durch zwei Listen $A[k]$ und $E[k]$ je der Länge m an. Für viele Zwecke ist dann die Umwandlung des ungerichteten in einen gerichteten Graphen zweckmäßig, wir werden darauf in 1.4. näher eingehen.

1.3. Algorithmus und Programm

Sicher ist es überflüssig, dem Leser zu erklären, was ein Algorithmus oder was ein Rechnerprogramm ist; dennoch wollen wir uns zunächst über die Darstellungsart verständigen, die wir im weiteren verwenden wollen. Geläufig ist die Darstellung eines Algorithmus in einem sog. *Programmablaufplan*, genannt *PAP*. Betrachten wir die Abb. 1.3.1. Der Leser wird diesen PAP ohne weitere Erläuterungen verstehen, dabei ist am Ende der Nagel genau dann gerade eingeschlagen und fest, wenn $ERFOLG = 1$ ist, andernfalls ist $ERFOLG = 0$. Da die Darstellungsart in einem PAP im Regelfalle sehr platzaufwendig ist, wollen wir eine andere Form wählen, die wir an Hand desselben Beispieles erläutern.

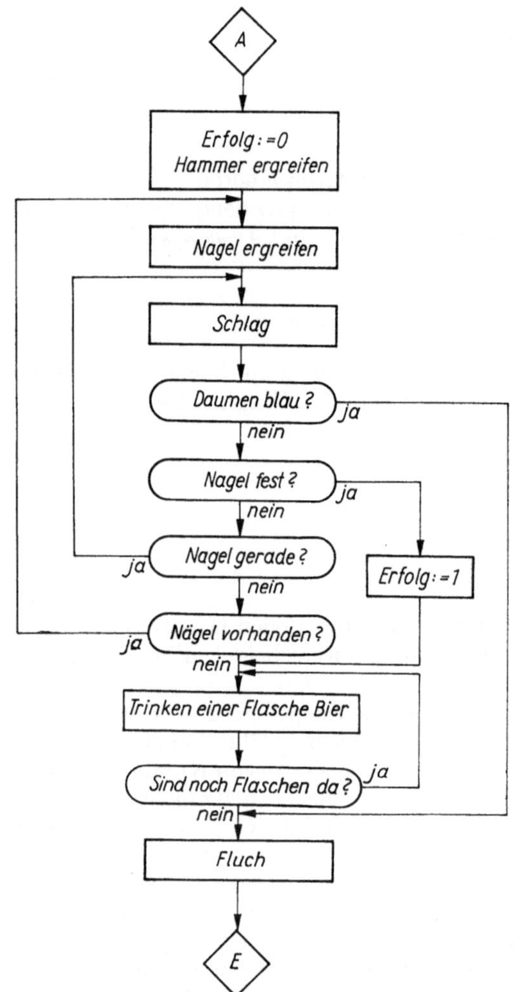

Abb. 1.3.1

Verbalalgorithmus zum Einschlagen eines Nagels

Vorgaben: Hammer, Nägel, Flaschen mit Bier
Service: Entscheidung, ob der Nagel eingeschlagen wurde oder nicht

- (i) *ERFOLG:*=0; Hammer ergreifen
- (ii) Nagel ergreifen
- (iii) Schlag
- (iv) falls (Daumen ist blau) gehe nach (**x**)
- (v) falls (Nagel ist fest) setze *ERFOLG* := 1 und gehe nach (**viii**)
- (vi) falls (Nagel ist gerade) gehe nach (**iii**)
- (vii) falls (Nägel sind noch vorhanden) gehe nach (**ii**)
- (viii) Trinken einer Flasche Bier
- (ix) falls (Flaschen sind noch vorhanden) gehe nach (**viii**)

(x) Fluch
ENDE: Falls *ERFOLG* = 1 ist, ist der Nagel wie gewünscht fest eingeschlagen, falls jedoch *ERFOLG* = 0 ist, wurde das Ziel nicht erreicht.

Der Leser sieht unmittelbar, daß der aufgeschriebene Verbalalgorithmus dem PAP völlig gleichwertig ist.

Es ist dabei vereinbart, daß die lineare Befehlsabfolge stets verlassen wird, wenn ein Test positiv ausfällt. Fällt ein Test negativ aus, wird der nächste Befehl der Abfolge abgearbeitet.

Unsere Absicht ist es im weiteren, alle von uns vorgestellten Algorithmen als Programme in der Programmiersprache PASCAL zu formulieren. Damit auch der Leser, der mit der Programmiersprache PASCAL nicht vertraut ist, das Buch nicht vorzeitig weglegt, werden wir in den beiden ersten Kapiteln zwischen die Stufe des (groben) Verbalalgorithmus und die Stufe des fertigen **PASCAL**-Programmes eine Stufe einschalten, die wir *befehlsmäßigen Algorithmus* nennen. Dieser ist soweit aufgeschlüsselt wie das **PASCAL**-Programm, jedoch werden die Befehle in einem **ALGOL**- bzw. **PASCAL**-ähnlichen Deutsch mit den üblichen mathematischen Symbolen formuliert. In den beiden ersten Kapiteln stellen wir den befehlsmäßigen Algorithmus optisch neben das **PASCAL**-Programm, damit sich der Leser leichter in die Sprache **PASCAL** einliest. Die Stufe des befehlsmäßigen Algorithmus lassen wir in den beiden letzten Kapiteln dann weg.

Den formalen Teil der Programme wollen wir möglichst klein halten, da wir vor allem Algorithmen vermitteln wollen und weniger Programmiertechniken. Dazu geben wir die folgende Erläuterung:

Wir wollen uns bei der Programmerarbeitung nicht mit Einzelheiten der Eingabe abmühen. Ebenso verzichten wir auf rechentechnische Einzelheiten der Ergebnisausgabe. Im Höchstfalle deuten wir eine Ausgabe eines Resultates durch eine *write*-Anweisung an. Unser Hauptaugenmerk liegt auf dem graphentheoretischen Zusammenhang und der Umsetzung des Lösungsalgorithmus in ein arbeitsfähiges Programm. Abgesichert wird diese Arbeitsweise rechentechnisch durch eine konsequente Verwendung der Unterprogrammtechnik. Das entspricht auch der Tatsache, daß in den meisten Fällen der von uns erarbeitete Algorithmus nur ein Routineprozeß in einem größeren Zusammenhang sein wird.

Die weiteren Ausführungen dieses Abschnittes 1.3. kann der **PASCAL**-unkundige Leser zunächst überspringen und erst bei Bedarf nachlesen.

Das **PASCAL**-Unterprogramm wird als »**PROCEDURE**« vereinbart. Vor dem eigentlichen Anweisungsteil steht nach dem Wort PROCEDURE der Name des Unterprogrammes und dahinter – eingeschlossen in runde Klammern – eine Liste formaler Parameter. Man unterscheidet drei Arten formaler Parameter:

1. *Wertparameter* – das sind Größen, von denen die Prozedur ausgeht, also Eingangsparameter der Prozedur, denen die Prozedur selber kein Ergebnis zuweisen darf.
2. *Referenzparameter* – das sind unter anderen alle die Parameter, die vom Unterprogramm an das aufrufende Programm vermittelt werden. Referenzparameter können aber auch als Eingangsparameter genutzt werden, sie dürfen jedoch dann nicht durch (Rechen-)ausdrücke aktualisiert werden. Der Nennung jeder Gruppe der Referenzparameter wird das Wortsymbol *VAR* vorangestellt. Aus Speicherplatzgründen werden wir alle Felder – sowohl Eingangs- als auch Ausgangsparameter – als Referenzparameter übergeben.
3. Im Original-**PASCAL** gibt es auch die Möglichkeit, an ein Unterprogramm Namen von Prozeduren zu vermitteln. Das Unterprogramm kann dann diese formalen

Prozeduren nutzen. Der Aufzählung solcher *Prozedurparameter* wird das Wortsymbol PROCEDURE vorangestellt. Da der von uns verwendete Compiler diese Möglichkeiten nicht besitzt, werden wir sie auch in unseren Unterprogrammen nicht nutzen.

Der Aufruf einer Prozedur in **PASCAL** erfolgt einfach durch Nennung ihres Namens und dahinter – eingeschlossen in runde Klammern – die Aufzählung der aktuellen Bezeichnungen für die formalen Parameter, wobei auf gleiche Anzahl, Reihenfolge und Typübereinstimmung geachtet werden muß. Betrachten wir dazu ein Beispiel:
Im Kapitel 2. werden wir zwei Unterprogramme entwickeln, die alle Knoten eines gerichteten Graphen ermitteln, die von einem vorgegebenen Knoten X_p aus erreichbar sind (Definition der Erreichbarkeit auf S. 37). Für das eine dieser Unterprogramme wird die Prozedurvereinbarung wie folgt aussehen:

»PROCEDURE **BFS**(*N*,*P*:*INTEGER*; *VAR* **INF,ANTE,NUMMER**: *KLISTE*; *VAR* **NF**:*BLISTE*; *VAR* *Z*:*INTEGER*);«.

Das bedeutet: Die Prozedur mit dem Namen **BFS** (Abkürzung von »*BREADTH-FIRST-SEARCH*«) muß beim Aufruf mit zwei ganzen Zahlen N (Anzahl der Knoten des Graphen) und P (Index des Knotens X_p, von dem aus alle erreichbaren Knoten gesucht werden), ferner einer Knotenliste **INF** sowie einer Bogenliste **NF** (betreffend **INF** und **NF** vgl. Abschnitt über Listenspeicherung) versorgt werden. Die Prozedur liefert als Ergebnis eine ganze Zahl Z (Anzahl der vom Knoten X_p aus erreichbaren Knoten) sowie zwei Knotenlisten:
ANTE (Dabei bedeutet $ANTE\,[J] = I$, daß X_j auf einem Weg von X_p aus erreichbar ist, wobei der letzte Knoten vor X_j (auf diesem Weg) der Knoten X_i ist. $ANTE[J] = 0$ bedeutet, daß X_j von X_p aus nicht erreichbar ist.) und
NUMMER (Dabei bedeutet $NUMMER[R] = S$, daß der Knoten X_s von X_p aus erreichbar ist und sich X_s im Verlauf des Algorithmus als der r-te Knoten erwies, der von X_p aus erreichbar ist.)
In einem anderen Algorithmus, mit dem alle stark zusammenhängenden Komponenten (vgl. Abschnitt 2.5.) eines gerichteten Graphen bestimmt werden sollen, benutzen wir die Prozedur **BFS** in den folgenden zwei Weisen:

a) **BFS**(n, p, **INF, VMARKE, NUMMER, NF**, q) und
b) **BFS**(n, p, **IVL, RMARKE, NUMMER, VL**, q').

Durch die Anweisung **a)** werden die q Knoten X_j, die von X_p aus erreichbar sind, dadurch markiert, daß für sie **VMARKE**[j] $\neq 0$ gilt. In der Anweisung **b)** wurden die formalen Parameter **INF** und **NF** durch **IVL** bzw. **VL** aktualisiert. Dadurch werden die Vorläufer eines Knotens behandelt als wären es Nachfolger, die Richtung der Bögen wird also de facto umgekehrt. Somit werden durch den Aufruf **b)** die q' Knoten X_j ermittelt, von denen aus der Knoten X_p erreichbar ist. Für diese Knoten X_j gilt dann **RMARKE**[j] $\neq 0$. Hierin zeigt sich ein weiterer Vorteil der Unterprogrammtechnik. An dem Beispiel wird deutlich, daß in der Prozedurvereinbarung zu jedem Parameter der Typ angegeben werden muß. Wir wollen festlegen, daß wir ausschließlich mit ganzen Zahlen (*INTEGER*) operieren. Weiterhin gelten durchgängig die folgenden Typbezeichnungen als vereinbart:

KLISTE für Knotenliste, d.h. für ein eindimensionales Feld aus mindestens $n + 1$ ganzen Zahlen (n Knotenanzahl): $KLISTE = ARRAY[1..NMAX]\ OF\ INTEGER$, mit $NMAX \geqq n + 1$.

BLISTE für Bogenliste, d.h. für ein eindimensionales Feld aus mindestens m ganzen Zahlen (m Bogenanzahl): $BLISTE = ARRAY[1..NMAX]\ OF\ INTEGER$, mit $NMAX \geqq m$.

ULISTE für Umgebungsliste, d.h. für ein eindimensionales Feld aus mindestens $2m$ ganzen Zahlen: $ULISTE = ARRAY[1..M2]$ *OF INTEGER*, mit $M2 \geqq 2m$.

Abschließend sei noch erwähnt, daß zu Beginn eines jeden Prozedurblockes ein Vereinbarungsteil steht, in dem insbesondere alle Variablen, die in der Prozedur benutzt werden und nicht schon in der Prozedurvereinbarung genannt sind, als lokale Größen des Prozedurblockes definiert werden.

1.4. Einfache Organisationsalgorithmen

In diesem Abschnitt wollen wir einige ganz einfache Algorithmen vorstellen, wie sie in den späteren Kapiteln als Teile immer wieder auftreten. Dabei ist es nicht unser Ziel, **PASCAL**-Programme bereitzustellen; denn die folgenden Algorithmen dieses Abschnittes haben keine selbständige Bedeutung. Wir wollen den Leser langsam damit vertraut machen, wie man Algorithmen herstellt.

Algorithmus zur Ermittlung des Zielknotens eines jeden Bogens

Vorgaben: Gerichteter Graph $\mathfrak{G}(\mathfrak{X}, \mathfrak{U})$, beschrieben durch die Vorläuferliste $VL[k]$ und zugehörige Indexliste $IVL[i]$
Service: Zu beliebigem Bogen $u \in \mathfrak{U}$ mit der Bogennummer k wird der Zielknoten X_j gemäß $j := Z[k]$ ermittelt.

Verbalalgorithmus

(i) Bestimme für jeden Knoten X_i die Nummern k (das sind gerade $k = IVL[i]$, $IVL[i] + 1, \ldots, IVL[i+1] - 1$) der Bögen, die X_i als Zielknoten haben, und setze $Z[k] := i$

ENDE: Siehe Service

Befehlsmäßiger Algorithmus

A0: $i := 0$
A1: $i := i + 1$
P2: falls $(i = n + 1)$, gehe nach **ENDE**
A3: $k := IVL[i] - 1$; $ke := IVL[i + 1]$
A4: $k := k + 1$
P5: falls $(k = ke)$, gehe nach **A1**
A6: $Z[k] := i$; gehe nach **A4**
ENDE: Siehe Service

In den befehlsmäßigen Algorithmen wollen wir zwischen *Anweisungen* (**A**) und *Tests* oder *Prüfbefehlen* (**P**) unterscheiden. Dabei wollen wir uns bemühen, die Prüfbefehle nicht als Teile eines anderen Befehles (sei es eine Anweisung, sei es ein Test) zu formulieren, um die lineare Befehlsabfolge deutlich sichtbar zu machen.

Die Umsetzung des Verbalalgorithmus in den befehlsmäßigen Algorithmus ist sicher dem Leser einsichtig, dennoch wollen wir einen sog. *Trockentest* zur Kontrolle durchführen, der sich an jeden erarbeiteten Algorithmus anschließen sollte (vgl. Abb. 1.2.2. a):

Trockentest: **A0:** $i = 0$. **A1:** $i = 1$. **P2:** negativ (da $1 = i \neq n + 1 = 8$). **A3:** $k = IVL[1] - 1 = 0$, $ke = IVL[2] = 3$. **A4:** $k = 1$. **P5:** neg. (da $1 = k \neq ke = 3$). **A6:** $Z[1] = 1$ (der Zielknoten des Bogens mit der Nummer $k = 1$ ist somit X_1). **A4:** $k = 2$. **P5:** neg. **A6:** $Z[2] = 1$ (der Zielknoten des Bogens mit der Nummer $k = 2$ ist somit X_1). **A4:** $k = 3$. **P5:** pos. (denn $3 = k = ke = 3$). **A1:** $i = 2$. **P2:** neg. **A3:** $k = 2$, $ke = 5$. **A4:** $k = 3$. **P5:** neg. **A6:** $Z[3] = 2$ (der Zielknoten des Bogens mit der Nummer $k = 3$ ist somit X_2). **A4:** $k = 4$. **P5:** neg. **A6:** $Z[4] = 2$ (der Zielknoten des Bogens mit der Nummer $k = 4$ ist somit X_2) usw.

Der Leser führe das Beispiel selber zu Ende und vergleiche, ob die erhaltenen Werte $Z[k]$ tatsächlich mit denen der Abb. 1.2.2a übereinstimmen.

Wenden wir uns nun einer anderen – doch schon etwas schwierigeren – Aufgabe zu, nämlich der Ermittlung der Listen **NF** und **INF** bei vorgegebenen Listen **VL** und **IVL**. Dieser Prozedur geben wir den Namen **VLINNF** (*m*, *n*, **IVL, VL, NF, INF, ABB**).

Algorithmus *zur Ermittlung der nachfolgerorientierten Listen* **NF** *und* **INF** *bei gegebenen vorläuferorientierten Listen* **VL** *und* **IVL**

Vorgaben: Gerichteter Graph $\mathbf{G}(\mathfrak{X}, \mathfrak{U})$ beschrieben durch die vorläuferorientierten Listen **VL** und **IVL**.

Service: Beschreibung von **G** durch die nachfolgerorientierten Listen **NF** und **INF** sowie eine Liste **ABB**, für die gilt: Hat ein Bogen $u \in \mathfrak{U}$ in der Liste **VL** die Nummer k und in der Liste **NF** die Nummer k', so gilt $k = ABB[k']$.

Das Aufstellen eines Algorithmus zur Lösung der gestellten Aufgabe wollen wir in aller Breite erläutern, um den Leser in die Denkweise einzuführen. Mit dem Fortschreiten in diesem Buch werden derartige Erläuterungen immer kürzer werden.

Das Ermitteln der Indexliste **INF** ist nicht sehr schwer. Man benötigt dazu die Ausgangsvalenzen $v^+(X_i)$ eines jeden Knotens X_i, also die Anzahl der Bögen aus **G**, die X_i als Startknoten haben. Diese Anzahl läßt sich leicht aus der Vorläuferliste ablesen, wir müssen nur abzählen, wie oft X_i Startknoten eines Bogens ist oder, was auf dasselbe hinausläuft, wie oft i in der Liste **VL** auftritt. Wir führen eine Hilfsliste $AV[i]$ (Ausgangsvalenz des Knotens X_i) ein, die wir durch die beiden folgenden Laufanweisungen herstellen können:

A0: Für $i = 1, 2, \ldots, n$ tue $AV[i] := 0$

A1: Für $k = 1, 2, \ldots, m$ tue $(i := VL[k]; AV[i] := AV[i] + 1)$

Die gesuchte Indexliste **INF** erhalten wir dann gemäß

A2: $INF[1] := 1$; für $i = 1, 2, \ldots, n$ tue $INF[i + 1] := INF[i] + AV[i]$.

Damit ist bereits die Indexliste **INF** hergestellt. Schwieriger gestaltet sich das Ermitteln der Bogenliste **NF** sowie der Abbildungsliste **ABB**.

Beginnend mit X_1 ermitteln wir für jeden Knoten X_j die Nummern k $(= INF[j], INF[j] + 1, \ldots, INF[j + 1] - 1)$ der Bögen $u \in \mathfrak{U}$, die X_j als Zielknoten haben. Aus der Vorläuferliste **VL** ermitteln wir dann für jedes dieser k gemäß $i := VL[k]$ den Startknoten X_i des Bogens u. Welche Nummer erhält nun der Bogen u in der Nachfolgerorientierung? Nun, der erste im Algorithmus auftretende Bogen mit X_i

als Startknoten erhält die Nummer $k' := INF[i]$, der zweite Bogen mit X_i als Startknoten (sofern $v^+(X_i) > 1$ ist) erhält die Nummer $k' := INF[i] + 1$ usw. Um die Erhöhung um jeweils 1 zu realisieren, empfiehlt sich die Mitnahme einer Hilfsliste $INH[i]$. $INH[i]$ ist zu Beginn identisch mit $INF[i]$; sobald sich X_i als Startknoten eines Bogens u erweist, wird $INH[i]$ um 1 erhöht. Gleichzeitig wird durch $ABB[k'] := k$ die Zuordnung der Bogennumerierungen zwischen der nachfolgerorientierten und vorläuferorientierten Beschreibung getroffen.
Die Befehlsfolge könnte etwa das folgende Aussehen haben:

A3: Für $i = 1, 2, \ldots, n + 1$ tue $INH[i] := INF[i]$; $j := 0$

A4: $j := j + 1$

P5: falls $(j = n + 1)$, gehe nach **ENDE**

A6: $k := IVL[j] - 1$; $ke := IVL[j + 1]$

A7: $k := k + 1$

P8: falls $(k = ke)$, gehe nach **A4**

A9: $i := VL[k]$; $k' := INH[i]$; $NF[k'] := j$; $INH[i] := INH[i] + 1$; $ABB[k'] := k$; gehe nach **A7**

ENDE: **NF** und **INF** sind die gesuchten nachfolgerorientierten Listen, **ABB** beschreibt gemäß Service die Zuordnung der Nummern eines Bogens u.

Ohne Schwierigkeiten ist es möglich, die Befehlsfolge **A4** ... **A9** in einer geschachtelten Laufanweisung etwa wie folgt zu schreiben:

A4': Für $j = 1, 2, \ldots, n$ tue
für $k = IVL[j], IVL[j] + 1, \ldots, IVL[j + 1] - 1$ tue
$(i := VL[k]$; $k' := INH[i]$; $NF[k'] := j$; $INH[i] := INH[i] + 1$; $ABB[k']$
$:= k)$

Die Entscheidung, ob die zweite Variante übersichtlicher als die erste ist, sei dem Leser überlassen. Eventuell ist für den Lernenden eine breitere Aufschlüsselung der Befehle übersichtlicher, der geübte Programmierer wird jedoch die der Programmiersprache **PASCAL** angepaßte zweite Variante bevorzugen.
Bei genauer Betrachtung des angegebenen Algorithmus sieht man, daß die beiden Listen **AV** und **INH** nur Hilfscharakter tragen und eigentlich nur Speicherplatz belegen, was durch bessere Organisation des Algorithmus vermeidbar wäre. Die Liste **AV** der Ausgangsvalenzen kann dadurch eingespart werden, daß wir die ohnehin benötigte Liste **INF** verwenden, um in den Befehlen **A0** und **A1** die Ausgangsvalenzen aufzunehmen.
Damit ergäbe sich zunächst

A0': Für $i = 1, 2, \ldots, n$ tue $INF[i] := 0$

A1': Für $k = 1, 2, \ldots, m$ tue $(i := VL[k]$; $INF[i] := INF[i] + 1)$

Jetzt muß natürlich der Befehl **A2** abgeändert werden, da offenbar das bloße Ersetzen von **AV** durch **INF** großen Unfug ergäbe.
Unter Einführung von zwei Hilfsgrößen s und h könnte sich ergeben

A2': $s := 1$; für $i = 1, 2, \ldots, n$ tue $(h := INF[i]$; $INF[i] := s$; $s := s + h)$

Der Leser überzeuge sich selber davon, daß nunmehr die Liste **INF** tatsächlich die Indexliste der Nachfolgerorientierung ist.
Die Doppelverwendung der Liste **INF** einerseits als Hilfsliste der Ausgangsvalenzen und andererseits als Indexliste in der Nachfolgerorientierung erschwert ohne Zweifel

das Verständlichmachen des Algorithmus. Der Lernende wird vermutlich ungern eine Mehrfachverwendung von Variablen oder Listen vornehmen. So werden auch wir im weiteren im Zweifelsfall lieber eine Liste oder Variable mehr führen als das Verständnis zugunsten der Speicherplatzeinsparung zu verringern.
Die Liste **INH** kann ebenfalls eingespart werden. Zu diesem Zweck verwenden wir die Liste **INF** noch ein zweites Mal »fehl«. Am Ende des Befehles **A9** bzw. **A4'** ist dann zwar die Liste **NF** in Ordnung, jedoch die Liste **INF** nicht mehr. In einer weiteren Laufanweisung **A10** muß die im Befehl **A9** vorgenommene Erhöhung der *INF*-Werte rückgängig gemacht werden. Der Leser mache sich selber klar, daß die Liste **INF** tatsächlich im Befehl **A9** bzw. **A4'** dieselben Dienste leistet wie die Liste **INH**.
Abschließend geben wir die zuletzt diskutierte Variante des Algorithmus in unserer befehlsmäßigen (**ALGOL**- oder **PASCAL**-ähnlichen) Aufschlüsselung an und stellen ihr die dazugehörige **PASCAL**-*Prozedur* gegenüber.

Algorithmus *zur Ermittlung der nachfolgerorientierten Listen* **NF** *und* **INF** *aus den vorläuferorientierten Listen* **VL** *und* **IVL**

```
PROCEDURE VLINNF (n:INTEGER;   VAR IVL,INF:KLISTE;
                               VAR VL,NF,ABB:BLISTE)
```

Befehlsmäßiger Algorithmus	**PASCAL, Prozedurblock**
	VAR H,I,J,K,KS,M,S:INTEGER;
	BEGIN
A0: Für $i = 1, 2, \ldots, n$ tue $INF[i] := 0$;	FOR I := 1 TO N DO INF[I] := 0;
$m := IVL[n+1] - 1$	M:=IVL[N+1]−1;
A1: Für $k = 1, 2, \ldots, m$ tue	FOR K:=1 TO M DO
$(i := VL[k]; INF[i] := INF[i] + 1)$	BEGIN I:=VL[K];INF[I]:=INF[I] +1
	END;
A2: $s := 1$;	S:=1;
für $i = 1, 2, \ldots, n$ tue	FOR I:=1 TO N DO
$(h := INF[i]; INF[i] := s;$	BEGIN H:=INF[I]; INF[I]:=S;
$s := s + h)$	S:=S+H END;
A3: Für $j = 1, 2, \ldots, n$ tue	FOR J:=1 TO N DO
für $k = IVL[j], IVL[j] + 1, \ldots,$	FOR K:=IVL[J]TO IVL[J+1]−1 DO
$IVL[j+1] - 1$ tue	BEGIN
$(i := VL[k]; k' := INF[i];$	I:=VL[K]; KS:=INF[I];
$NF[k'] := j; INF[i] := k' + 1;$	NF[KS]:=J; INF[I]:=KS+1;
$ABB[k'] := k)$	ABB[KS]:=K END;
A4: Für $k = 1, 2, \ldots, m$ tue	FOR K:=1 TO M DO
$(i := VL[k]; INF[i] := INF[i] - 1)$	BEGIN I:=VL[K]; INF[I]:=INF[I]−1
	END;
A5: $INF[n+1] := m + 1$	INF[N+1]:=M+1
ENDE: Siehe Service	END;

Wenden wir uns nun einem anderen einfachen Organisationsalgorithmus zu.

Algorithmus *zum vollständigen Richten eines ungerichteten Graphen*

Vorgegeben sei ein ungerichteter Graph $\mathfrak{G}[\mathfrak{X}, \mathfrak{U}]$. $\mathfrak{G}$ sei beschrieben durch zwei Listen **A** und **E** je einer Länge m, wobei m die Anzahl der Kanten von $\mathfrak{G}$ ist, also

$|\mathfrak{U}| = m$. Es seien die Kanten von $\mathfrak{G}$ in irgendeiner Weise von 1 bis m durchnumeriert. $A[k]$ und $E[k]$ geben dann die Nummern der Endknoten der Kante $u \in \mathfrak{U}$ an, die in der Numerierung die Nummer k besitzt. In $\mathfrak{G}$ ersetzen wir nunmehr jede der Kanten $u \in \mathfrak{U}$ durch zwei entgegengesetzt orientierte Bögen. Für den so entstandenen gerichteten Graphen $\mathfrak{G}'(\mathfrak{X}, \mathfrak{U}')$ suchen wir die nachfolgerorientierte Bogennumerierung sowie die beschreibenden Listen **NF** und **INF**. Die Numerierung der Knoten lassen wir beim Übergang von $\mathfrak{G}$ zu $\mathfrak{G}'$ ungeändert. Wir vermerken, daß die Speicherung von $\mathfrak{G}'$ genau $2m + n + 1$ Speicherplätze erfordert, sofern $\mathfrak{G}$ aus n Knoten und m Kanten besteht, da die Bogenliste **NF** für $\mathfrak{G}'$ aus $2m$ Elementen besteht. Damit benötigt die Speicherung von $\mathfrak{G}'$ zwar mehr Plätze als die von $\mathfrak{G}$ mittels der beiden Listen **A** und **E**, dennoch erweist sich die Speicherung des ungerichteten Graphen $\mathfrak{G}$ in der Form $\mathfrak{G}'$ in vielen Fällen als weit günstiger als die Speicherung mit den Listen **A** und **E**. Um im weiteren auch optisch auszudrücken, daß es sich bei $\mathfrak{G}'$ nicht um irgendeinen gerichteten Graphen handelt, sondern um einen, der durch Dopplung der Kanten eines ungerichteten Graphen entstand, wollen wir die $\mathfrak{G}'$ beschreibenden Listen nicht **NF** und **INF** nennen, sondern **U** (von Umgebung oder ungerichtet hergeleitet) bzw. **IU**.

Verbalalgorithmus

Vorgaben: Ungerichteter Graph $\mathfrak{G}[\mathfrak{X}, \mathfrak{U}]$ beschrieben durch **A** und **E**
Service: Gerichteter Graph $\mathfrak{G}'(\mathfrak{X}, \mathfrak{U}')$ mit gleicher Knotenmenge wie $\mathfrak{G}$ sowie zwei Bögen $(X_i, X_j), (X_j, X_i) \in \mathfrak{U}'$, sofern $[X_i, X_j] \in \mathfrak{U}$ ist, beschrieben durch die Listen **U** und **IU**

(i) Ermittele die Ausgangsvalenzen $v^+(X_i)$ eines jeden Knotens $X_i \in \mathfrak{X}$.
(ii) Mittels der Liste der Ausgangsvalenzen ermittele die Indexliste **IU**.
(iii) Aus den Listen **A**, **E** und **IU** ermittele die Bogenliste **U**.

Befehlsmäßiger Algorithmus

Vorgaben und Service wie beim Verbalalgorithmus, anstelle von $v^+(X_i)$ setzen wir $AV[i]$

A0: Für $i = 1, 2, \ldots, n$ tue $AV[i] := 0$
A1: Für $k = 1, 2, \ldots, m$ tue
$(i := A[k];\ AV[i] := AV[i] + 1;\ i := E[k];\ AV[i] := AV[i] + 1)$
A2: $IU[1] := 1$;
für $i = 1, 2, \ldots, n$ tue $(IU[i + 1] := IU[i] + AV[i];\ IUH[i] := IU[i])$;
$IUH[n + 1] := IU[n + 1]$
A3: Für $k = 1, 2, \ldots, m$ tue $(i := A[k];\ j := E[k];\ l := IUH[i];\ U[l] := j;$
$IUH[i] := IUH[i] + 1;\ l := IUH[j];\ U[l] := i;\ IUH[j] := IUH[j] + 1)$
ENDE: **U** und **IU** sind die gesuchten nachfolgerorientierten Listen des gerichteten Graphen $\mathfrak{G}'$, der durch Doppelung der Kanten aus dem durch die Listen **A** und **E** beschriebenen ungerichteten Graphen $\mathfrak{G}$ hervorging.

Ein ungerichteter Graph könnte auch dadurch sparsam gespeichert werden, daß man jede seiner Kanten beliebig orientiert und ihn dann durch die Bogenlisten **NF** mit zugehöriger Indexliste **INF** (oder auch mittels **VL** und **IVL**) beschreibt. Die erforderliche Speicheranzahl ist dann nur $m + n + 1$ (im Gegensatz zu $2m + n + 1$ Speicher-

plätzen mittels der Listen **U** und **IU**). Wir werden jedoch sehen, daß für eine große Anzahl von zu behandelnden Problemen eine solche sparsame Speicherform ungeeignet ist, z.B. für alle Probleme, die mit der *Erreichbarkeit* zu tun haben. Wir werden deshalb mit den etwas aufwendigeren Listen **U** und **IU** arbeiten.
Es gibt auch Aufgabenstellungen für gerichtete Graphen, bei denen die Orientierung der Bögen keine Rolle spielt (z.B. bei dem im Kapitel 2. behandelten Problem des Zusammenhanges). Deshalb wollen wir noch einen Organisationsalgorithmus kennenlernen, mit dessen Hilfe aus den Listen **VL** und **IVL** (oder auch aus **NF** und **INF**) eines gerichteten Graphen die Listen **U** und **IU** ermittelt werden. Im Unterschied zum vorangehenden Algorithmus, bei dem wir die Knotenvalenzen durch Summation gewonnen hatten, können wir nunmehr auf diese Weise nur die Ausgangsvalenzen ermitteln. Im Anschluß daran ermitteln wir die Eingangsvalenzen $v^-(X_i)$ gemäß $IV[i+1]$-$IV[i]$. Wie bereits bei der Prozedur **VLINNF** kann die Hilfsliste **AV** (durch **IU**) ersetzt werden.

Algorithmus *zur Bogenverdopplung*

```
PROCEDURE UMGEBUNG(N:INTEGER; VAR IVL,IU:KLISTE;
VAR VL,L:BLISTE; VAR U,LU:ULISTE)
```

Vorgaben: Gerichteter Graph $\mathfrak{G}(\mathfrak{X}, \mathfrak{U})$ beschrieben durch die Bogenliste **VL** und die zugehörige Knotenliste **IVL**
Service: Zu jedem Bogen (X, Y) wird zusätzlich der Bogen (Y, X) in den Graphen aufgenommen (dabei können mehrfache Bögen entstehen). Der neue Graph wird durch die (gegenüber **VL** verdoppelte) Bogenliste **U** mit der zugehörigen Indexliste **IU** beschrieben. Parallel zur Transformation **VL** → **U** wird eine (für spätere Aufgaben erforderliche) Bogenliste **L** (*Bogenbewertungen*, z.B. Längen) auf eine Bogenliste **LU** transformiert.

Befehlsmäßiger **Algorithmus**	PASCAL-Prozedurblock
	VAR I,J,K,KS,H,M,S:INTEGER;
	BEGIN
A0: Für $i = 1, 2, \ldots, n$ tue $IU[i] := 0$;	FOR I:=1 TO N DO IU[I]:=0;
$m := IVL[n+1] - 1$	M:=IVL[N+1]−1;
A1: Für $k = 1, 2, \ldots, m$ tue	FOR K:=1 TO M DO BEGIN
$(i := VL[k]; IU[i] := IU[i] + 1)$	I:=VL[K]; IU[I]:=IU[I]+1
	END;
A2: $s := 1$;	S:=1
für $i = 1, 2, \ldots, n$ tue	FOR I:=1 TO N DO BEGIN
$(h := IU[i]; IU[i] := s;$	H:=IU[I]; IU[I]:=S;
$s := s + h + IVL[i+1]$-$IVL[i])$	S:=S+H+IVL[I+1]-IVL[I] END;
A3: Für $i = 1, 2, \ldots, n$ tue	FOR J:=1 TO N DO
für $k = IVL[j], IVL[j]+1, \ldots,$	FOR K:=IVL[J] TO IVL[J+1]−1
$IVL[j+1] - 1$ tue	DO BEGIN
$(i := VL[k]; k' := IU[i];$	I:=VL[K]; KS:=IU[I];
$IU[i] := k' + 1; U[k'] := j;$	IU[I]:=KS+1; U[KS]:=J;
$LU[k'] := L[k]; k' := IU[j];$	LU[KS]:=L[K]; KS:=IU[J];
$IU[j] := k' + 1; U[k'] := i;$	IU[J]:=KS+1; U[KS]:=I;
$LU[k'] := L[k])$	LU[KS]:=L[K]; END;
A4: Für $j = 1, 2, \ldots, n$ tue	FOR J:=1 TO N DO

für $k = IVL[j], IVL[j] + 1, \ldots$	FOR K:=IVL[J] TO IVL[J+1]−1
$IVL[j + 1] - 1$ tue	DO BEGIN
$(i := VL[k]; IU[i] := IU[i] - 1;$	I:=VL[K]; IU[I]:=IU[I]−1;
$IU[j] := IU[j] - 1)$	IU[J]:=IU[J]−1 END;
A5: $IU[n + 1] := 2m$	IU[N+1]:=2*M+1
ENDE: Siehe Service	END;

Minimumermittlung

Sehr häufig wird uns die folgende Aufgabenstellung begegnen: Vorgegeben sei eine Familie $\mathfrak{M} = \{a_1, a_2, \ldots, a_r\}$ reeller, sehr oft ganzer oder gar natürlicher Zahlen. (Im Gegensatz zu einer *Menge*, in der die Elemente paarweise verschieden sind, dürfen in einer *Familie* von Elementen gewisse von ihnen mehrfach auftreten.) Unter allen Elementen $a_i \in \mathfrak{M}$ wird ein solches $a_z \in \mathfrak{M}$ gesucht, so daß

$$a_z \leqq a_i \text{ für alle } a_i \in \mathfrak{M}$$

gilt, ein sogenanntes *Minimumelement.*
Ohne weitere Kommentare geben wir einen befehlsmäßig aufgeschlüsselten Algorithmus an, der das gestellte Problem löst. Wir überlassen es dem Leser, sich von der Effizienz dieses Algorithmus zu überzeugen.

Algorithmus *zur Ermittlung eines Minimumelementes einer Familie reeller Zahlen*

Vorgaben: Familie $\mathfrak{M} = \{a[1], a[2], \ldots, a[r]\}$ reeller Zahlen
Service: Ein Index z $(1 \leqq z \leqq r)$ mit $a[z] \leqq a[j]$, $j = 1, 2, \ldots, r$ sowie das Minimum $MIN = a[z]$

A0: $z := 1; j := 1; MIN := a[1]$
A1: $j := j + 1$
P2: falls $(j > n)$, gehe nach ENDE
P3: falls $(MIN \leqq a[j])$, gehe nach **A1**
A4: $MIN := a[j]; z := j$; gehe nach **A1**
ENDE: Siehe Service

Umordnen einer Familie

Vorgegeben sei – wie im vorangehenden Abschnitt – eine Familie $\mathfrak{M} = \{a_1, a_2, \ldots, a_r\}$ reeller Zahlen, die nicht notwendig paarweise verschieden voneinander sein müssen. Durch Umordnen der Elemente von $\mathfrak{M}$ (also durch eine Permutation der Elemente) in eine Form $\mathfrak{M} = \{b_1, b_2, \ldots, b_r\}$ soll dafür gesorgt werden, daß $b_1 \leqq b_2 \leqq \ldots \leqq b_r$ ist. Darüber hinaus soll zu erkennen sein, wie die Permutation beschaffen ist. Anstelle einer Umbenennung der a_i in b_j ist es üblich, durch entsprechende Indizierung auszudrücken, daß es sich um eine Permutation handelt. Wir wollen das an einem kleinen Beispiel erläutern:
Beispiel. Sei $\mathfrak{M} = \{a_1, a_2, a_3, a_4\} = \{7, 3, 5, 8\}$ gegeben. Die gesuchte Umordnung $\mathfrak{M} = \{b_1, b_2, b_3, b_4\} = \{3, 5, 7, 8\}$ wollen wir wie folgt beschreiben:

$$\mathfrak{M} = \{a_{i_1}, a_{i_2}, a_{i_3}, a_{i_4}\} = \{3, 5, 7, 8\}.$$

Die Indexzuordnung erfolgt also gemäß $i_1 = 2$, $i_2 = 3$, $i_3 = 1$, $i_4 = 4$. Wir werden als Abkürzung die Permutation π – wie üblich – in der Form $(i_1, i_2, \ldots, i_r)$ schreiben, es wird der ursprüngliche Index 1 in den neuen Index i_1 übergeführt, der ursprüngliche Index 2 in den neuen Index i_2 übergeführt usw.; im Beispiel ist also $\pi = (2, 3, 1, 4)$.
Zur algorithmischen Lösung des gestellten Problems könnte man prinzipiell das im vorangehenden Abschnitt beschriebene Verfahren zur Minimumermittlung verwenden, etwa wie folgt:
Zunächst ermittele man ein Minimumelement a_z der Familie $\mathfrak{M}$, setzt $i_1 = z$ und lösche in $\mathfrak{M}$ das Element a_z (etwa mittels $a_z := \infty$). In der so veränderten Familie $\mathfrak{M}$ suche man wiederum ein Minimumelement a_z, setze $i_2 := z$ (mit diesem veränderten z), lösche dieses a_z usw.

Algorithmus *zum Umordnen einer Familie*

Vorgaben: Familie $\mathfrak{M} = \{a[1], a[2], \ldots, a[r]\}$ reeller Zahlen
Service: Eine Umordnung $\mathfrak{M} = \{b[1], b[2], \ldots, b[r]\}$ der Familie $\mathfrak{M}$ mit $b[1] \leqq b[2] \leqq \ldots \leqq b[r]$ sowie eine Liste **NUMMER** der Länge r mit: falls $NUMMER[s] = i$ ist, so steht das ursprünglich an der Stelle i befindliche $a[i]$ nach der Umordnung an der Stelle s, also $a[i] = b[s]$.

A0: $s := 0$
A1: $s := s + 1$
P2: falls $(s > n)$, gehe nach **ENDE**
A3: $i := 1$; $j := 1$; $MIN := a[1]$
A4: $j := j + 1$
P5: falls $(j > n)$, gehe nach **A8**
P6: falls $(MIN \leqq a[j])$, gehe nach **A4**
A7: $MIN := a[j]$; $i := j$; gehe nach **A4**
A8: $NUMMER[s] := i$; $b[s] := a[i]$; $a[i] := \infty$; gehe nach **A1**
ENDE: Siehe Service

Wollte man sich die ursprüngliche Liste der $a[i]$ erhalten, so müßte man sie anfangs entweder doppeln oder anstelle des Befehles $a[i] := \infty$ in **A8** eine Marke bei $a[i]$ setzen und bei späterer Minimumbildung markierte Elemente außer acht lassen. Markierungsverfahren solcher Art werden wir im weiteren noch häufig kennenlernen, hier wollen wir deshalb nicht weiter darauf eingehen.
An dieser Stelle wollen wir die Bereitstellung erster für die Organisation vieler anderer Algorithmen erforderlicher Algorithmen beenden und uns dem wichtigen Problem der Aufwandsabschätzung zuwenden.

1.5. Abschätzungen des Aufwandes von Algorithmen

Zwei Dinge sind für die Einschätzung der Güte eines Algorithmus von Bedeutung: *Rechenzeit* und *Speicherplatz*.
Über das Problem des Speicherplatzes hatten wir uns bereits im Abschnitt 1.2. Gedanken gemacht. In diesem Abschnitt geht es uns vor allem um das Problem der Rechenzeit, wenngleich nicht verkannt werden soll, daß sehr häufig ein enger Zusammenhang zwischen Speicherplatz und Rechenzeit besteht. Die oft anzuwendende

Faustregel sagt: Je schneller desto speicheraufwendiger. Diese These werden wir noch oft untermauern können, wenngleich sie natürlich nicht als Dogma zu sehen ist. Insbesondere kann intensives Durchdenken der Algorithmen der Einsparung sowohl an Rechenzeit als auch an Speicherplatzaufwand zugute kommen.
Die Speicherung der Graphendaten haben wir sehr sparsam betrieben. Matrixabspeicherungen werden wir möglichst vermeiden.
Selbstverständlich benötigt der Algorithmus selber Speicherplatz. Wir werden uns also bemühen, die Algorithmen nicht unnötig lang zu machen. Es wird aber auch geschehen, daß wir die eine oder andere Passage eines Algorithmus etwas »verschwenderisch« gestalten, wenn es dem Verständnis dienlich ist.
Wie wollen wir die Rechenzeit abschätzen?
Betrachten wir dazu einen der bisher behandelten Algorithmen, etwa den zur Bestimmung des Minimums einer Familie reeller Zahlen. Wir bestimmen die Anzahl der Rechenoperationen, wobei wir nicht unterscheiden wollen, ob es sich um eine Anweisung oder einen Test handelt: **A0** sind drei Operationen, **A1** und folgende Befehle werden n-mal durchgeführt, wobei im ungünstigsten Fall (und diesen sog. *worst case* wollen wir stets im Auge behalten) stets die Befehle **A1**, **P2**, **P3**, **A4** abzuarbeiten sind, nämlich wenn der Test **P3** stets negativ ausfällt, d.h., wenn die Familie $\mathfrak{M}$ als monoton fallende Folge vorliegt. **A1** erfordert eine Operation, **P2** erfordert eine, **P3** erfordert eine, und **A4** erfordert 3 Operationen. Im ungünstigsten Fall haben wir also $3 + n(1 + 1 + 1 + 3) = 6n + 3$ Operationen auszuführen. Bei solchen Abzählungen wollen wir auch nicht päpstlicher als der *Papst* sein: sowie z.B. der Test **P2** positiv ausfällt, sind ja **P3** und **A4** nicht mehr auszuführen. Von Interesse für die Abschätzung des Rechenaufwandes ist vor allem, daß die Gesamtzahl der erforderlichen Operationen ein bestimmtes Vielfaches der Zahl n (mit n als Anzahl der eingegebenen Daten) nicht übersteigt. Üblich ist die Verwendung des sog. LANDAUschen Symbols. Wir sagen, daß der Aufwand unseres Algorithmus zur Minimumbildung $\mathbf{O}(n)$ ist (gesprochen: »*Ein Groß Oh von n*«).

Definition

Eine Funktion $f(n)$ ist $\mathbf{O}(n)$, sofern es eine Konstante K gibt mit $\frac{f(n)}{n} \leqq K$ für alle $n = 1, 2, \ldots$.

In unserem Fall wäre etwa $K = 10$ gewiß ausreichend, denn $\frac{3 + 6n}{n} \leqq 10$. Nun gibt es aber auch Algorithmen, deren Rechenaufwand nicht durch $\mathbf{O}(n)$ abschätzbar ist.
Betrachten wir dazu den Algorithmus zum Umordnen einer Familie, wie er im vorigen Abschnitt beschrieben wurde.
Die große Schleife **A1** ... **A8** wird genau n-mal durchlaufen. Die kleine Schleife **A4** ... **A7** oder auch nur **A4** ... **P6** (bei positivem Ausgang des Testes **P6**) wird bei einmaligem Durchlauf der großen Schleife n-mal durchlaufen, dabei errechnet man, daß für die Schleife **A4** ... **A7** höchstens 6 Operationen erforderlich sind, bei einmaligem Durchlauf der Schleife **A1** ... **A8** höchstens $9 + 6n$ Operationen und damit für den gesamten Algorithmus höchstens $1 + n(9 + 6n)$ Operationen. Wir sagen, daß der Aufwand $\mathbf{O}(n^2)$ (gesprochen: »*Ein Groß Oh von n Quadrat*«) ist, da der Quotient aus Aufwand und n^2 durch eine Konstante abgeschätzt werden kann. Kleiner ist der Aufwand dieses Algorithmus gewiß nicht, da ja die große Schleife n-mal durch-

laufen werden muß und die kleine Schleife selbst im günstigsten Fall ebenfalls n-mal pro Durchlauf.

Definition

Eine Funktion $f(n)$ ist $\mathbf{O}(n^\alpha)$ (geschrieben $f(n) = \mathbf{O}(n^\alpha)$), sofern es eine reelle Zahl $\alpha > 0$ und eine Konstante $K > 0$ gibt, so daß $\frac{f(n)}{n^\alpha} \leqq K$ gilt für $n = 1, 2, \ldots$

Exakt müßten wir anstelle $f(n)$ den Betrag von $f(n)$ nehmen, aber Aufwandfunktionen sind stets positiv (schön wäre es, es wäre auch einmal anders).
Offenbar ergibt sich aus der Definition des LANDAUschen Symbols unmittelbar: falls $f(n) = \mathbf{O}(n^\alpha)$ und $\alpha < \beta$ ist, so ist auch $f(n) = \mathbf{O}(n^\beta)$. Somit ist es also zweckmäßig, den Güteexponenten einer Aufwandsabschätzung möglichst klein zu halten.
Wir werden auch Algorithmen kennenlernen, deren Aufwand nicht so einfach durch $\mathbf{O}(n^\alpha)$ für ein geeignetes $\alpha > 0$ abschätzbar ist. So gibt es Fälle, in denen durch Verwendung anderer Funktionen als Potenzen – z.B. Logarithmen – der Zeitaufwand besser abgeschätzt werden kann.
Als Beispiel wollen wir einen zweiten Algorithmus zum Ordnen einer Familie kennenlernen. Dabei wollen wir der Einfachheit halber voraussetzen, daß die Anzahl der Elemente der Familie $\mathfrak{M}$ eine Zweierpotenz ist. Sollte diese Voraussetzung nicht erfüllt sein, so kompliziert sich zwar der Algorithmus ein wenig, ohne sich jedoch im Wesen zu verändern. Bevor wir den Algorithmus befehlsmäßig aufschreiben, wollen wir ihn an Hand eines Beispieles erläutern: Vorgegeben sei die 16elementige Familie (die sogar eine Menge ist)

$$\mathfrak{M} = \{6, 12, 4, 18, 21, 7, 9, 3, 5, 8, 20, 19, 23, 2, 16, 17\}.$$

Wir wollen die Zahlen der Größe nach ordnen. Wir zerlegen die Menge $\mathfrak{M}$ in 8 Paare nebeneinanderstehender Zahlen und ordnen jedes der Paare derart, daß die kleinere Zahl links von der größeren steht. Im Beispiel erhalten wir

6, 12 / 4, 18 / 7, 21 / 3, 9 / 5, 8 / 19, 20 / 2, 23 / 16, 17.

Nun ordnen wir jeweils 4 nebeneinanderstehende Elemente (nach einer Art Reißverschlußprinzip). Im Beispiel ergibt sich

4, 6, 12, 18 / 3, 7, 9, 21 / 5, 8, 19, 20 / 2, 16, 17, 23.

Nun ordnen wir jeweils 8 nebeneinanderstehende Zahlen:

3, 4, 6, 7, 9, 12, 18, 21 / 2, 5, 8, 16, 17, 19, 20, 23.

Schließlich die 16 Zahlen zu

2, 3, 4, 5, 6, 7, 8, 9, 12, 16, 17, 18, 19, 20, 21, 23.

Der überraschte Leser wird sich evtl. fragen, was das soll, wo schaut hier ein Gewinn heraus?
Nun, wir müssen uns dazu auf ein Niveau begeben, wie es ein Computer hat: Bei unserem ersten Algorithmus mit einem Aufwand $\mathbf{O}(n^2)$ mußte er n-mal die Liste der n-Elemente jeweils nach dem kleinsten Element absuchen. Was muß er bei dem zuletzt beschriebenen Algorithmus tun? Zunächst einmal wird die Liste der n Elemente nicht n-mal durchgesucht, sondern nur a-mal mit $a = \operatorname{ld} n$ (dabei ist ld der sog. *Logarithmus dualis* oder Logarithmus zur Basis 2). In unserem Beispiel also nicht 16mal, sondern nur 4mal. Wäre z.B. $n = 1024$, so müßten wir 10mal die Liste durchlaufen

und für $n = 1\,048\,576$ nur 20mal. Wie viele Rechenoperationen sind bei einmaligem Durchlauf der Liste auszuführen? Dazu überlegen wir uns, wie viele Operationen erforderlich sind, wenn zwei geordnete Familien $\mathfrak{A} = \{a_1, a_2, \ldots, a_r\}$ mit $a_1 \leqq a_2 \leqq \ldots \leqq a_r$ und $\mathfrak{B} = \{b_1, b_2, \ldots, b_s\}$mit $b_1 \leqq b_2 \leqq \ldots \leqq b_s$ gegeben sind und wir für die Vereinigung

$\mathfrak{C} = \mathfrak{A} \cup \mathfrak{B} = \{a_1, a_2, \ldots, a_r, b_1, b_2, \ldots, b_s\} = \{c_1, c_2, \ldots, c_{r+s}\}$ eine Anordnung $c_1 \leqq c_2 \leqq \ldots \leqq c_{r+s}$ erzeugen wollen.

Zunächst vergleichen wir a_1 und b_1 und nennen das kleinere der beiden Elemente c_1. Ist $c_1 = a_1$, so vergleichen wir nunmehr a_2 mit b_1 und nennen das kleinere der beiden Elemente c_2.
Ist jedoch $c_1 = b_1$, so vergleichen wir a_1 mit b_2 und nennen das kleinere der beiden Elemente c_2. So rutschen wir langsam durch die Listen und müssen jeweils nur die beiden kleinsten der verbliebenen Elemente miteinander vergleichen. Insgesamt sind also $r + s - 1$ Vergleiche erforderlich und nach jedem Vergleich eine beschränkte Anzahl von Anweisungen, die das jeweilige Element c_i spezifiziert. Also sind bei einmaligem Durchlauf der gesamten Liste $\mathfrak{C}$ nur const $\cdot\, n$ Operationen erforderlich. Da wir $a = (\text{ld } n)$-mal die gesamte Liste $\mathfrak{C}$ zu durchlaufen haben, ist der gesamte Aufwand const $\cdot\, n \cdot \text{ld } n$. Dafür schreiben wir $\mathbf{O}(n \cdot \text{ld } n)$.
Da die Umwandlung von Logarithmen verschiedener Basen gemäß

$$\log_b a = \log_b c \cdot \log_c a$$

erfolgt, unterscheidet sich der Logarithmus einer Zahl a in verschiedenen Basen b und c nur um den konstanten Faktor $\log_b c$. Da im LANDAU-Symbol ohnehin multiplikative Konstanten keine Rolle spielen, dürfen wir für den Aufwand unseres Algorithmus schlicht $\mathbf{O}(n \cdot \log n)$ schreiben, ohne die Basis des Logarithmus zu spezifizieren. So werden wir es denn im weiteren auch halten.
Wenn die Anzahl n der zu ordnenden Elemente sehr groß wird, macht sich der Vorteil des zweiten Algorithmus mit Gewißheit bemerkbar. Der Programmieraufwand freilich ist beim zweiten Algorithmus größer als beim ersten. Der Leser weise nach, daß der Aufwand des zweiten Algorithmus nicht $\mathbf{O}(n)$ ist.
Der Vollständigkeit halber wollen wir den zuletzt erläuterten Algorithmus befehlsmäßig aufschlüsseln, ohne jedoch auf Einzelheiten einzugehen. Der Leser überzeuge sich – etwa durch Rechnen eines Beispieles – daß der angegebene Algorithmus effektiv ist.

Algorithmus *zum Ordnen einer Familie vom Aufwand* $\mathbf{O}(n \cdot \log n)$

Vorgaben: Eine Familie $\mathfrak{M} = \{a[1], a[2], \ldots, a[n]\}$ mit $n = 2^a$ ($a > 0$, ganzzahlig) Elementen
Service: Eine Umordnung $\mathfrak{M} = \{c[1], c[2], \ldots, c[n]\}$ von $\mathfrak{M}$ mit $c[1] \leqq c[2] \leqq \ldots \leqq c[n]$

A0: $A := 1;\ L := 1$
A1: $t := 0$
A2: $i := A;\ j := A + L$
P3: falls $(a[i] \leq a[j])$, gehe nach **A9**
A4: $t := t + 1;\ c[t] := a[j];\ j := j + 1$
P5: falls $(j \leq A + 2L - 1)$, gehe nach **P3**
A6: $t := t + 1;\ c[t] := a[i];\ i := i + 1$

P7: falls ($i \leq A + L - 1$), gehe nach **A6**
A8: gehe nach **A13**
A9: $t := t + 1$; $c[t] := a[i]$; $i := i + 1$
P10: falls ($i \leq A + L - 1$), gehe nach **P3**
A11: $t := t + 1$; $c[t] := a[j]$; $j := j + 1$
P12: falls ($j \leq A + 2L - 1$), gehe nach **A11**
A13: $A := A + 2L$
P14: falls ($A < n$), gehe nach **A2**
A15: $A := 1$; $L := 2L$; für $i = 1, 2, \ldots, n$ tue $a[i] := c[i]$
P16: falls ($L < n$), gehe nach **A1**
ENDE: Siehe Service

Sollte die Anzahl n der Elemente von $\mathfrak{M}$ keine Zweierpotenz sein, so könnte man relativ einfach durch Anfügen fiktiver Elemente $a[n + 1], a[n + 2], \ldots, a[w]$, die alle ∞ gesetzt werden, dafür sorgen, daß die Elementeanzahl eine Zweierpotenz wird.

Wir wollen vermerken, daß es auch Algorithmen gibt, deren Aufwand für kein $\alpha > 0$ durch $\mathbf{O}(n^\alpha)$ abschätzbar ist. Als Beispiel betrachten wir das folgende Problem: Vorgegeben seien n verschiedene Elemente $a_1, a_2, \ldots, a_n$. Gesucht sind alle Untermengen der Menge $\mathfrak{M} = \{a_1, a_2, \ldots, a_n\}$. Falls etwa $n = 3$ ist, gibt es die folgenden 8 Mengen:

$\emptyset$ (leere Menge), $\{a_1\}$, $\{a_2\}$, $\{a_3\}$, $\{a_1, a_2\}$, $\{a_1, a_3\}$, $\{a_2, a_3\}$, $\{a_1, a_2, a_3\}$.

Allgemein gibt es bei einer n-elementigen Menge genau 2^n Untermengen. Wollten wir alle diese 2^n Untermengen erzeugen, so hätten wir alleine beim Aufschreiben derselben wenigstens 2^n Operationen auszuführen. Nun gilt aber bekanntermaßen

$$\lim_{n \to \infty} \frac{2^n}{n^\alpha} = \infty \text{ für jede reelle Zahl } \alpha.$$

Die gestellte Aufgabe ist also nicht mit einem Aufwand $\mathbf{O}(n^\alpha)$ für geeignetes α lösbar. Man sagt, daß eine derartige Aufgabe nicht mit *polynomialem Aufwand* bzw. nicht in *Polynomzeit* lösbar ist.

Das zuletzt genannte Beispiel einer nicht in Polynomzeit lösbaren Aufgabe war von der Art, daß die Nichtlösbarkeit in Polynomzeit unmittelbar aus der Aufgabenstellung ablesbar war. Im Gegensatz zu derartigen Aufgaben (wo bereits die Ergebnisausgabe nicht in Polynomzeit durchführbar ist) gibt es leider auch höchst reale Aufgabenstellungen, die nach dem heutigen Stand der mathematischen Forschung nicht in Polynomzeit lösbar sind; anders ausgedrückt: Es gibt viele praxisrelevante Probleme, für die keine exakten Lösungsalgorithmen bekannt sind (und, wie man mit gutem Grund vermutet, prinzipiell nicht existieren), die diese Probleme in Polynomzeit lösen.

Die Mathematik ist heute (noch) nicht imstande zu entscheiden, ob die Klasse der auf einer deterministischen Maschine (jeder reale Rechner ist eine *deterministische Maschine*, wohingegen eine sog. *nichtdeterministische Maschine* eine rein begriffliche, nicht materialisierbare Gedankenkonstruktion ist) in Polynomzeit lösbaren Probleme und die Klasse der auf einer nichtdeterministischen Maschine in Polynomzeit lösbaren gleich oder verschieden sind. Probleme der zweiten Klasse, für die kein Polynomzeitalgorithmus bekannt ist (z.B. *Rundreiseproblem* und *Ermittlung* der *chromatischen Zahl*), sind exakt nur durch Aufzählung aller Möglichkeiten lösbar. Zur Erforschung der Kompliziertheit von Problemen ist die Theorie der Problemklassen

P, NP, NPC usw. entwickelt worden. Diese Theorie erfordert zu ihrem Verständnis beträchtliche mathematische Kenntnisse und kann im Rahmen dieses Buches nicht erörtert werden. Der interessierte Leser studiere die Spezialliteratur [15].

Im weiteren werden wir öfter eine etwas laxe Ausdrucksweise verwenden: Wir nennen ein Problem *leicht*, wenn zu seiner Lösung ein Polynomzeitalgorithmus bekannt ist, andernfalls *schwer*.

Falls Algorithmen bekannt sind, die ein gestelltes Problem in Polynomzeit lösen, werden wir uns bemühen, den Aufwand gering zu halten. Dabei sind wir uns völlig im klaren, daß das eingeführte Aufwandsmaß nicht das Maß aller Dinge ist. Zunächst leuchtet ein, daß von zwei Algorithmen, deren einer n^2 und deren anderer $1000\,n$ Operationen erfordert, für kleine n ($n < 1000$) der erste besser – also schneller sein kann, während erst für große Werte von n sich der »kleinere Aufwand« des zweiten Algorithmus auswirkt. Ferner gibt es viele Algorithmen der Graphentheorie, bei denen der Aufwand stark von der zufälligen Numerierung der Knoten oder Bögen abhängt, wohingegen sich ja unser Aufwandsmaß stets auf den ungünstigsten Fall (*worst case*) bezieht. So gibt es z.B. auch für die bekannte Aufgabenstellung der *linearen Optimierung* Algorithmen (basierend auf der *Ellipsoidmethode*), die in Polynomzeit arbeiten; dennoch ist es bis heute nicht gelungen, derartige Algorithmen zu finden, die praktisch schneller als die bekannte *Simplexmethode* sind, obwohl die Simplexmethode im worst case nicht in Polynomzeit arbeitet.

Abschließend sollte der Leser bedenken, daß die meisten hier angeführten Algorithmen nicht Selbstzweck sind, sondern als Bestandteil bzw. Hilfsmittel in umfangreichen Programmen für praktische Aufgabenstellungen auftreten. Da die Rechenzeit von der Speicherform und vom verfügbaren Hilfsspeicher abhängt, kann es durchaus sinnvoll sein, einen zeitaufwendigeren Algorithmus zu wählen, um sich bequemer an vorhandene Speicherformen anzupassen oder Hilfsspeicher zu sparen. Dennoch kann dem Anwender nur wärmstens empfohlen werden, sich stets Gedanken zum Rechenaufwand zu machen.

Für Algorithmen der Graphentheorie ist es zweckmäßig, die Aufwandsabschätzungen auf die Knotenzahl n und die Bogen- bzw. Kantenzahl m zu beziehen. Wir werden, soweit irgend möglich, m und n als Bezugsgrößen verwenden.

2. Abstandsprobleme

2.1. Einführung

Bei einer Reihe von Anwendungsbeispielen stellt sich für einen gegebenen gerichteten Graphen $\mathfrak{G}(\mathfrak{X}, \mathfrak{U})$ die Frage, ob von einem fixierten Knoten $X_p \in \mathfrak{X}$ jeder andere Knoten auf einem gerichteten Weg erreichbar ist oder nicht. Sind nicht alle Knoten von X_p aus erreichbar, so benötigt man häufig die Menge der Knoten, die von X_p aus erreichbar sind. In 2.2. werden wir zwei unterschiedliche Vorgehensweisen zur Ermittlung der von X_p aus erreichbaren Knoten kennenlernen, die mit den englischen Bezeichnungen *Depth-First-Search* und *Breadth-First-Search* (kurz: **DFS** bzw. **BFS**) bedacht sind. Je nachdem, welches konkrete Problem in späteren Abschnitten zu lösen ist, werden wir die Methode **BFS** oder **DFS** anwenden.
Bei einer Reihe von Suchproblemen, so etwa auch dem der Erreichbarkeit, aber auch bei Codierungsproblemen treten sog. *Wurzelbäume* auf, die wir in 2.3. behandeln, u.a. werden wir dabei aus der Rechentechnik her bekannte Anordnungen (TARRY-*Ordnung, umgekehrte polnische Notation* usw.) kennenlernen. In 2.4. und 2.5. wenden wir uns der Feststellung des *Zusammenhanges* in Graphen zu, dabei stellt sich für gerichtete zusammenhängende Graphen die Frage, ob man von einem beliebigen Knoten X_i zu einem beliebigen anderen Knoten X_j auf einem gerichteten Weg gelangen kann oder nicht. Falls die erste Aussage für zwei beliebige Knoten des Graphen richtig ist, nennen wir den Graphen *stark zusammenhängend.*
In 2.7. stellen wir Algorithmen zur Ermittlung *kürzester Wege* in einem gerichteten Graphen zur Verfügung, dabei ist jedem Bogen $u \in \mathfrak{U}$ eine reelle Zahl $l[u]$ zugeordnet, die wir als *Länge* bezeichnen, ohne daß es sich in jedem Anwendungsfall um eine wirkliche geometrische Länge handeln muß, insbesondere kann auch $l[u] < 0$ für gewisse Bögen oder Kanten gelten.
In 2.8. befassen wir uns mit ungerichteten Graphen. Gesucht wird in $\mathfrak{G}$ ein möglichst zentral gelegener Knoten, den man *Zentrum* von $\mathfrak{G}$ nennt.
Abschnitt 2.9. ist den *längsten Bahnen* in gerichteten Graphen sowie dem *Potentialproblem* gewidmet. Besonders in der *Netzplantechnik*, aber auch als Lösungsmöglichkeit des sog. *Knapsackproblems,* spielt die Ermittlung längster Bahnen vor allem in kreisfreien Graphen eine hervorragende Rolle. In 2.10. werden wir uns der Konstruktion von *Minimalgerüsten* in bogenbewerteten Graphen zuwenden und an dieser Stelle mit *Greedyalgorithmen* befassen.
Im letzten Abschnitt dieses Kapitels behandeln wir ein anders geartetes Abstandsproblem. Es wird nicht nach gewissen Eigenschaften eines vorgegebenen Graphen gefragt, sondern zu einer vorgegebenen Menge sog. Fixpunkte in der euklidischen Ebene wird ein diese Punkte verbindender Baum gesucht, dessen Gesamtlänge möglichst klein ist. Es dürfen dabei neue Verzweigungspunkte (sog. STEINER-Punkte) hinzugenommen werden, wenn man dadurch die Netzlänge verringern kann. Da dieses Kapitel einerseits unmittelbar Anwendungsaufgaben behandelt, andererseits jedoch für die folgenden zwei Kapitel von größter Bedeutung ist, wollen wir alle besonders wichtigen Algorithmen parallel in befehlsmäßiger Form und in **PASCAL** aufschreiben.

2.2. Erreichbarkeit

2.2.1. Problemstellung

Viele der in späteren Abschnitten behandelten Probleme (u. a. Maximalstromproblem, Zirkulationsproblem) werden wir im Prinzip auf das Problem der Erreichbarkeit in gerichteten Graphen zurückführen, deshalb werden wir diesem Abschnitt einen größeren Raum geben. Dem Leser sei dieser Abschnitt ganz besonders zum Studium empfohlen. An dieser Stelle wollen wir einige Begriffe, die wir ständig verwenden werden, exakt definieren.

Definitionen

Es seien $u_1, u_2, \ldots, u_r$ ($u_j \neq u_{j+1}$ für $j = 1, 2, \ldots, r - 1$) Kanten eines ungerichteten Graphen $\mathfrak{G}$, wobei für jeden Index i ($2 \leqq i \leqq r - 1$) die Kante u_i einen Endpunkt mit u_{i-1} und den anderen mit u_{i+1} gemein habe. Dann nennen wir $\mathbf{W} = [u_1, u_2, \ldots, u_r]$ eine *Kantenfolge* in $\mathfrak{G}$. Sind die Kanten paarweise verschieden voneinander, so heißt $\mathbf{W}$ ein *Kantenzug.*

So ist im Graphen der Abb. 2.2.1 die Kantenfolge, die wir der Einfachheit halber als Knotenfolge $[X_6, X_4, X_1, X_2, X_4]$ schreiben, ein Kantenzug. Tritt in einem Kantenzug jeder Knoten höchstens einmal auf, so nennen wir ihn einen *Weg*, so ist etwa $[X_1, X_7, X_3, X_5, X_6]$ ein Weg. Ein Kantenzug, bei dem Anfangs- und Endpunkt zusammenfallen und jeder andere Knoten höchstens einmal auftritt, heißt ein *Kreis.*

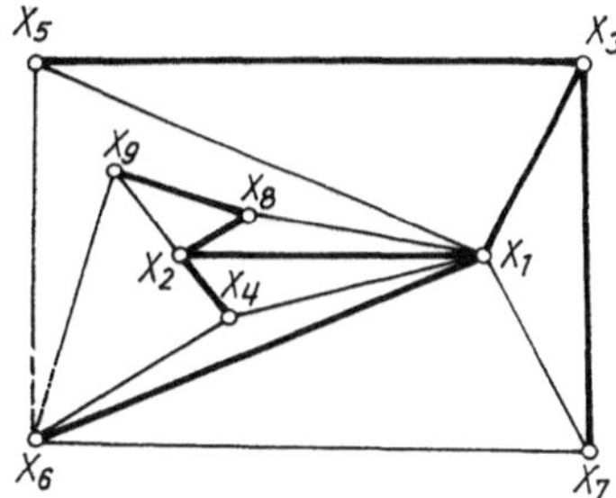

Abb. 2.2.1

Sei nunmehr $\mathfrak{G}(\mathfrak{X}, \mathfrak{U})$ ein gerichteter Graph. Wir nennen eine Folge $\mathbf{K} = (u_1, u_2, \ldots, u_r)$ von Bögen $u_1, u_2, \ldots, u_r$ aus $\mathfrak{G}$ eine *Kette,* falls bei Vernachlässigung der Bogenorientierung die Bogenfolge in einen Weg des ungerichteten Graphen übergeht. So ist z. B. im Graphen der Abb. 2.2.3 die Folge (X_4, X_2, X_9, X_6) eine Kette. Sind beim Durchlaufen der Bögen einer Kette alle Bögen im Sinne der Durchlaufung der Kette orientiert, so heißt die Kette ein *Weg*: So ist etwa (X_6, X_1, X_2, X_8) ein Weg. Anstelle des Begriffes Weg wird häufig der Begriff *Bahn* verwendet. Geht bei Vernachlässigung der Orientierung eine Bogenfolge des gerichteten Graphen in einen Kreis des ungerichteten Graphen über, so heißt die Bogenfolge ein *Zyklus.* Sind in einem Zyklus alle Bögen im Sinne des Zyklusdurchlaufs orientiert, so heißt der Zyklus ein *Kreis.* So ist etwa in Abb. 2.2.3 (X_1, X_3, X_7, X_1) ein Kreis, jedoch (X_1, X_7, X_6, X_1) nur ein Zyklus und kein Kreis.

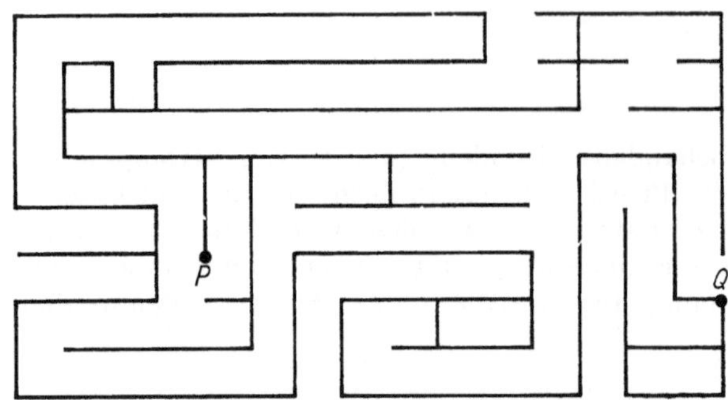

Abb. 2.2.2

Wir nennen einen Knoten X_i von einem Knoten X_p aus in einem gerichteten Graphen *erreichbar*, wenn es einen Weg von X_p nach X_i gibt, andernfalls unerreichbar, auch wenn es eine Kette von X_p nach X_i gibt. Vorgegeben sei ein gerichteter oder ungerichteter Graph $\mathfrak{G}$, den wir im ungerichteten Fall dadurch orientieren, daß wir jede der ungerichteten Kanten $[X_i, X_j] = [X_j, X_i]$ durch zwei entgegengesetzt orientierte Bögen (X_i, X_j) und (X_j, X_i) ersetzen. (Im Programm wird dann $\mathfrak{G}$ durch die Listen **U** und **IU** beschrieben.) Da Schlingen und Mehrfachbögen auf die Erreichbarkeit keinen Einfluß haben, denken wir uns den zugrunde liegenden Graphen ohne Schlingen und ohne Mehrfachbögen gegeben (solche Graphen heißen *schlicht*). Wir fixieren einen der Knoten aus $\mathfrak{X}$ – etwa X_p – und fragen nach der Menge der Knoten X_i, zu denen es von X_p einen Weg gibt. Der Einfachheit halber wollen wir X_p selber auch als von X_p aus erreichbar nennen.

2.2.2. Der Trémaux-Algorithmus

Die im folgenden zu beschreibende Idee hat ihren Ursprung in der Lösung des *Labyrinthproblems*: Gegeben sei ein Labyrinth. (Der Leser kennt gewiß derartige Aufgaben aus den Wochenendbeilagen der Tageszeitungen.) Wir befinden uns an irgendeinem Punkt P des Labyrinths. Wir denken uns das Labyrinth derart, daß man in jedem erreichten Punkt die Anzahl der von diesem Punkt ausgehenden Verzweigungen überschaut, jedoch nicht weiß, welchen Punkt man erreichen wird, wenn man ein Wegstück auf einer der Abzweigungen voranschreitet. Kann man den Lauf durch das Labyrinth so organisieren, daß man einen unbekannten (aber doch bei Erreichen erkennbaren, ausgezeichneten) Punkt Q von P zwangsläufig erreicht oder, wenn das nicht möglich ist, etwa wenn das Labyrinth gar nicht zusammenhängend ist, ob man wenigstens an seinen Ausgangspunkt P zurückkehren kann (vgl. etwa Abb. 2.2.2, wobei man ja sofort die ganze Information hat – im Gegensatz zu dem im Inneren des Labyrinths befindlichen Menschen)? Bei dem angegebenen Labyrinth soll man auf den Linien laufen! Denken wir uns das Labyrinth als Graphen gegeben. Damit geht das Problem in das Erreichbarkeitsproblem in Graphen über. Wir wollen das Vorgehen im weiteren erläutern. Wir benötigen zunächst ein Stück Kreide zum Markieren von Knoten, welche wir bereits erreicht haben, sowie zum Markieren des Bogens, auf dem wir einen Knoten erstmalig erreichten (**EINGANG**), um das Laufen in Kreisen zu vermeiden. Ferner wollen wir uns stets den unmittelbaren Vorgänger eines Knotens merken, also den Knoten X_i, von dem aus man über den Bogen (X_i, X_j) erstmalig den Knoten X_j erreicht. Diese Information merken wir uns in der Liste **ANTE**. Darüber hinaus muß man einen Bogen, den man durchlaufen hat, ebenfalls

kennzeichnen, um ihn nicht nochmals zu benutzen. Es wird dabei ein sog. *Wurzelbaum* aufgebaut, eine exakte Definition erfolgt weiter unten.
Zunächst geben wir einen Verbalalgorithmus an, mit dessen Hilfe jeder vom Ausgangspunkt $X_p = P$ erreichbare Knoten ermittelt wird. Zweckmäßige Implementierungen dieses verbalen Algorithmus schließen sich an.

Verbalalgorithmus *zur Bestimmung aller vom Knoten X_p aus erreichbaren Knoten*

Vorgaben: Gerichteter Graph $\mathfrak{G}(\mathfrak{X}, \mathfrak{U})$
Service: Alle von X_p erreichbaren Knoten werden markiert

(i) Markiere X_p!
(ii) Wähle (sofern vorhanden) einen Bogen $(X_i, X_j) \in \mathfrak{U}$ mit markiertem X_i und unmarkiertem X_j; markiere X_j, und wiederhole diesen Befehl (**ii**)!
ENDE: Der Knoten X_r ist von X_p genau dann erreichbar, wenn er markiert ist.

2.2.3. Das Prinzip Depth-First-Search (DFS)

Die Ausführung des Befehls (**ii**) in obigem Verbalalgorithmus erfolgt gemäß folgender

Vorschrift

> Sobald ein Knoten markiert wird, versuche, von diesem ausgehend, einen weiteren Knoten zu markieren! Erst wenn auf diese Weise kein neuer Knoten markierbar ist, versuche das weitere Markieren von einem Knoten aus, der schon früher markiert wurde.

Im Verlaufe des Algorithmus wird ein sog. *Wurzelbaum der Erreichbarkeit* aufgebaut.
Wir nennen einen gerichteten Graphen einen *Baum*, falls er zyklenfrei ist und falls es zwischen je zwei seiner Knoten eine Kette gibt. Falls es in einem Baum **B** einen Knoten X_p gibt, so daß es zu jedem von X_p verschiedenen Knoten X_i einen Weg von X_p nach X_i gibt, so heißt **B** ein *Wurzelbaum* mit der *Wurzel* X_p. So bilden im Graphen der Abb. 2.2.3 alle doppelt gezeichneten Bögen einen Wurzelbaum mit der Wurzel X_6.
Ein Knoten, der sich im Verlaufe des Algorithmus als von X_p aus erreichbar erweist, wird markiert, der Markenname ist **ANTE**. Genau die Knoten X_i, die von X_p aus erreichbar sind, haben eine Marke $ANTE[i] \neq 0$. Mittels **ANTE** merken wir uns aber noch mehr, nämlich den Vorläufer bei der Markierung, d.h., falls X_i bereits eine Marke $ANTE[i] \neq 0$ hat und sich X_j dank des Bogens $u_k = (X_i, X_j)$ als erreichbar erweist, so setzen wir $ANTE[j] := i$. Da X_p nicht eigentlich (nicht auf einem Weg) von X_p aus erreichbar ist, setzen wir $ANTE[p] := n + 1$, wobei n die Anzahl der Knoten des Graphen ist. Die Reihenfolge, in der Knoten zu **B** hinzugenommen werden, merken wir uns in einem Vektor **NUMMER**, dabei bedeutet $NUMMER[z] = i$, daß der Knoten X_i als z-ter Knoten zu **B** hinzugenommen wurde ($NUMMER[1] = p$).

```
PROCEDURE DFS(N,P:INTEGER; VAR INF,ANTE,NUMMER:KLISTE;
                           VAR NF:BLISTE; VAR Z:INTEGER);
```

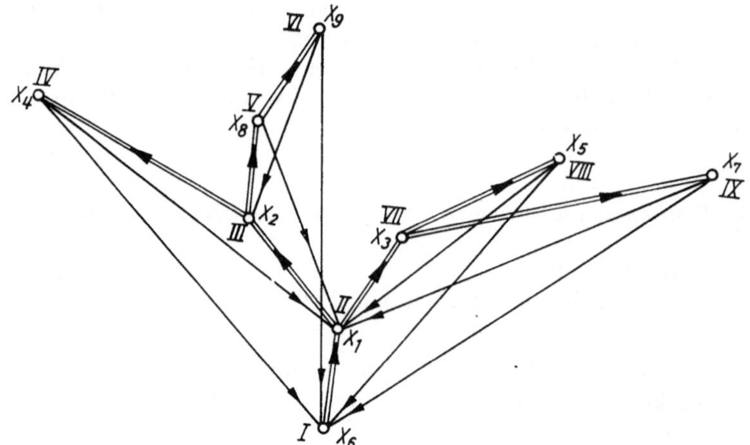

Abb. 2.2.3

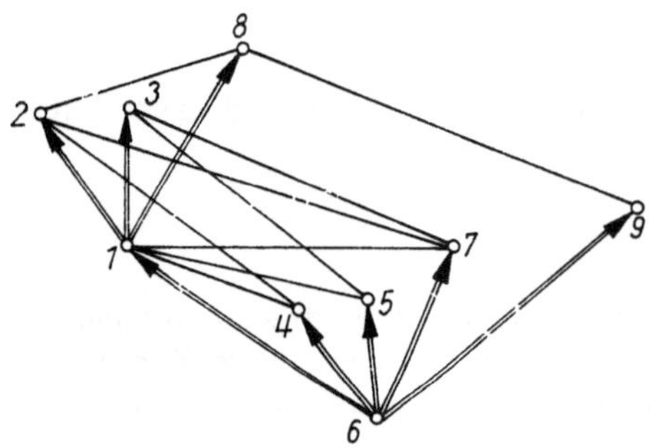

Abb. 2.2.4

Vorgaben: Gerichteter Graph $\mathfrak{G}(\mathfrak{X}, \mathfrak{U})$ beschrieben durch die Nachfolgerliste **NF** mit zugehöriger Indexliste **INF**

Service: Falls $ANTE[j] = 0$ gilt, ist der Knoten X_j von X_p aus nicht erreichbar. Ist $ANTE[j] = i > 0$, so führt von X_p ein Weg nach X_j, wobei der letzte auf diesem Weg angetroffene Knoten X_i ist. (Dabei ist $ANTE[p] = n + 1$.) Die Liste **NUMMER** enthält die z von X_p aus erreichbaren Knoten in der Reihenfolge ihrer Hinzunahme.

Befehlsmäßiger Algorithmus	PASCAL: Prozedurblock
	LABEL 1;
	VAR I,J,K: INTEGER; INFH: KLISTE;
A0: Für $i = 1, 2, \ldots, n$ tue ($NUMMER[i] := 0$; $ANTE[i] := 0$; $INFH[i] := INF[i]$);	BEGIN FOR I:=1 TO N DO BEGIN NUMMER[I]:=0; ANTE[I]:=0; INFH[I]:=INF[I]END;
$ANTE[p] := n + 1$;	ANTE[P]:=N+1;
$NUMMER[1] := p$;	NUMMER[1]:=P;
$z := 1$; $i := p$	Z:=1; I:=P;
A1: $k := INFH[i]$; $INFH[i] := k + 1$;	1: K:=INFH[I]; INFH[I]:=K+1;
P2: falls ($k \neq INF[i + 1]$), tue	IF K<INF[I+1] THEN
A2.1: ($j := NF[k]$;	BEGIN J:=NF[K];

P2.1.1:	falls ($ANTE[j] = 0$), tue ($ANTE[j] := i$; $i := j$; $z := z + 1$; $NUMMER[z] := j$);	IF ANTE[J]=0 THEN BEGIN ANTE[J]:=I; I:=J; Z:=Z+1; NUMMER[Z]:=J END;
P2.1.2:	falls ($z \neq n$), gehe nach **A1**)	IF Z<>N THEN GOTO 1 END
A2.2:	andernfalls tue ($i := ANTE[i]$;	ELSE BEGIN I:=ANTE[I];
P2.2.1:	falls ($i \neq n + 1$), gehe nach **A1**)	IF I<>N+1 THEN GOTO 1 END
ENDE	Siehe Service	END;

Beispiel. Ausgehend vom Graphen der Abb. 2.2.1 ersetzen wir jede Kante durch zwei entgegengesetzt orientierte Bögen. Die beschreibenden Listen $U[k]$ und $IU[i]$ (bzw. $NF[k]$ und $IN[i]$ im Algorithmus) könnten etwa das folgende Aussehen haben:

k =	1	2	3	4	5	6	7	8	9	10	11	12	13	14	15	16	17	18
$NF[k]$ =	2	3	4	5	6	7	8	1	4	8	9	1	5	7	1	2	6	1
k =	19	20	21	22	23	24	25	26	27	28	29	30	31	32	33	34		
$NF[k]$ =	3	6	1	4	5	7	9	1	3	6	1	2	9	2	6	8		
i =	1	2	3	4	5	6	7	8	9	: 10								
$IN[i]$ =	1	8	12	15	18	21	26	29	32	: 35								

Der Leser überzeuge sich selber davon, daß die Listen **NUMMER** und **ANTE** nach Abarbeiten des Algorithmus folgendes Aussehen bekommen:

i =	1	2	3	4	5	6	7	8	9
$NUMMER[i]$ =	6	1	2	4	8	9	3	5	7
$ANTE[i]$ =	6	1	1	2	3	10	3	2	8

Der entstehende Wurzelbaum **B** ist in Abb. 2.2.3 durch doppelt gezeichnete Bögen hervorgehoben. Die Bögen von **B** sind alle von der Wurzel weg orientiert, denn Bögen von **B** gehen stets von kleinerer *NUMMER* nach größerer *NUMMER*, wobei wir die den Knoten zugeordnete *NUMMER* mit römischen Zahlzeichen an die Knoten geschrieben haben. Der Graph der Abb. 2.2.3 ist der der Abb. 2.2.2, jedoch mit einer Orientierung, und zwar: Sind die Bögen des Wurzelbaumes alle von kleinerer zu größerer *NUMMER* orientiert, so ist es bei den verbleibenden Bögen genau umgekehrt.

2.2.4. Das Prinzip Breadth-First-Search (BFS)

Die Ausführung des Befehls (**ii**) im Verbalalgorithmus wird nach dem folgenden Prinzip organisiert:

> Falls von einem markierten Knoten X_i aus überhaupt weitere Knoten markierbar sind, so werden nacheinander alle von X_i aus markierbaren Knoten auch markiert.

Wie beim Algorithmus **DFS** wird ein Wurzelbaum **B** aufgebaut, dessen Wurzel X_p wiederum mittels $ANTE[p] = n + 1$ markiert wird. Die Reihenfolge, in der markierbare Knoten angetroffen werden, wird wiederum in einer Liste **NUMMER** gemerkt. In der Reihenfolge ihrer Markierung werden die Knoten wieder aufgerufen ($i := NUMMER[t]$) und nacheinander alle von X_i aus markierbaren Knoten X_j mit der Marke $ANTE[j] := i$ versehen.

PROCEDURE BFS (N,P:INTEGER; VAR INF,ANTE,NUMMER:KLISTE; VAR NF: BLISTE; VAR Z: INTEGER);

Vorgaben und *Service* wie beim Algorithmus **DFS**

Befehlsmäßiger Algorithmus	PASCAL: Prozedurblock
	VAR I,J,K,T: INTEGER;
A0: Für $i = 1, 2, \ldots, n$ tue	BEGIN FOR I:=1 TO N DO
($NUMMER[i] := 0$;	BEGIN NUMMER[I]:=0;
$ANTE[i] := 0$);	ANTE[I]:=0
	END;
$ANTE[p] := n + 1$;	ANTE[P]:=N+1;
$NUMMER[1] := p$;	NUMMER[1]:=P;
$z := 1$; $t := 1$	Z:=1 T:=1;
P1: solange ($NUMMER[t] \neq 0$) und	WHILE(NUMMER[T] < 0) AND
($z < n$), tue	(Z<N) DO
A1.1: ($i := NUMMER[t]$;	BEGIN I:=NUMMER[T];
A1.2: für $k = INF[i], INF[i] + 1, \ldots,$	FOR K:=INF[I] TO
$INF[i + 1] - 1$ tue	INF [I+1]−1 DO
A1.2.1: ($j := NF[k]$;	BEGIN J:=NF[K];
P1.2.2: falls ($ANTE[j] = 0$), tue	IF ANTE[J]=0 THEN
A1.2.2.1: ($ANTE[j] := i$; $z := z + 1$;	BEGIN ANTE[J]:=I;
	Z:=Z+1;
$NUMMER[z] := j$))	NUMMER[Z]:=J END
	END;
A1.3: $t := t + 1$)	T:=T+1 END
ENDE: Siehe Service	END;

Beispiel. Wählen wir dasselbe Beispiel (vgl. Abb. 2.2.2) wie beim Algorithmus **DFS**, so ergeben sich die gesuchten Listen zu

i	= 1	2	3	4	5	6	7	8	9
$NUMMER[i]$	= 6	1	4	5	7	9	2	3	8
$ANTE[i]$	= 6	1	1	6	6	10	6	1	6

Der entstehende Wurzelbaum ist in Abb. 2.2.4 zu sehen (doppelt gezeichnete Bögen, wobei wir anstelle von X_i nur i an die entsprechenden Knoten geschrieben haben). Noch ein Wort zur Aufwandsabschätzung sowohl für den **DFS** – als auch für den **BFS**-Algorithmus:

In beiden Fällen wird jeder der Bögen höchstens einmal abgefragt. Nehmen wir (vernünftigerweise) an, daß $n \leq m$ ist, so ergibt sich ein Aufwand von $\mathbf{O}(m)$.

2.3. Wurzelbäume

2.3.1. Beispiele

Im vorangehenden Abschnitt traten bereits im Zusammenhang mit der Erreichbarkeitsproblematik Wurzelbäume auf. Wir wollen hier aus der Fülle möglichen Auftretens noch zwei weitere Beispiele angeben.

Beispiel 1. Jedem (lebenden oder bereits verstorbenen) Mitglied einer Familie ordnen wir einen Knoten zu. Eine Person, der »Ahnherr«, wird zum Stammvater der

Familie erkoren, der ihm im Stammbaum entsprechende Knoten wird zur Wurzel des Baumes. Wir wollen von Verwandtenheirat absehen. Ist das Familienmitglied Y Kind (also Sohn oder Tochter) des Mitgliedes Z, so ziehen wir im zugehörigen Stammbaumgraphen einen Bogen vom Knoten Z nach Y (wir identifizieren also die Familienmitglieder mit den Knoten). Die Menge aller Nachkommen des Ahnherren bildet zusammen mit den die Eltern-Kind-Beziehungen beschreibenden Bögen einen Wurzelbaum. Wenn Verwandtenheirat »zugelassen« ist, so wird i. allg. kein Wurzelbaum entstehen. Knoten, denen Familienmitglieder entsprechen, die nicht Nachkommen des Ahnherren sind, lassen wir zweckmäßigerweise weg.

Beispiel 2. Wir betrachten den folgenden arithmetischen Ausdruck: $((a + b)c + (d - e):f)g$, wobei $a, b, \ldots$ Zahlen seien. In verständlicher Weise (vgl. Abb. 2.3.1) kann diesem arithmetischen Ausdruck ein Wurzelbaum zugeordnet werden, der gemäß Abb. 2.3.2 in ebenfalls verständlicher Form vereinfacht werden kann. Wurzelbäume der Abbn. 2.3.2 und 2.3.3 heißen *binär*, da ein Knoten entweder genau zwei oder keinen unmittelbaren Nachfolger hat. Binäre Wurzelbäume spielen eine bedeutende Rolle in der Klasse aller Wurzelbäume.

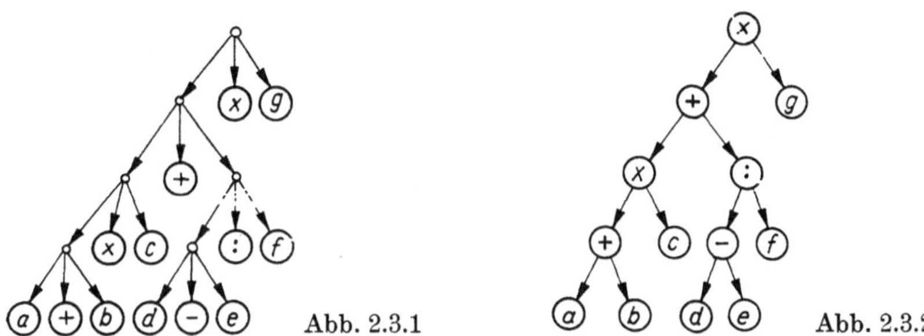

Abb. 2.3.1 Abb. 2.3.2

2.3.2. Ordnungen in Wurzelbäumen

Ein Wurzelbaum kann offenbar stets *planar* gezeichnet werden, also ohne Überschneidungen der Bögen. Ebenso kann man die Knoten $X, Y, \ldots$, die von der Wurzel gleichen Abstand haben (bei denen also die Anzahl der Bögen auf Wegen von der Wurzel nach $X, Y, \ldots$ gleich ist), auf derselben Höhe zeichnen. Im Stammbaum gehören diese derselben Generation an. Wenn nichts dagegen spricht, zeichnen wir stets die Wurzelbäume dergestalt.

Im Hinblick auf eine lineare Anordnung z.B. arithmetischer Ausdrücke, wie sie in der Rechentechnik (z.B. Umgekehrte Polnische Notation) gebräuchlich ist, benötigen wir noch einige Ordnungsbegriffe.

Definition

Eine auf einer Menge $\mathfrak{M}$ mit Elementen $A, B, C, \ldots$ erklärte Relation ϱ heißt eine *Halbordnung auf* $\mathfrak{M}$ (oder *von* $\mathfrak{M}$), falls sie die folgenden drei Eigenschaften hat:

(i) $A \varrho A$ für jedes $A \in \mathfrak{M}$ (*Reflexivität*)

(ii) falls $A \varrho B$ und $B \varrho A$ gilt, so ist $A = B$ (*Antisymmetrie*)

(iii) falls $A \varrho B$ und $B \varrho C$ gilt, so auch $A \varrho C$ (*Transitivität*)
(jeweils für alle $A, B, C \in \mathfrak{M}$).

Falls ϱ eine Halbordnung auf $\mathfrak{M}$ ist, so sagen wir, $\mathfrak{M}$ sei (bez. oder durch ϱ) *halbgeordnet.*
Offenbar kann man einen Wurzelbaum **W** halbordnen, wenn man genau dann $A \varrho B$ sagt, wenn es in **W** einen Weg von A nach B gibt. In diesem Fall nennen wir ϱ *Vorfahrrelation.* Die Vorfahrrelation wollen wir mit dem Symbol $\Rightarrow$ beschreiben. Liegt z.B. ein Stammbaum vor, so bietet sich noch eine andere Halbordnung an, die wir als *Geschwisterhalbordnung* bezeichnen und durch das Symbol $\prec$ beschreiben. Es ist $A \prec B$ genau dann, wenn A und B denselben unmittelbaren Vorfahren haben (also identisch oder Geschwister sind) und, falls $A \neq B$ ist, A älter als B ist. Zeichnerisch kann man die Geschwisterhalbordnung dadurch ausdrücken, daß man ältere Geschwister stets links von jüngeren (in derselben Generation natürlich) zeichnet.
Im Wurzelbaum eines arithmetischen Ausdrucks gibt es keine natürliche Geschwisterhalbordnung, denn bei etwaigem Vorhandensein eines Termes $a + b$ kann man ja auch $b + a$ schreiben (bei Subtraktion oder Division sieht das natürlich schon anders aus).

Definition

Eine durch die Relation ϱ halbgeordnete Menge $\mathfrak{M}$ heißt *vollständig geordnet,* falls für je zwei Elemente $A, B \in \mathfrak{M}$ entweder $A \varrho B$ oder $B \varrho A$ gilt.

So ist z.B. die Menge der reellen Zahlen (gemäß der üblichen Größer-, Gleich-, Kleinerbeziehung) vollständig geordnet, wohingegen die Knotenmenge eines Wurzelbaumes im allgemeinen nicht vollständig geordnet ist, wenn man etwa als Relation ϱ die Nachfolgerbeziehung nimmt. Natürlich bereitet es überhaupt keine Schwierigkeit, einen endlichen Wurzelbaum vollständig zu ordnen, man braucht ja bloß die Knoten in irgendeiner Reihenfolge aufzuschreiben und $A \varrho B$ erklären, wenn $A = B$ ist oder wenn A eher als B aufgeschrieben wurde.
Von weit größerer Bedeutung aber sind solche vollständigen Ordnungen, die mit den natürlichen Halbordnungen (Nachkommen- oder Geschwisterhalbordnung) harmonieren. Es fällt nun nicht schwer, den folgenden Satz zu beweisen.

Satz

Sei **W** ein Wurzelbaum mit der Vorfahrenhalbordnung $\Rightarrow$ und der Geschwisterhalbordnung $\prec$. Dann kann man die Knoten von **W** vollständig ordnen (wir verwenden für diese Ordnung das Symbol »$\leqq$«), wobei die folgenden Bedingungen erfüllt sind:
(i) Falls $A \Rightarrow B$, so gilt auch $A \leqq B$.
(ii) Falls $A \prec B$, so gilt auch $A \leqq B$.
(iii) Falls $A \prec B$, $A \Rightarrow A'$ und $B \Rightarrow B'$, so gilt auch $A' \leqq B'$ (sofern nicht $A = B = B'$).

Diese vollständige Ordnung ist also mit beiden zugrunde liegenden Halbordnungen verträglich, und darüber hinaus liegen in der vollständigen Ordnung echte Nachkommen älterer Geschwister stets vor den Nachkommen jüngerer Geschwister.

Typisches Beispiel einer solchen vollständigen Ordnung sind die Erbfolgeregeln vieler Monarchien. Betrachtet man den Ahnherrn als den gegenwärtigen Monarchen, so kommt als erster Anwärter auf seinen Thron sein ältestes Kind in Frage (in manchen Dynastien leider nur sein ältester Sohn) usw. In der Erbfolge liegt Kind vor Kindeskind (**i**); ältere Geschwister liegen in der Erbfolge vor jüngeren (**ii**); Nachkommen älterer Geschwister liegen in der Erbfolge vor jüngeren Geschwistern und vor den Nachkommen jüngerer Geschwister (**iii**). Nota bene, in der Geschichte wußte auch manchmal ein Mitglied einer sogenannten Seitenlinie seine Chance zu nutzen, Heinrich IV von Frankreich als späterer Ahnherr der Bourbonen stehe hier für manch weniger bekannten Monarchen.
Eine gewisse »Ungerechtigkeit« in dieser vollständigen Ordnung ist unverkennbar. Denken wir uns Abb. 2.3.2 als »Stammbaum«. Warum etwa soll c einsehen, daß er nach b »drankommt«? Erbfolgekriege in reicher Zahl belegen diese Diskrepanz.
Wie ist nun eine solche vollständige Ordnung tatsächlich algorithmisch herstellbar? Betrachten wir nochmals Abb. 2.3.2. Beginnend mit der Wurzel $\times$ laufe man den Wurzelbaum so ab, daß er gänzlich links liegen bleibt (man sich also möglichst weit rechts hält), also gemäß

$$x + x + a\ b\ c : -\ d\ e\ f\ g.$$

Ersetzt man in der vollständigen Ordnung gemäß letztem Satz die Forderung (**i**) durch die folgende

(**i'**) Falls $A \Rightarrow B$, so gilt $B \leqq A$,

und beläßt die Forderungen (**ii**) und (**iii**), so erhält man die sog. *umgekehrte* TARRY-*Ordnung* oder im Falle eines Binärbaumes die sog. *Umgekehrte Polnische Notation.*

Verbalalgorithmus *zur Ermittlung der Umgekehrten Polnischen Notation eines arithmetischen Ausdrucks*

Vorgaben: Binärer Wurzelbaum mit Geschwisterhalbordnung
Service: Umgekehrte Polnische Notation des Wurzelbaumes

(**i**) Bezeichne die Wurzel mit Y.

(**ii**) Falls keine Knoten mehr vorhanden sind, gehe nach **ENDE**.

(**iii**) Falls Y keinen Nachfolger hat, so notiere Y, streiche Y und (sofern vorhanden) den mit Y inzidenten Bogen (Z, Y); bezeichne Z mit Y, und gehe nach (**ii**).

(**iv**) Falls Y genau einen Nachfolger hat, so bezeichne diesen mit Y und gehe nach (**iii**).

(**v**) Bezeichne den älteren der beiden Nachfolger von Y mit Y, und gehe nach (**iii**).

ENDE: Die aufgeschriebene Zeichenfolge ist die Umgekehrte Polnische Notation des arithmetischen Ausdruckes, der durch einen Wurzelbaum beschrieben ist.

Der Leser überzeuge sich davon, daß bei Anwendung obigen Algorithmus auf das Beispiel der Abb. 2.3.2 der folgende Ausdruck sich ergibt:

$$a\ b + c \times d\ e - f : + g \times.$$

Wir wollen nun einige Bemerkungen machen, wie man einen Wurzelbaum für rechentechnische Zwecke am besten beschreibt.
Selbstverständlich könnte man einen Wurzelbaum wie einen beliebigen gerichteten Graphen durch Vorläuferliste **VL** und zugehörige Indexliste **IVL** (oder auch **NF** und **INF**) speichern, doch ist diese Variante sehr verschwenderisch. Da ein Wurzelbaum dadurch gekennzeichnet ist, daß außer der Wurzel jeder Knoten einen eindeutig bestimmten unmittelbaren Vorläufer hat, genügt zur Beschreibung eines Wurzelbaumes eine Knotenliste vom Typ **ANTE**, wobei wir wieder vereinbaren, daß $ANTE[WURZEL] := n + 1$ ist.
Betrachten wir etwa den Wurzelbaum der Abb. 2.3.3. Dann ergibt sich die **ANTE**-Liste zu

i =	1	2	3	4	5	6	7	8	9	10	11	12	13
$ANTE[i]$ =	6	12	4	9	1	7	14	9	12	4	1	7	6.

Dem Leser sei empfohlen, einen Algorithmus aufzustellen, der es gestattet, aus der Kenntnis der Listen **VL** und **IVL** die Liste **ANTE** zu ermitteln.

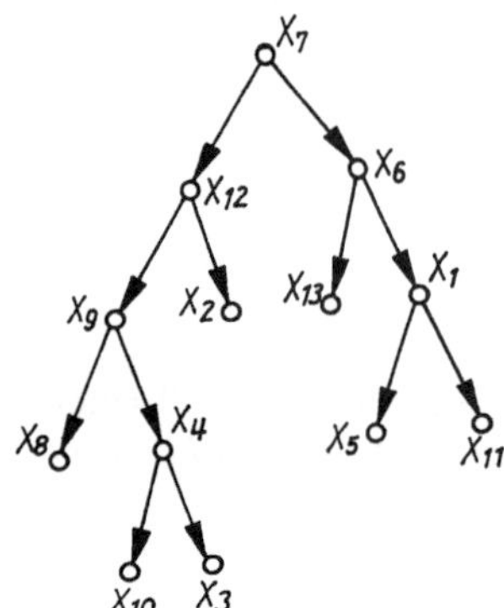

Abb. 2.3.3

Wir wollen noch vermerken, daß ein Wurzelbaum mit Geschwisterhalbordnung durch die Liste **ANTE** allein nicht beschreibbar ist, da die Geschwistereigenschaft (älter oder jünger) in der Liste **ANTE** nicht erkennbar ist.
Zum Schluß dieses Abschnittes wollen wir noch einen Algorithmus angeben, der es in beliebigem Wurzelbaum gestattet, aus der Liste **ANTE** die Listen **NF** und **INF** zu ermitteln.
Das Vorgehen erfolgt analog dem in 1.4., wo wir einfache Organisationsalgorithmen bereitstellten.

Algorithmus *zur Ermittlung von* **NF** *und* **INF** *aus* **ANTE** *in Wurzelbäumen*

Vorgaben: Wurzelbaum beschrieben durch Knotenliste **ANTE**
Service: Nachfolgerliste **NF** und zugehörige Indexliste **INF**

Verbalalgorithmus

(i) Ermittele aus **ANTE** die Ausgangsvalenzen eines jeden Knotens. (Aus Ersparnisgründen speichern wir die Ausgangsvalenzen bereits auf der Liste **INF**.)
(ii) Ermittele die richtige Indexliste **INF**.

(iii) Ermittele die Nachfolgerliste **NF** (wobei **INF** wieder in Unordnung gerät).
(iv) Bringe die Liste **INF** wieder in Ordnung.

PROCEDURE NFWURZ (N:INTEGER; VAR ANTE,INF:KLISTE; VAR NF: BLISTE);

Befehlsmäßiger **Algorithmus**	PASCAL: Prozedurblock
	VAR H,I,J,K,S: INTEGER; BEGIN
A0: Für $j = 1, 2, \ldots, n$ tue $INF[j] := 0$	FOR J:=1 TO N DO INF[J]:=0;
A1: Für $j = 1, 2, \ldots, n$ tue $(i := ANTE[j];$ $INF[i] := INF[i] + 1)$	FOR J:=1 TO N DO BEGIN I:=ANTE[J]; INF[I]:=INF[I]+1 END;
A2: $s := 1$; für $j = 1, 2, \ldots, n$ tue $(h := INF[j]; INF[j] := s;$ $s := s + h)$	S:=1; FOR J:=1 TO N +1 DO BEGIN H:=INF[J]; INF[J]:=S; S:=S+H END;
A3: Für $j = 1, 2, \ldots, n$ tue $(i := ANTE[j]; k := INF[i];$ $NF[k] := j; INF[i] := k + 1)$	FOR J:=1 TO N DO BEGIN I:=ANTE[J]; K:=INF[I]; NF[K]:=J; INF[I]:=K+1 END;

A4: für $j = 1, 2, \ldots, n$ tue
$(i := ANTE[j];$
$INF[i] := INF[i] - 1)$
	FOR J:=1 TO N DO
	BEGIN I:=ANTE[J];
	INF[I]:=INF[I]−1
	END;

A5: $INF[n + 1] := n$	INF[N+1]:=N
ENDE: Siehe Service	END;

Beispiel. Betrachten wir den Graphen der Abb . 2.3.3. Aus der **ANTE**-Liste

i =	1	2	3	4	5	6	7	8	9	10	11	12	13	: 14
$ANTE[i]$ =	6	12	4	9	1	7	14	9	12	4	1	7	6	

ergibt sich nach Anwendung des obigen Algorithmus

i =	1	2	3	4	5	6	7	8	9	10	11	12	13	: 14
$INF[i]$ =	1	3	3	3	5	5	7	9	9	11	11	11	13	13

k =	1	2	3	4	5	6	7	8	9	10	11	12
$NF[k]$ =	5	11	3	10	1	13	6	11	4	8	2	9

Der erforderliche Aufwand ist ersichtlich $\mathbf{O}(n)$, da nur einige Laufanweisungen jeweils der Länge n auszuführen sind.
Damit beenden wir die Überlegungen zu den Wurzelbäumen.

2.4. Zusammenhang

Die Überlegungen dieses Abschnittes schließen an die des Abschnittes 2.2. über Erreichbarkeit an. Wurde dort gefragt, ob es von einem fixierten Knoten X_p aus zu beliebigen anderen Knoten X_i einen Weg gibt, so schwächen wir nun die Forderung der Erreichbarkeit etwas ab, indem wir von X_p aus zu jedem anderen Knoten nicht die Existenz eines Weges fordern, sondern nur die Existenz einer Bogenfolge, bei der also die Orientierung der Bögen nicht einsinnig sein muß. Betrachten wir die Abb. 2.4.1. Von X_4 aus sind die Knoten X_1 und X_2 auf Wegen nicht erreichbar, jedoch auf einfachen Bogenfolgen. So ist X_1 längs der Bogen- oder Knotenfolge (X_4, X_5, X_1) »erreichbar«, wobei jedoch beide Bögen entgegen ihrer Orientierung durchlaufen werden.

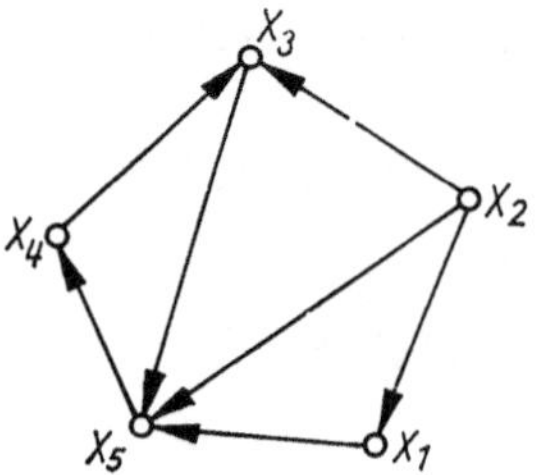

Abb. 2.4.1

Definition

Ein gerichteter Graph **G** heißt *zusammenhängend*, wenn es zwischen je zwei Knoten aus **G** eine Kette gibt (die nicht notwendig ein Weg sein muß).

Der Graph der Abb. 2.4.1 ist offenbar zusammenhängend. Es kann geschehen, daß es einen Knoten in einem zusammenhängenden Graphen gibt, von dem aus alle anderen Knoten erreichbar sind (z.B. X_2 in Abb. 2.4.1). Es kann aber auch geschehen, daß ein derartiger Knoten nicht existiert (vgl. Abb. 2.4.2).

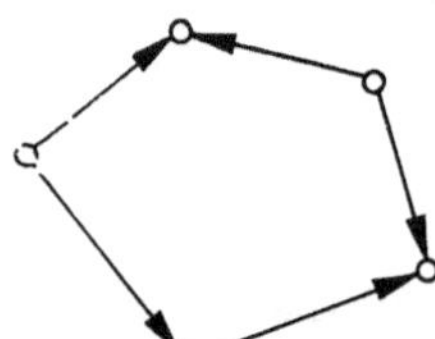

Abb. 2.4.2

Im weiteren wollen wir uns mit einem Algorithmus befassen, der es gestattet, einen Graphen auf Zusammenhang bzw. Nichtzusammenhang zu testen. Genauer: Wir werden alle zusammenhängenden Komponenten eines Graphen ermitteln, wobei zwei Knoten genau dann in derselben zusammenhängenden Komponente liegen, wenn es zwischen ihnen eine Kette gibt.

Da für die Entscheidung des Zusammenhanges eines Graphen die Bogenorientierung offensichtlich ohne Bedeutung ist, gehen wir wie folgt an die Lösung der Aufgabe heran: Zu jedem Bogen (X_i, X_j) des Ausgangsgraphen fügen wir zusätzlich einen Bogen (X_j, X_i) ein. Dieses Verfahren der Bogenverdopplung kennen wir bereits aus dem Abschnitt 1.4., wo wir die Prozedur **UMGEBUNG** (n, **IVL**, **VL**, **L**, **IU**, **U**, **LU**) bereitgestellt haben, die zur Bogenliste **VL** und zugehörigen Indexliste **IVL** (oder auch **NF** und **INF**) die Umgebungsliste **U** mit zugehöriger Indexliste **IU** ermittelt. **U** enthält zu jedem Knoten X_i unseres Graphen **G** sämtliche Nachbarknoten und kann somit als Nachfolgerliste eines Graphen **G**′ interpretiert werden, der zu jedem Bogen (X_i, X_j) zusätzlich noch den Bogen (X_j, X_i) enthält. Die Frage, ob **G** zusammenhängend ist, wird im Graphen **G**′ zur Frage, ob von einem beliebigen Knoten X_p aus jeder andere Knoten erreichbar ist, ob es also von X_p zu jedem anderen Knoten einen Weg gibt. Zur Lösung verwenden wir dabei fast wörtlich den Algorithmus (vgl. Abschnitt 2.2.) zur Bestimmung aller von einem Knoten X_p aus erreichbaren Knoten gemäß dem Prinzip **DFS**. Die Liste **NUMMER** wird jedoch nicht benötigt. Die Liste **ANTE** wird benötigt, um zu sichern, daß jeder Bogen nur einmal abgefragt wird. Ferner wird die Liste **KOMPONENTE** verwendet, die jedem Knoten diejenige Komponente zuordnet, in der er liegt.

Algorithmus *zur Ermittlung der zusammenhängenden Komponenten*

Vorgaben: Gerichteter Graph $\mathbf{G}(\mathfrak{X}, \mathfrak{U})$, gegeben durch die Bogenliste **U** und zugehörige Indexliste **IU**
Service: Liste **KOMPONENTE**, wobei zwei Knoten X_i und X_j genau dann derselben zusammenhängenden Komponente angehören, wenn $KOMPONENTE[i] = KOMPONENTE[j]$ ist.

PROCEDURE ZUSAMMEN (N: INTEGER; VAR IU,KOMPON: KLISTE;
VAR U: BLISTE; VAR R: INTEGER);

Befehlsmäßiger Algorithmus

A0: Für $i = 1, 2, \ldots, n$ tue
($KOMPON[i] := 0$;
$ANTE[i] := 0$; $IUH[i] := IU[i]$);

$r := 0$; $p := 1$

P1: solange ($p \leqq n$), tue
P1.1: (falls ($KOMPON[p] = 0$), tue
A1.1.1: ($r := r + 1$; $ANTE[p] := n + 1$;
$KOMPON[p] := r$; $i := p$;
A1.1.2: $k := IUH[i]$; $IUH[i] := k + 1$;

P1.1.3: falls ($k < IU[i + 1]$), tue
A1.1.3.1: ($j := U[k]$;
P1.1.3.2: falls ($ANTE[j] = 0$), tue
($ANTE[j] := i$;
$KOMPON[j] := r$; $i := j$);

A1.1.3.3: gehe nach **A1.1.2**)

P1.1.4: andernfalls tue
A1.1.4.1: ($i := ANTE[i]$;
P1.1.4.2: falls ($i \neq n + 1$),
gehe nach **A1.1.2**))

A1.2: $p := p + 1$)

ENDE: Siehe Service

PASCAL-Prozedurblock:

```
LABEL 1;
VAR I,J,K,P: INTEGER;
    ANTE,IUH: KLISTE;
BEGIN
FOR I:=1 TO N DO
 BEGIN KOMPON[I]:=0;
   ANTE[I]:=0; IUH[I]:=IU[I]
   END;
R:=0; P:=1;
WHILE P<=N DO
BEGIN IF KOMPON[P]=0 THEN
   BEGIN R:=R+1;
    ANTE[P]:=N+1;
     KOMPON[P]:=R; I:=P;
    1: K:=IUH[I];
    IUH[I]:=K+1;
     IF K<IU[I+1] THEN
       BEGIN J:=U[K];
         IF ANTE[J]=0 THEN
           BEGIN ANTE[J]:=I;
             KOMPON[J]:=R;
             I:=J
           END;
           GOTO 1
       END
     ELSE
       BEGIN I:=ANTE[I];
         IF I<>N+1 THEN
           GOTO 1
       END
   END; P:=P+1
 END
END;
```

Kommen wir zur Aufwandsabschätzung:
Sei der Graph **G** aus einem gerichteten Graph durch Bogenverdopplung entstanden, wobei der Ausgangsgraph m Bögen und n Knoten haben möge. Im Verlaufe des

Algorithmus wird jeder der $2m$ Bögen von $\mathfrak{G}$ genau einmal abgefragt. Da auch der evtl. vorzuschaltende Algorithmus zur Bogenverdopplung von der Aufwandsordnung $\mathbf{O}(m)$ ist, hat auch die Prozedur **ZUSAMM** eine solche von $\mathbf{O}(m)$.

2.5. Starker Zusammenhang

Die im weiteren zu betrachtenden Graphen sind gerichtet, da die anstehende Fragestellung für ungerichtete Graphen sinnlos ist.

Definition

Wir nennen einen gerichteten Graphen $\mathfrak{G}(\mathfrak{X}, \mathfrak{U})$ *stark zusammenhängend*, sofern es zu jedem Paar X_i, X_j verschiedener Knoten aus $\mathfrak{X}$ sowohl einen Weg von X_i nach X_j als auch von X_j nach X_i gibt. Ist der Graph nicht stark zusammenhängend, so liegen zwei Knoten X_i, X_j in derselben *stark zusammenhängenden Komponente*, sofern es sowohl von X_i nach X_j als auch von X_j nach X_i einen Weg gibt.

So besitzt z.B. der Graph der Abb. 2.5.1.a genau vier stark zusammenhängende Komponenten, nämlich $\mathfrak{S}_1 = \{X_1\}$, $\mathfrak{S}_2 = \{X_2, X_3, X_7\}$, $\mathfrak{S}_3 = \{X_4, X_6\}$, $\mathfrak{S}_4 = \{X_5\}$, wohingegen der Graph der Abb. 2.5.1.b stark zusammenhängend ist.
Bei der algorithmischen Ermittlung aller stark zusammenhängenden Komponenten eines Graphen wollen wir uns die folgende Eigenschaft zunutze machen.
Es existiere im Graphen zwar ein Weg von X_i nach X_j, jedoch keiner von X_j nach X_i (womit beide Knoten verschiedenen stark zusammenhängenden Komponenten angehören). Falls es nunmehr von einem dritten Knoten X_l nach X_i einen Weg gibt, so gehören X_l und X_j verschiedenen stark zusammenhängenden Komponenten

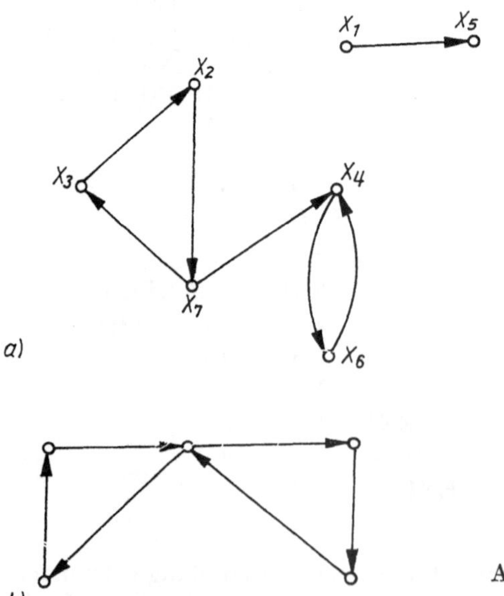

Abb. 2.5.1

an. Wäre dem nämlich nicht so, gäbe es also u.a. einen Weg von X_j nach X_l, so könnte man aus diesem und dem Weg von X_l nach X_i einen Weg von X_j nach X_i konstruieren, was der Voraussetzung widerspräche.
Im Algorithmus gehen wir nun wie folgt vor:
Nacheinander wird von jedem Knoten überprüft, ob es von ihm zu jedem Knoten einen Weg gibt. Falls dem so ist, ist der Graph gewiß stark zusammenhängend. Sofern es aber auch nur ein einziges Knotenpaar X_i, X_j gibt, so daß von X_i nach X_j kein Weg führt, ist der Graph nicht stark zusammenhängend.

Verbalalgorithmus *zum Testen des starken Zusammenhanges*

(i) Beginnend mit $p = 1$, ermittele die Anzahl q aller von X_p aus erreichbaren Knoten.
(ii) Falls $q < n$ ist, ist der Graph nicht stark zusammenhängend (*FEHLER*), andernfalls wird p um 1 erhöht und, solange $p \leqq n$ ist, bei (i) fortgesetzt.

Das befehlsmäßige Aufschlüsseln des Verbalalgorithmus bereitet keine Schwierigkeiten. Zur Ermittlung der von X_p aus erreichbaren Knoten verwenden wir die Subroutine **BFS**.

Befehlsmäßiger Algorithmus *zum Testen des starken Zusammenhanges*

Vorgaben: Gerichteter Graph **G**, vorgegeben durch die Bogenliste **NF** und zugehörige Indexliste **INF**
Service: Feststellung, ob **G** stark zusammenhängend ist (**ENDE**) oder nicht (**FEHLER**)

A1: Für $p = 1, 2, \ldots, n$ tue
(führe die Prozedur **BFS**(n, p, **INF**, **ANTE**, **NUMMER**, **IN**, q) aus; falls ($q < n$), gehe nach **FEHLER**)
ENDE: **G** ist stark zusammenhängend
FEHLER: **G** ist nicht stark zusammenhängend

Der Aufwand ist **O**($m\,n$), denn für jeden der n Knoten wird einmal der Erreichbarkeitsalgorithmus **BFS** durchgeführt, der einen Aufwand von **O**(m) erfordert.
Falls man einen Algorithmus benötigt, der im Falle des nicht starken Zusammenhanges alle stark zusammenhängenden Komponenten liefert, ist obige Version natürlich nicht ausreichend. Wir werden dazu einen weiteren Algorithmus kennenlernen, der zwar im Befehlsaufbau aufwendiger ist, jedoch ebenfalls nur einen Aufwand von **O**($m\,n$) erfordert.
Betrachten wir jedoch noch zunächst ein Beispiel zum Testen des zuletzt genannten Algorithmus, vgl. Abb. 2.5.2. Beginnend mit $p = 1$, wird ein Wurzelbaum der Er-

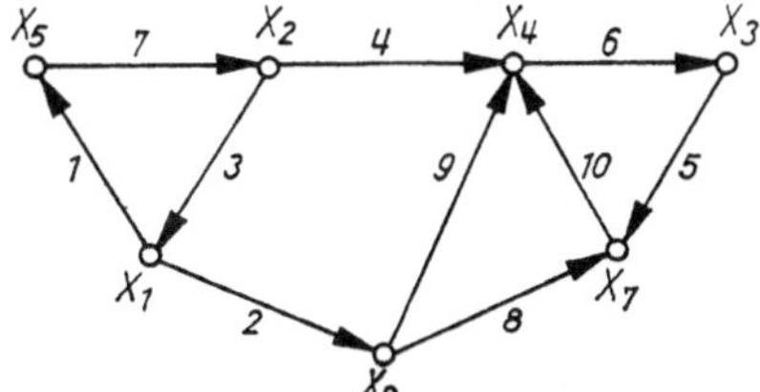

Abb. 2.5.2

reichbarkeit aufgebaut. Es zeigt sich, daß man von X_1 zu jedem anderen Knoten gelangen kann, ebenso erreicht man von X_2 aus jeden anderen Knoten. Für $p = 3$ jedoch sind nur die Knoten X_3, X_7 und X_4 von X_3 aus erreichbar. In der Subroutine **BFS** zeigt sich für $p = 3$, daß für die Anzahl q der von X_3 aus erreichbaren Knoten $q = 3 < 7$ gilt, womit signalisiert wird, daß der Graph nicht stark zusammenhängend ist.

Kommen wir nun zu einem Algorithmus, mit dessen Hilfe alle stark zusammenhängenden Komponenten ermittelt werden können.

Die Idee ist die folgende: Mittels der Listen **NF** und **INF** ermitteln wir (beginnend mit $p = 1$) alle von X_p aus erreichbaren Knoten, anschließend ermitteln wir mittels der Listen **VL** und **IVL** alle Knoten, von denen aus X_p erreichbar ist. Die Menge der Knoten, die sowohl von X_p aus erreichbar sind als auch von denen aus X_p erreichbar ist, bildet eine stark zusammenhängende Komponente.

Wenden wir die Prozedur **BFS** (n, p, **INF**, **VMARKE**, **NUMMER**, **NF**, q) an, so erhalten wir die Menge der Knoten X_j, die von X_p aus erreichbar sind (das sind diejenigen Knoten, für die eigentlich $ANTE[j] \neq 0$ ist, da wir jedoch anstelle der Liste **ANTE** eine Liste **VMARKE** – *Vorwärtsmarke* – mitführen, sind es gerade diejenigen Knoten X_j, für die $VMARKE[j] \neq 0$ gilt). Bei Durchführung der Prozedur **BFS**(n, p, **IVL**, **RMARKE**, **NUMMER**, **VL**, q') jedoch ermitteln wir alle diejenigen Knoten X_j, von denen aus X_p erreichbar ist (für diese Knoten gilt analog $RMARKE[j] \neq 0$ – *Rückwärtsmarke*).

PROCEDURE STARKZUS (N:INTEGER; VAR IVL,INF,MARKE:KLISTE;
VAR VL,NF:BLISTE;
VAR Q:INTEGER);

Vorgaben: Gerichteter Graph **G**, beschrieben sowohl durch die Bogenliste **VL** als auch durch die Bogenliste **NF** sowie den zugehörigen Indexlisten **IVL** bzw. **INF**
Service: Es wird die Anzahl q der stark zusammenhängenden Komponenten ermittelt. Zwei Knoten X_i und X_j gehören genau dann derselben stark zusammenhängenden Komponente an, wenn MARKE[i] = MARKE[j] ist.

```
VAR I,P,Z:INTEGER;
VMARKE,RMARKE,NUMMER:
KLISTE;
(* Die Prozedur BFS muß hier
bekannt sein oder an dieser Stelle
eingefügt werden.*)
BEGIN
```

A0: Für $i = 1, 2, \ldots, n$ tue MARKE[i]:=0; $q := 0$	FOR I:=1 TO N DO MARKE[I]:=0; Q:=0;
A1: Für $p = 1, 2, \ldots, n$ tue (falls($MARKE[p] = 0$), tue	FOR P:=1 TO N DO BEGIN IF MARKE[P]=0 THEN
(führe die Prozedur **BFS** (n, p, **INF**, **VMARKE**, **NUMMER**, **NF**, z) aus; führe die Prozedur **BFS** (n, p, **IVL**, **RMARKE**,	BEGIN BFS(N,P,INF, VMARKE,NUMMER, NF,Z); BFS (N,P,IVL,

NUMMER, VL, z) aus;
$q := q + 1$; für $i = 1, 2, \ldots, n$ tue

falls ($VMARKE[i] \neq 0$ und $RMARKE[i] \neq 0$)

tue $MARKE[i] := q$))

```
RMARKE,NUMMER,NF,Z);
Q:=Q+1;
FOR I:=1 TO N DO
  IF (VMARKE[I]<>0)
  AND (RMARKE[I]<>0)
  THEN
    MARKE[I]:=Q
 END
END
END;
```

ENDE: Siehe Service

Der Leser prüfe selber nach, daß der angegebene Algorithmus die im Service versprochenen Dienste leistet.

2.6. Kreisfreiheit

Bei einer Reihe von Problemen, so z.B. in der Netzplantechnik (vgl. dazu 2.9.), ist es wichtig zu wissen, ob ein vorgegebener gerichteter Graph einen Kreis (oder mehrere) besitzt oder nicht. Die folgende Eigenschaft eines kreisfreien Graphen werden wir im weiteren noch öfter ausnutzen.

Satz

Sei **G** ein gerichteter kreisfreier Graph. Dann kann man die Knoten von **G** derart numerieren, daß für jeden Bogen die Nummer des Startknotens kleiner ist als die des Zielknotens.

Von der Richtigkeit der Aussage kann man sich unschwer überzeugen, wenn man bedenkt, daß es in einem kreisfreien Graphen (wenigstens) einen Knoten gibt, in den kein Bogen einläuft. Nach Entfernen eines solchen Knotens (der die Nummer 1 erhält) verbleibt wieder ein kreisfreier Graph, der ebenfalls (wenigstens) einen Knoten besitzt, in den kein Bogen einläuft, usw.

Verbalalgorithmus *zur Numerierung eines kreisfreien Graphen*

(i) Ermittele die Eingangsvalenzen $v^-(X_i)$ eines jeden Knotens X_i,

(ii) ermittele die Originalquellen (das sind diejenigen Knoten, in die kein Bogen einläuft), und eröffne mit ihnen die Liste **Q**.

(iii) Solange eine aktuelle Quelle vorhanden ist, lösche alle von ihr ausgehenden Bögen sowie die Quelle selber und fülle die Liste **Q** mit allen dabei neu entstehenden Quellen auf.

ENDE: Falls alle Knoten in der Liste **Q** erfaßt sind, ist der Graph kreisfrei und **Q** liefert eine gesuchte Numerierung. Sind jedoch nicht alle Knoten in der Liste **Q** aufgenommen (d.h., wird die Anweisung (iii) weniger als n-mal durchlaufen) worden, so ist der Graph nicht kreisfrei.

Betrachten wir das Beispiel der Abb. 2.6.1. Zwei Originalquellen sind vorhanden, nämlich X_4 und X_7. Wir setzen etwa $Q[1] = 4$ und $Q[2] = 7$. Nach Löschen von X_4 entsteht die neue Quelle X_2, also $Q[3] = 2$. Nach Löschen von X_7 entsteht keine neue Quelle. Nach Löschen von X_2 entsteht die neue Quelle X_3, also $Q[4] = 3$, usw. Es zeigt sich, daß alle Knoten in die Liste **Q** aufgenommen werden, also ist der Graph kreisfrei.

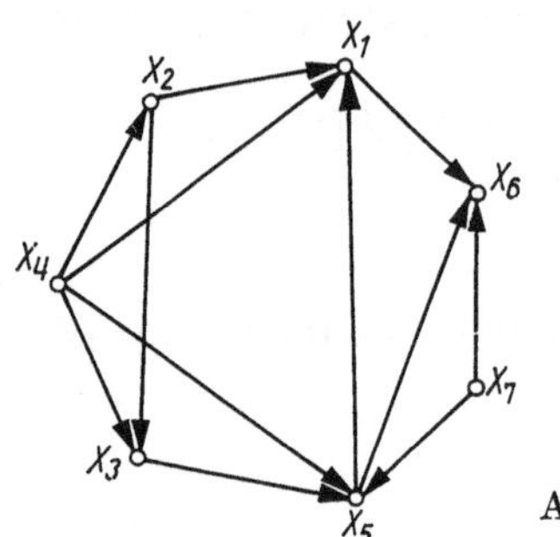

Abb. 2.6.1

PROCEDURE KREISFREI (N:INTEGER; VAR INF,Q:KLISTE; VAR NF:BLISTE; VAR FEHLER:BOOLEAN);

Vorgaben: Gerichteter Graph, beschrieben durch die Bogenliste **NF** und die zugehörige Knotenliste **INF**

Service: Falls der Graph, einen Kreis besitzt, hat die logische Variable **FEHLER** den Wert **TRUE**, ist der Graph kreisfrei, so ist **FEHLER** = **FALSE**. Für die Knotenliste **Q** gilt: Für beliebigen Bogen (X_i, X_j) mit $i = Q[r]$ und $j = Q[s]$ gilt $r < s$.

A0: Für $i = 1, 2, \ldots, n$ tue
$(VMINUS[i] := 0;\ Q[i] := n + 1)$;

$t := 0;\ u := 1;\ m := INF[n + 1] - 1$

A1: Für $k = 1, 2, \ldots, m$ tue
$(i := NF[k];$
$VMINUS[i] := VMINUS[i] + 1)$

A2: Für $i := 1, 2, \ldots, n$ tue
falls $(VMINUS[i] = 0)$, tue
$(t := t + 1;\ Q[t] := i)$

A3: solange $(u \leqq n$ und
$Q[u] < n + 1)$ tue
$(i := Q[u];$
für $k = INF[i], INF[i] + 1, \ldots$
$\ldots, INF[i + 1] - 1$ tue
$(j := NF[k];$
$VMINUS[j] := VMINUS[j] - 1;$

```
VAR I,J,K,M,T,U:INTEGER;
        VMINUS:KLISTE;
BEGIN
  FOR I:=1 TO N DO
  BEGIN VMINUS[I]:=0;
  Q[I]:=N+1
  END;
  T:=0; U:=1; M:=INF[N+1]-1;
  FOR K:=1 TO M DO
  BEGIN I:=NF[K];
  VMINUS[I]:=VMINUS[I]+1
  END;
  FOR I:=1 TO N DO
    IF VMINUS[I]=0 THEN
      BEGIN T:=T+1; Q[T]:=I
      END;
  WHILE(U<=N) AND
  (Q[U]<N+1) DO
    BEGIN I:=Q[U];
      FOR K:=INF[I] TO
        INF[I+1]-1
      DO
      BEGIN J:=NF[K];
        VMINUS[J]:=
        VMINUS[J]-1;
```

falls ($VMINUS[j] = 0$), tue
($t := t + 1$; $Q[t] := j$));

$u := u + 1$)

A4: $FEHLER := (u \leqq n)$
ENDE: Siehe Service

```
   IF VMINUS[J] = 0 THEN
     BEGIN T:=T+1;
       Q[T]:=J
     END
   END;
   U:=U+1
 END;
 FEHLER:=U<=N
END;
```

Der Aufwand des Algorithmus ist $\mathbf{O}(m)$, denn jeder der m Bögen wird einmal im Befehl **A1** abgearbeitet und dann nur noch einmal in der Schleife **A3**.
Damit wollen wir es zunächst mit der Kreisfreiheit bewenden lassen. Bei gewissen Problemen, z.B. in der Netzplantechnik, ist es jedoch keineswegs ausreichend, die evtl. Nichtkreisfreiheit erkannt zu haben, vielmehr müssen die Kreise selber ermittelt werden, und durch Aufbrechen oder Streichen geeigneter Bögen sind dann die Kreise zu beseitigen. Wir werden in 2.9. über Netzplantechnik nochmals darauf zurückkommen.

2.7. Kürzeste Wege

2.7.1. Beispiele

Wir schließen an die Problematik der Erreichbarkeit an. Diese wurde in 2.2. behandelt. In vielen Anwendungsfällen sind den Kanten oder Bögen reelle Zahlen (ggf. nichtnegativ oder ganz) zugeordnet, die wir als *Länge* der Kante bzw. des Bogens bezeichnen.
Dabei fordern wir nicht das Erfülltsein der Dreiecksungleichung für die Längenfunktion $l(u)$:

Definition

Falls für je drei Knoten $X, Y, Z \in \mathfrak{X}$, die durch Bögen $u = (X, Y)$, $v = (Y, Z)$ und $w = (X, Z)$ aus $\mathfrak{U}$ eines gerichteten Graphen $\mathfrak{G}(\mathfrak{X}, \mathfrak{U})$ miteinander verbunden sind, die Beziehung

$l(w) \leqq l(u) + l(v)$

gilt, so genügt die Längenfunktion $l(u)$ der *Dreiecksungleichung*.

Es stellt sich nun nicht allein die Frage, ob ein gewisser Knoten X_i von einem Knoten X_p aus erreichbar ist oder nicht, sondern im Falle der Erreichbarkeit auch die Frage nach einem kürzesten Weg $\mathbf{W} = (X_p = X_{i_1}, X_{i_2}, \ldots, X_{i_r} = X_i)$ von X_p nach X_i sowie nach dessen Länge

$$l(\mathbf{W}) = l(X_{i_1}, X_{i_2}) + l(X_{i_2}, X_{i_3}) + \ldots + l(X_{i_{r-1}}, X_{i_r}).$$

Beispiel 1. Betrachten wir den Graphen der Abb. 2.7.1. Ausgehend vom Knoten $X_p = X_1$ kann man den Knoten $X_i = X_9$ direkt über einen Bogen (X_1, X_9) der Länge $l(X_1, X_9) = 12$ erreichen, läuft man jedoch auf dem Weg (X_1, X_8, X_9), so hat dieser

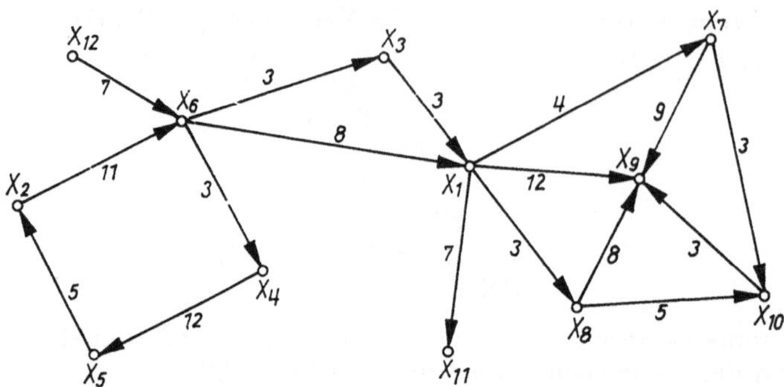

Abb. 2.7.1

eine Länge von $3 + 8 = 11$. Der Weg (X_1, X_7, X_{10}, X_9) hat sogar eine Länge von nur $4 + 3 + 3 = 10$, obwohl 3 Bögen abgelaufen werden mußten.

Beispiel 2. Gegeben sei ein Kommunikationsnetz. Die Wahrscheinlichkeit dafür, daß eine Verbindung zwischen den Knoten X_i und X_j existiert, sei $p_{ij} = p_{ji}$. Falls keine direkte Verbindung zwischen ihnen besteht, setzen wir $p_{ij} = p_{ji} = 0$. Die Wahrscheinlichkeit dafür, daß längs eines Weges $\mathbf{W} = (X_{i_0}, X_{i_1}, \ldots, X_{i_r})$ die Verbindung funktioniert, sei $p_{i_0 i_1} p_{i_1 i_2} \cdots p_{i_{r-1} i_r}$. (Wir fordern also die Unabhängigkeit der Ereignisse.) Unter allen möglichen Wegen zwischen zwei fixierten Knoten X und Y suchen wir einen zuverlässigsten.
Um dieses Problem zu behandeln, kann man wie folgt vorgehen: Knoten und Bögen eines Modellgraphen $\mathfrak{G}(\mathfrak{X}, \mathfrak{U})$ sind offenbar von Natur aus gegeben. Einem Bogen $u = (X_i, X_j)$ einer Wahrscheinlichkeit p_{ij} ordnen wir eine Länge $l(u) = l(X_i, X_j) = l_{ij} := -\log p_{ij}$ zu, dabei gilt wegen $0 < p_{ij} \leqq 1$ die Beziehung $0 \leqq l_{ij} < \infty$. Als Basis des Logarithmus kann eine beliebige Zahl größer als 1 (also etwa 2 oder e oder 10 oder ...) gewählt werden. Ein kürzester die Knoten X und Y verbindender Weg (mit den Längen $l(u)$ für die Bögen u) realisiert einen zuverlässigsten Weg von X nach Y im Graphen. Die Richtigkeit dieser Behauptung sieht man wie folgt:
Suchen wir unter allen Wegen von X nach Y einen solchen

$$\mathbf{W} = (X = X_{i_0}, X_{i_1}, \ldots, X_{i_r} = Y), \text{ für den } p_{i_0 i_1} p_{i_1 i_2} \cdots p_{i_{r-1} i_r}$$

maximal ist, so ist das wegen der Monotonie der Logarithmusfunktion ein Weg, für den $\log(p_{i_0 i_1} p_{i_1 i_2} \cdots p_{i_{r-1} i_r})$ maximal ist. Wegen der Gültigkeit der Rechenregeln für den Logarithmus ergibt sich

$$-\log(p_{i_0 i_1} p_{i_1 i_2} \cdots p_{i_{r-1} i_r}) = -\sum_{s=0}^{r-1} \log p_{i_s i_{s+1}} = \sum_{s=0}^{r-1} l_{i_s i_{s+1}}.$$

Die Suche nach einem zuverlässigsten Weg führt also zur Suche nach einem kürzesten Weg mit den Bewertungen $l(u)$ für die Bögen des Graphen.
Es sei vermerkt, daß in vielen praktischen Fällen (z.B. beim Transportproblem) ohne weiteres negative Längen bei den Modellgraphen sinnvoll sind. Bei der algorithmischen Lösung des Problems zeigt es sich, daß die Aufgabenstellung schwer ist (im Sinne des Aufwandes), falls sog. *Kreise negativer Länge* auftreten (so ist etwa $\mathbf{K} = (X_1, X_3, X_5, X_1)$ im Graphen der Abb. 2.7.2 ein Kreis der negativen Länge -5), wohingegen bei Nichtauftreten von Kreisen negativer Länge schnelle Algorithmen zur Verfügung stehen.

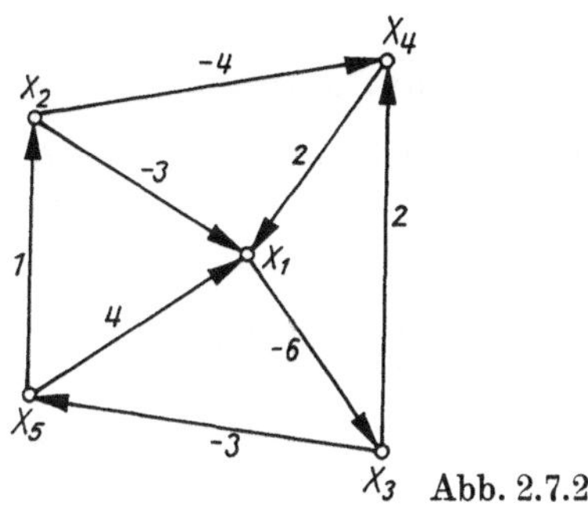

Abb. 2.7.2

2.7.2. Nichtnegative Bogenlängen

Algorithmus *zur Ermittlung der Abstände*

Vorgaben: Gerichteter Graph $\mathfrak{G}(\mathfrak{X}, \mathfrak{U})$ mit nichtnegativen Bogenlängen $l(u)$, $u \in \mathfrak{U}$
Service: Zu fixiertem Knoten X_p wird jedem von X_p aus erreichbaren Knoten X_i eine nichtnegative Zahl $t[i]$ zugeordnet, wobei $t[i]$ die Länge eines kürzesten Weges von X_p nach X_i ist (das ist der Abstand des Knotens X_i vom Knoten X_p).

Verbalalgorithmus

(i) Setze $t[l] := \infty$ für jeden Knoten $X_l \neq X_p$ und $t[p] := 0$; Beginnend mit $i = p$

(ii) Markiere X_i, und bilde für jeden nichtmarkierten Knoten X_j, zu dem es von X_i aus einen Bogen gibt, den vorläufigen Wert

$$t[j] := \min(t[j], t[i] + l(X_i, X_j)).$$

(iii) Falls es keinen nichtmarkierten Knoten X_j mit endlichem *Potentialwert* $t[j]$ gibt, gehe nach **ENDE**.

(iv) Unter allen nichtmarkierten Knoten X_j suche einen solchen Knoten X_i mit minimalem Potentialwert $t[i]$, also

$$t[i] := \min_{1 \leq j \leq n} t[j] \text{ mit } X_j \text{ nichtmarkiert.}$$

Gehe nach (**ii**).

ENDE: Siehe Service

Beispiel. Betrachten wir den Graphen der Abb. 2.7.1. Wir wollen für jeden Knoten X_i, der von $X_p = X_1$ erreichbar ist, den Abstand $t[i]$ von X_1 ermitteln.
Nachdem $t[i] := \infty$ $(i \neq 1)$ und $t[1] := 0$ gesetzt wurde, haben wir X_1 markiert. Gemäß (**ii**) gibt es vier Knoten, zu denen es von X_1 einen Bogen gibt. Man erhält für diese die vorläufigen Potentialwerte $t[7] = 4$, $t[8] = 3$, $t[9] = 12$, $t[11] = 7$. Da der Test (**iii**) negativ ausfällt, ergibt sich gemäß (**iv**) die Auswahl $X_i = X_8$ mit dem nunmehr endgültigen Potentialwert $t[8] = 3$. Gemäß (**ii**) wird nunmehr X_8 markiert, und X_{10} erhält den vorläufigen Potentialwert $t[10] = 3 + 5 = 8$. X_9 erhält den verbesserten vorläufigen Potentialwert $t[9] = 11$ usw. Der Leser prüfe selber nach, daß für die von X_1 aus erreichbaren Knoten schließlich als Ab-

stände von X_1 die Werte

$$t[1] = 0,\ t[8] = 3,\ t[7] = 4,\ t[11] = 7,\ t[10] = 7,\ t[9] = 10$$

durch den Algorithmus geliefert werden, welche Werte man auch aus der Zeichnung ablesen kann. Die verbleibenden Knoten sind unerreichbar und behalten die anfänglichen Potentialwerte ∞.

PROCEDURE KURZWEG (N,P:INTEGER; VAR INF,T,ANTE:KLISTE;
VAR NF,L:BLISTE; VAR FEHLER:BOOLEAN)

Vorgaben: Gerichteter Graph, beschrieben durch die Bogenliste **NF**, und zugehörige Knotenliste **INF** sowie eine Liste **L** mit nichtnegativen Bogenbewertungen (*Längen*)

Service: Falls keine Bogenbewertung negativ ist (sonst: FEHLER=TRUE), beschreibt die Liste **ANTE** einen Wurzelbaum der kürzesten Wege der von X_p aus erreichbaren Knoten. $t[j]$ ist die Länge eines kürzesten Weges von X_p nach X_j; ist jedoch X_j nicht von X_p aus erreichbar, so wird $t[j] = 10\,000\,000$ (d.h. $= \infty$) und $ANTE[j] = 0$.

```
A0:     FEHLER := falsch;
        m := INF[n + 1] − 1;
        für k = 1, 2, ..., m tue
          falls (l[k] < 0), tue
                FEHLER := wahr;
P1:     falls (nicht FEHLER), tue

A1.0:   Für i = 1, 2, ..., n tue
          (ANTE[i] := 0;
           t[i] := UNEND;
           MARKE[i] := falsch);

        t[p] := 0; i := p;
        ANTE[p] := n + 1;
A1.1:   Wiederhole
A1.1.1: MARKE[i] := wahr;
A1.1.2: für k = INF[i], INF[i] + 1, ..
          .., INF[i + 1] − 1 tue

          (j := NF[k];
           A := t[i] + l[k];
           falls (A < t[j], tue

             (t[j] := A;
              ANTE[j] := i))
```

```
CONST UNEND = 10000000;
VAR I,J,K,M,A,MIN:INTEGER;
  MARKE:ARRAY[1 .. 1000]
  OF BOOLEAN;
BEGIN
  FEHLER:=FALSE;
  M:=INF[N+1]−1;
  FOR K:=1 TO M DO
    IF L[K]<0 THEN
          FEHLER:=TRUE;
  IF NOT FEHLER THEN
  BEGIN
    FOR I:=1 TO N DO
      BEGIN ANTE[I]:=0;
            T[I]:=UNEND;
            MARKE[I]:=
            FALSE
      END;
    T[P]:=0; I:=P;
    ANTE[P]:=N+1;
    REPEAT
      MARKE[I]:=TRUE;
      FOR K:=INF[I] TO
      INF[I+1]−1
        DO
          BEGIN
            J:=NF[K];
            A:=T[I]+L[K];
            IF A<T[J] THEN
              BEGIN
                T[J]:=A;
                ANTE[J]:=I
              END
          END;
```

A1.1.3: $MIN := UNEND$;

A1.1.4: Für $j = 1, 2, \ldots, n$ tue
falls (nicht $MARKE[i]$
und $t[j] < MIN$), tue

($MIN := t[j]$; $i := j$)

bis $MIN = UNEND$;

ENDE: Siehe Service

```
MIN:=UNEND;
FOR J:=1 TO N DO
  IF NOT MARKE[J]
    AND (T[J]<MIN) THEN
    BEGIN
      MIN:=T[J]; I:=J
    END;
  UNTIL MIN=UNEND
 END
END;
```

In diesem Algorithmus haben wir wie bei KREISFREI sog. logische Variablen (BOOLEAN, BOOLEsche Variablen) verwendet, sowohl für die Variable *FEHLER* als auch für die Liste **MARKE**. Erfahrungsgemäß fällt es dem Lernenden zunächst schwer, mit logischen Variablen umzugehen, aber im weiteren wird er sich gewiß auch mit dieser eleganten Form zum Testen vertraut machen. Ebenso wurde erstmalig die sog. REPEAT (**wiederhole**)- ... UNTIL (**bis**)-Anweisung verwendet, die in der Sprache ALGOL unbekannt ist.

Kommen wir noch zur Aufwandsabschätzung: Beim Durchlauf der Schleife **A1.1.2** werden genau $v^+(X_i)$ Bögen abgefragt, wobei $v^+(X_i)$ die Anzahl der Bögen ist, die aus X_i herausführen. Bei der Minimumbildung **A1.1.4** werden alle n Knoten abgefragt, also ist bei einmaligem Durchlauf der Schleife **A1.1** ein Aufwand von $\mathbf{O}(v^+(X_i) + n)$ erforderlich. Da im ungünstigsten Fall jeder der Knoten einmal als X_i in **A1.1.4** gewählt wird, ist der Gesamtaufwand $\mathbf{O}(v^+(X_1) + n + v^+(X_2) + n + \ldots + v^+(X_n) + n) = \mathbf{O}(m + n^2)$. Da jedoch $m < n^2$ ist, ergibt sich als Aufwand $\mathbf{O}(n^2)$.

Will man nun für jeden Knoten X_p die Abstände zu allen von X_p aus erreichbaren Knoten ermitteln, so beträgt der Aufwand $\mathbf{O}(n^3)$.

Wir werden am Ende dieses Abschnittes noch zwei leicht programmierbare Algorithmen zur Ermittlung aller möglichen Abstände kennenlernen, die ebenfalls einen Aufwand von $\mathbf{O}(n^3)$ erfordern, jedoch ist dabei der Speicheraufwand wesentlich größer, da während der Rechnung eine Matrix vom Umfang n mal n gespeichert werden muß. In obigem Algorithmus sind ständig die Listen **NF**, **INF**, **t**, **ANTE** zu speichern, wohingegen die möglichen n^2 Abstände nur auszudrucken sind, jedoch nicht zu speichern.

An dieser Stelle sei vermerkt, daß es Implementationen zur Ermittlung der Abstände von einem Knoten zu allen anderen gibt, die nur einen Aufwand von $\mathbf{O}(m \log D)$ und sogar nur $\mathbf{O}(m \log \log D)$ erfordern, wobei D das Maximum aller Bogenlängen ist. Die Programmierung ist aber derartig aufwendig, daß wir an dieser Stelle nicht darauf eingehen können.

2.7.3. Beliebige reelle Bogenlängen

Fragen wir zunächst, ob der zuletzt angegebene Algorithmus sinnvoll bleibt, wenn gewisse der Bogenlängen negativ sind.

Betrachten wir den Graphen der Abb. 2.7.3. Es möge im Verlaufe des Algorithmus der Knotenpunkt X_p zuletzt den Wert $t[p]$ bekommen haben. Nunmehr wäre der Wert $t[i] = t[p] + 3$ für den Knoten X_i zu wählen und, da er kleiner als $t[j] = t[p] + 6$ ist, als endgültig für X_i zu fixieren. Dennoch ist der Weg von X_p über X_j nach X_i

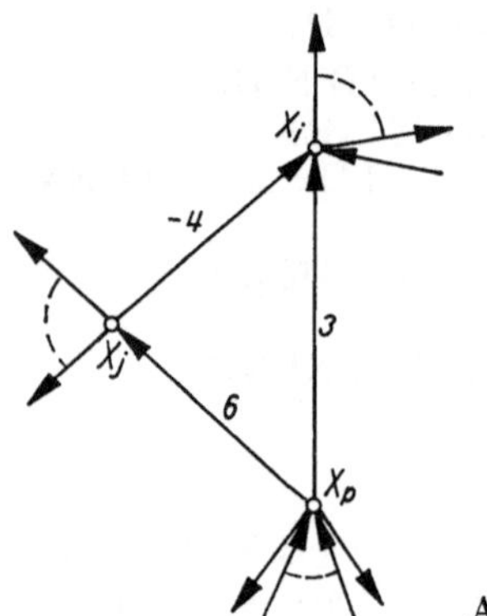

Abb. 2.7.3

kürzer. Der Algorithmus erlaubt es jedoch nicht, diesen kleineren Wert $t[p] + 2$ zu finden.
Wir stellen nunmehr einen Algorithmus vor, der bei »nicht allzu vielen« negativen Bogenlängen dennoch die Abstände zu bestimmen erlaubt:

Verbalalgorithmus *zur Bestimmung der Abstände*

Vorgaben: Gerichteter Graph mit nicht notwendig positiven Bogenlängen, jedoch ohne Kreise negativer Länge
Service: Alle Abstände $t[i]$ von einem vorgegebenen Knoten X_p zu allen von X_p aus erreichbaren Knoten X_i.
(i) Setze $t[j] := \infty$ für alle Knoten X_j außer $t[p] := 0$.
(ii) Solange es einen Bogen $u = (X_i, X_j)$ mit $t[i] + l[u] < t[j]$ gibt, ersetze $t[j]$ durch $t[i] + l[u]$.
ENDE: Siehe Service

Der folgende Satz sichert im Falle des Fehlens von Kreisen negativer Länge, daß obiger Algorithmus nach endlicher Zeit abbricht und dann tatsächlich die Abstände ermittelt sind.
Denken wir uns die Bögen in irgendeiner Weise durchnumeriert, etwa in Übereinstimmung mit den Listen **NF** und **INF**. Die Anweisung **(ii)** führen wir wie folgt aus: Prüfe die Bögen nacheinander durch, ob sie eine Potentialverringerung gestatten. Nach einmaligem Durchlauf mögen Potentialwerte $t^1[i]$ entstanden sein, allgemein nach l-maligem Durchlauf von **(ii)** mögen Potentialwerte $t^l[i]$ entstanden sein.

Satz

Falls der Graph $\mathbf{G}$ keine Kreise negativer Länge besitzt, so gilt $t^{n-1}[i] = t^n[i] = t[i]$ für alle $i = 1, 2, \ldots, n$.
Besitzt $\mathbf{G}$ jedoch Kreise negativer Länge, so gilt für wenigstens ein i die Beziehung $t^{n-1}[i] \neq t^n[i]$, und der Algorithmus gestattet es nicht, die tatsächlichen Abstände $t[i]$ von X_p nach X_i zu ermitteln.

Damit gibt der Algorithmus auch Auskunft darüber, ob in $\mathbf{G}$ Kreise negativer Länge existieren oder nicht.

Betrachten wir nochmals den Graphen der Abb. 2.7.2 (in welchem ja Kreise negativer Länge vorhanden sind). Wählen wir den Kreis **K** $= (X_1, X_3, X_5, X_1)$. Wegen (X_1, X_3) verringert sich beim Durchlauf von (**ii**) der Wert $t[3]$, und das bei jedem Durchlauf, so daß der Algorithmus niemals zum Stehen kommt. Dennoch hat X_3 von X_1 einen Abstand (als Länge eines kürzesten Weges), und zwar $t[3] = -6$.
Im Falle, daß Kreise negativer Länge auftreten, ist die Ermittlung der Abstände weitaus schwieriger, denn dieses Problem gehört in die Klasse der sog. **NP**-harten Probleme. Seine Lösung erfordert also im schlechtesten Fall eine vollständige Enumeration aller Weglängen. Denkt man sich etwa einen vollständigen Graphen gegeben, d.h., zu jedem Knotenpaar X_i, X_j gibt es einen Bogen $u = (X_i, X_j)$. Man rechnet unschwer nach, daß es zwischen irgendzwei Knoten mehr als $(n - 2)!$ verschiedene Wege gibt. Aus der STIRLINGschen Formel erhält man daraus, daß die Wegeanzahl exponentiell mit der Knotenanzahl anwächst.

PROCEDURE KURZWEGF (N,P: INTEGER; VAR INF,T,ANTE:KLISTE; VAR NF,L:BLISTE; VAR FEHLER: BOOLEAN);

Vorgaben: Gerichteter Graph, beschrieben durch die Bogenliste **NF**, mit zugehöriger Indexliste **INF** sowie eine Liste **l** mit Bogenlängen und ein Startknotenindex p
Service: Falls der Graph keinen Kreis negativer Länge enthält – sonst: $FEHLER = TRUE$ –, liefert die Liste **t** die kürzesten Weglängen, und die Liste **ANTE** beschreibt einen Wurzelbaum, aus dem die kürzesten Wege abgelesen werden können: $ANTE[p] = n + 1$, $t[i] = UNEND$ und $ANTE[i] = 0$, sofern X_i von X_p aus nicht erreichbar ist.

A0: Für $i = 1, 2, \ldots, n$ *tue*
  $(NUMMER[i] := 0;$
  $ANTE[i] := 0);$

  $NUMMER[1] := p;$
  $t[p] := 0; z := 1;$
  $ANTE[p] := n + 1; u := 0;$
A1: Wiederhole $u := u + 1;$
  $PROBE := 0;$
  $s := 1;$
  Solange $(s \leqq n)$ und
   $(NUMMER[s] > 0)$, tue
   $(i := NUMMER[s];$
   $s := s + 1;$
   für $k = INF[i], INF[i] + 1, \ldots$
    $\ldots, INF[i + 1] - 1$ tue

   $(j := NF[k];$
   $A := t[i] + l[k];$
   falls $(ANTE[j] = 0)$, tue
    $(t[j] := A;$
    $ANTE[j] := i;$
    $z := z + 1;$

```
VAR I,J,K,S,U: INTEGER;
      PROBE,A,Z: INTEGER;
      NUMMER: KLISTE;
BEGIN
  FOR I:=1 TO N DO
    BEGIN NUMMER[I]:=0;
      ANTE[I]:=0
    END;
  NUMMER[1]:=P;
  T[P]:=0; Z:=1;
  ANTE[P]:=N+1; U:=0;
  REPEAT U:=U+1;
  PROBE:=0;
    S:=1;
    WHILE(S<=N) AND
      (NUMMER[S]>0) DO
      BEGIN I:=NUMMER[S];
      S:=S+1;
        FOR K:=INF[I] TO
        INF[I+1]-1
        DO
          BEGIN J:=NF[K];
            A:=T[I]+L[K];
            IF ANTE[J]=0 THEN
              BEGIN T[J]:=A;
              ANTE[J]:=I;
                Z:=Z+1;
```

```
      NUMMER[z] := j)

    andernfalls
      falls (A < t[j]), tue
        t([j] := A;
        ANTE[j] := i;
        PROBE := 1)))



  bis (PROBE = 0) oder (u = n);
  FEHLER := (PROBE = 1)
ENDE: Siehe Service
```

```
          NUMMER[Z]:=J
        END
      ELSE
        IF A<T[J] THEN
          BEGIN T[J]:=A;
          ANTE[J]:=I;
            PROBE:=1
          END
      END
    END
  UNTIL (PROBE=0) OR (U=N);
  FEHLER:=PROBE=1
END;
```

In gewissen Anwendungsfällen genügt es nicht, Kreise negativer Länge zu konstatieren, sondern sie müssen lokalisiert und durch Entfernen geeigneter Bögen beseitigt werden. Auf diese Problematik kommen wir in 2.9. nochmals zurück, wo es um die Ermittlung längster Wege geht, deren Auffindung im Falle der Existenz von Kreisen positiver Länge ebenso schwierig ist, wie die Auffindung kürzester Wege im Falle der Existenz von Kreisen negativer Länge.

2.7.4. Kaskadealgorithmus und Floyd-Algorithmus

In einer Vielzahl von Anwendungsfällen benötigt man die Abstände zwischen je zwei Knoten eines Graphen.
Unser Ziel ist es, die sog. Distanzmatrix eines Graphen zu ermitteln. Wir nennen $\mathbf{D} = (d_{ij})_{i,j=1,2,\ldots,n}$ die *Distanzmatrix* eines Graphen $\mathbf{G}$, sofern

$$d_{ij} = \begin{cases} 0, \text{ falls } i = j \text{ ist,} \\ \infty, \text{ falls es keinen Weg von } X_i \text{ nach } X_j \text{ gibt,} \\ \text{Länge eines kürzesten Weges von } X_i \text{ nach } X_j, \text{ sofern } X_j \text{ von } X_i \\ \text{aus erreichbar ist.} \end{cases}$$

Die Lösung der gestellten Aufgabe könnte etwa dadurch erfolgen, daß man den zuletzt angegebenen Algorithmus um eine äußere Schleife erweiterte, wodurch man nacheinander ($p = 1, 2, \ldots, n$) jeden Knoten als Ausgangspunkt X_p wählen könnte. Da, wie man leicht nachrechnen kann, der Aufwand des zuletzt angegebenen Algorithmus $\mathbf{O}(m\,n)$ ist, entstünde bei n-maligem Anwenden desselben der Aufwand $\mathbf{O}(m\,n^2)$.
Bei Nichtvorhandensein von Bögen negativer Länge ließe sich, wie bereits erwähnt, der Algorithmus aus 2.7.2. verwenden, wodurch sich ein Aufwand (bei n-maliger Anwendung) von $\mathbf{O}(n^3)$ ergäbe. Im weiteren wollen wir zwei ebenfalls mit einem Aufwand von $\mathbf{O}(n^3)$ arbeitende Algorithmen kennenlernen, von denen einer von Hand (Kaskadealgorithmus) sehr einfach abgearbeitet werden kann, wohingegen der andere bei nur halbem Aufwand von Hand schwerer abzuarbeiten ist.
Zum Verständnis der weiteren Ausführungen sei es dem Leser angeraten, sich der Darstellung eines Graphen mittels Adjazenzmatrix zu erinnern, wie in Abschn. 1. beschrieben.
Sei $\mathbf{G}$ ein bogenbewerteter Graph. Wir ordnen ihm (in Verallgemeinerung der Darstellung durch die Adjazenzmatrix) die sog. *Bogenlängen*matrix $\boldsymbol{B} = (b_{ij})_{i,j=1,2,\ldots,n}$

zu mit

$$b_{ij} = \begin{cases} 0, \text{ falls } i = j \text{ ist} \\ \infty, \text{ falls } i \neq j \text{ und der Bogen } (X_i, X_j) \text{ nicht zu } \mathfrak{G} \text{ gehört} \\ l_{ij}, \text{ falls der Bogen } (X_i, X_j) \text{ in } \mathfrak{G} \text{ liegt und} \\ \quad l(X_i, X_j) = l_{ij} \text{ gilt.} \end{cases}$$

Nun wollen wir aus der Bogenlängenmatrix die Distanzmatrix ermitteln. Ausgehend von $\boldsymbol{B}^1 = \boldsymbol{B}$, bilden wir nacheinander Matrizen $\boldsymbol{B}^2, \boldsymbol{B}^3, \ldots$ gemäß der folgenden Vorschrift

$$\boldsymbol{B}^{l+1} = (b_{ij}^{l+1})_{i,j=1,2,\ldots,n} \text{ mit } b_{ij}^{l+1} := \min_{1 \leq r \leq n} (b_{ir}^1 + b_{rj}^l).$$

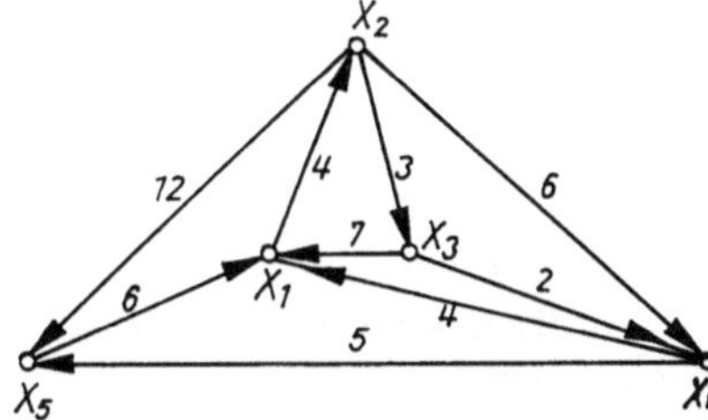

Abb. 2.7.4

Der Leser prüfe nach, daß für den Graphen der Abb. 2.7.4 die folgenden Matrizen entstehen:

$$\boldsymbol{B} = \boldsymbol{B}^1 = \begin{pmatrix} 0 & 4 & \infty & \infty & \infty \\ \infty & 0 & 3 & 6 & 12 \\ 7 & \infty & 0 & 2 & \infty \\ 4 & \infty & \infty & 0 & 5 \\ 6 & \infty & \infty & \infty & 0 \end{pmatrix}$$

$$\boldsymbol{B}^2 = \begin{pmatrix} 0 & 4 & 7 & 10 & 16 \\ 10 & 0 & 3 & 5 & 11 \\ 6 & 11 & 0 & 2 & 7 \\ 4 & 8 & \infty & 0 & 5 \\ 6 & 10 & \infty & \infty & 0 \end{pmatrix}$$

$$\boldsymbol{B}^3 = \begin{pmatrix} 0 & 4 & 7 & 9 & 15 \\ 9 & 0 & 3 & 5 & 10 \\ 6 & 10 & 0 & 2 & 7 \\ 4 & 8 & 11 & 0 & 5 \\ 6 & 10 & 13 & 16 & 0 \end{pmatrix}$$

$$\boldsymbol{B}^4 = \begin{pmatrix} 0 & 4 & 7 & 9 & 14 \\ 9 & 0 & 3 & 5 & 10 \\ 6 & 10 & 0 & 2 & 7 \\ 4 & 8 & 11 & 0 & 5 \\ 6 & 10 & 13 & 15 & 0 \end{pmatrix} = \boldsymbol{B}^5 = \boldsymbol{B}^6 = \ldots$$

Die folgenden Sätze können bewiesen werden, sofern alle Bogenlängen nichtnegativ sind.

Satz

Falls für eine natürliche Zahl l die Relation $b_{ij}^l < \infty$ gilt, so gibt es in $\mathfrak{G}$ einen Weg von X_i nach X_j mit höchstens l Bögen einer Länge b_{ij}^l. Sofern es einen kürzeren Weg von X_i nach X_j in $\mathfrak{G}$ gibt, so enthält dieser mehr als l Bögen.

Daraus folgt dann der folgende

Satz

Falls es überhaupt einen Weg von X_i nach X_j gibt, so ist b_{ij}^{n-1} die Länge eines kürzesten.

Der Rechenaufwand zur Ermittlung der Distanzmatrix $\boldsymbol{D}$ kann dadurch verringert werden, daß man anstelle der Matrixfolge $\boldsymbol{B}^1, \boldsymbol{B}^2, \boldsymbol{B}^3, \boldsymbol{B}^4, \ldots$ die Folge $\boldsymbol{B}^1, \boldsymbol{B}^2, \boldsymbol{B}^4, \boldsymbol{B}^8, \ldots$ bildet durch ständiges »Quadrieren« der soeben erhaltenen Matrix. Falls nun k die kleinste natürliche Zahl ist, so daß $n - 1 \leqq 2^k$ gilt, genügt es, mit $\boldsymbol{B}^1 = \boldsymbol{B}$ beginnend, k Matrizen zu berechnen. Der erforderliche Rechenaufwand bei diesem einfachen Verfahren ist $\mathbf{O}(n^3 \log n)$; denn zur Berechnung einer neuen Matrix müssen wir zu jedem der n^2 Elemente n Operationen (zur Minimumbildung) durchführen. Die Anzahl k der zu errechnenden Matrizen $\boldsymbol{B}^l$ ist wegen $2^{k-1} < n - 1 \leqq 2^k$ proportional zu $\log n$. Würde man jedoch die Matrixfolge $\boldsymbol{B}^1, \boldsymbol{B}^2, \boldsymbol{B}^3, \boldsymbol{B}^4, \ldots$ berechnen, so wäre der erforderliche Aufwand im ungünstigsten Fall $\mathbf{O}(n^4)$.
Die Idee der beiden folgenden mit einem Aufwand $\mathbf{O}(n^3)$ arbeitenden Algorithmen zur Ermittlung der Distanzmatrix ist die folgende: Sobald man ein Element b_{ij}^l berechnet hat, wird es sofort in die Matrix eingesetzt und mit diesem weitergerechnet. In Abhängigkeit von der Berechnungsreihenfolge ergeben sich die zwei folgenden Algorithmen.

Kaskadealgorithmus *zur Ermittlung der Distanzmatrix*

Vorgaben: Gerichteter Graph $\mathfrak{G}$ mit Bogenlängenmatrix $\boldsymbol{B}$, $b_{ij} \geqq 0$
Service: Distanzmatrix $\boldsymbol{D}$ von $\mathfrak{G}$

A1: Für $i = 1, 2, \ldots, n$ tue
  für $j = 1, 2, \ldots, n$ tue
    für $k = 1, 2, \ldots, n$ tue $b_{ij} := \min(b_{ij}, b_{ik} + b_{kj})$
A2: Für $i = n, n-1, \ldots, 2, 1$ tue
  für $j = n, n-1, \ldots, 2, 1$ tue
    für $k = n, n-1, \ldots, 2, 1$ tue $b_{ij} := \min(b_{ij}, b_{ik} + b_{kj})$
ENDE: Siehe Service

Der Befehl **A1** heißt *Vorwärtsschritt* des Kaskadealgorithmus, der Befehl **A2** *Rückwärtsschritt.* Im Vorwärtsschritt werden die Matrixelemente in üblicher Weise – Zeilen von oben nach unten und Spalten von links nach rechts – abgearbeitet.
Im Rückwärtsschritt geht es genau umgekehrt zu, also die Zeilen von unten nach oben und die Spalten von rechts nach links.
Betrachten wir das Beispiel der Abb. 2.7.4.
Der Leser überzeuge sich davon, daß die Matrix sich im Vorwärtsschritt so verändert, wie es in der folgenden »Matrix« gewiß verständlich aufgeschrieben ist.

$$\boldsymbol{B}_{\text{VORWÄRTS}} = \begin{pmatrix} 0 & 4 & \cancel{\infty}\ 7 & \cancel{\infty}\ 9 & \cancel{\infty}\ 14 \\ \cancel{\infty}\ 10 & 0 & 3 & \cancel{6}\ 5 & \cancel{12}\ 10 \\ \cancel{7}\ 6 & \cancel{\infty}\ 10 & 0 & 2 & \cancel{\infty}\ \cancel{20}\ 7 \\ 4 & \cancel{\infty}\ 8 & \cancel{\infty}\ 11 & 0 & 5 \\ 6 & \cancel{\infty}\ 10 & \cancel{\infty}\ 13 & \cancel{\infty}\ 15 & 0 \end{pmatrix}$$

In diesem Fall ist sogar schon mit dem Vorwärtsschritt die Distanzmatrix gefunden. Es ist jedoch nicht schwer, Beispiele dafür anzugeben, daß der Vorwärtsschritt nicht ausreicht, um die Distanzmatrix zu finden.
Durch Vertauschen der Laufanweisungen kann der Rechenaufwand nochmals halbiert werden.

Algorithmus von Floyd

Vorgaben und Service wie beim Kaskadealgorithmus

A1: Für $k = 1, 2, \ldots, n$ tue
für $i = 1, 2, \ldots, n$ tue
für $j = 1, 2, \ldots, n$ tue $b_{ij} := \min(b_{ij}, b_{ik} + b_{kj})$

ENDE: Siehe Service beim Kaskadealgorithmus

Steht ein Rechner zur Verfügung, so wird man jedenfalls dem Algorithmus von Floyd den Vorzug geben. Beim Rechnen von Hand dürfte der Kaskadealgorithmus besser geeignet sein, denn beim Algorithmus von Floyd wird wiederholt die ganze Matrix verändert. Für unser Beispiel des Graphen von Abb. 2.7.4 geben wir noch die Abfolge an, wie sie bei Anwendung des Algorithmus von Floyd entsteht; dabei überzeuge sich der Leser selber davon, daß Veränderungen in der Matrix für $k = 1$ nur geschehen, wenn über den Knoten X_1 Wegverkürzungen stattfinden, entsprechend für $k = 2$ nur Änderungen, wenn über den Knoten X_2 Wegverkürzungen auftreten usw.

$$k = 1\colon \begin{pmatrix} 0 & 4 & \infty & \infty & \infty \\ \infty & 0 & 3 & 6 & 12 \\ 7 & 11 & 0 & 2 & \infty \\ 4 & 8 & \infty & 0 & 5 \\ 6 & 10 & \infty & \infty & 0 \end{pmatrix}$$

$$k = 2\colon \begin{pmatrix} 0 & 4 & 7 & 10 & 16 \\ \infty & 0 & 3 & 6 & 12 \\ 7 & 11 & 0 & 2 & 23 \\ 4 & 8 & 11 & 0 & 5 \\ 6 & 10 & 13 & 16 & 0 \end{pmatrix}$$

$$k = 3\colon \begin{pmatrix} 0 & 4 & 7 & 9 & 16 \\ 10 & 0 & 3 & 5 & 12 \\ 7 & 11 & 0 & 2 & 23 \\ 4 & 8 & 11 & 0 & 5 \\ 6 & 10 & 13 & 15 & 0 \end{pmatrix}$$

$$k = 4\colon \begin{pmatrix} 0 & 4 & 7 & 9 & 14 \\ 9 & 0 & 3 & 5 & 10 \\ 6 & 10 & 0 & 2 & 7 \\ 4 & 8 & 11 & 0 & 5 \\ 6 & 10 & 13 & 15 & 0 \end{pmatrix}$$

Für $k = 5$ ändert sich nichts mehr, was bedeutet, daß über den Knoten X_5 keine Wegverkürzung stattfindet, nachdem die Verkürzungen über die anderen Knoten bereits durchgeführt sind.

2.8. Radius und Zentrum

2.8.1. Beispiele

Zur Veranschaulichung der anstehenden Problematik betrachten wir einige Beispiele.

Beispiel 1. Vorgegeben sei ein System von Wohnsiedlungen, die durch ein Verkehrsnetz miteinander verbunden sind. Für die vorgegebenen Siedlungen soll ein Krankenhaus gebaut werden. An welcher Stelle des Netzes ist das Krankenhaus zu errichten, damit die maximale Entfernung einer Siedlung zum Krankenhaus möglichst klein wird (vgl. Abb. 2.8.1)? Die an die Kanten geschriebenen Zahlen mögen die Entfernungen (z.B. gemessen in km) zwischen zwei Wohnsiedlungen angeben, wobei wir die Ausdehnung der Wohnsiedlungen vernachlässigt haben.

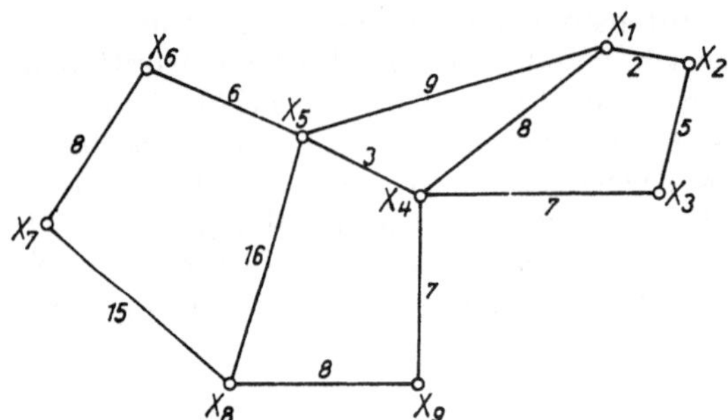

Abb. 2.8.1

Beispiel 2. Es sei eine Wohnsiedlung mit Straßennetz gegeben. Die Post will an mehreren Stellen Postzustellanlagen errichten. Wie viele solcher Anlagen und an welchen Stellen sind sie zu plazieren, damit kein Haus von der ihr nächsten Anlage einen größeren Abstand als eine vorgegebene Schranke hat? Betrachten wir etwa die Abb. 2.8.2, nehmen wir an, daß zwischen benachbarten eingezeichneten Knoten ein Abstand von 50 m sei und daß die Postzustellanlagen auf Knoten so angebracht werden sollen, daß kein Bewohner mehr als 150 m zu seiner Zustellanlage zurück-

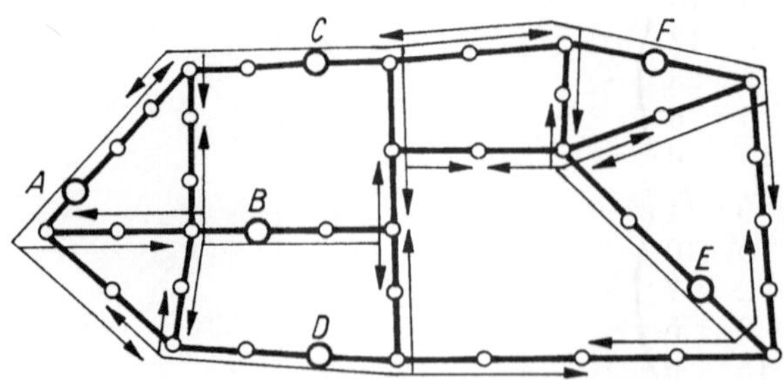

Abb. 2.8.2

zulegen hat. Eine Lösung mit 6 Anlagen ist eingezeichnet. Die dünn gezeichneten baumförmigen Streckenkomplexe geben von jedem der Verteilerpunkte an, welche Straßenzüge von Wegstrecken = 150 m überdeckt werden. Da eine ganze Reihe von Straßenzügen durch mehr als einen Streckenkomplex überdeckt ist, liegt die Vermutung nahe, daß man auch mit weniger als 6 Zustellanlagen auskommen könnte. Der Leser prüfe nach, ob man auch mit 5 oder gar noch weniger Verteileranlagen auskommen kann.

Beispiel 3. Betrachten wir nochmals die Abb. 2.8.1. Die an die Streckenzüge geschriebenen Zahlen mögen die Abstände zwischen den beiden mit der Strecke inzidenten Endknoten sein (etwa gemessen in km). Die Knoten mögen irgendwelche Dienstleistungseinrichtungen repräsentieren, z. B. Gaststätten oder Lebensmittelläden. An einer Stelle des Netzes soll ein Zentrallager errichtet werden. An welcher Stelle muß das Zentrallager errichtet werden, damit die Gesamtsumme der Abstände der Dienstleistungsstellen vom Zentrallager möglichst klein wird?
Eine explizite graphentheoretische Modellierung dieser Beispiele ist wohl kaum erforderlich, da der Graph in jedem Fall in natürlicher Weise vorliegt.

2.8.2. Definitionen und Aufgabenstellung

Vorgegeben sei ein ungerichteter Graph $\mathfrak{G}[\mathfrak{X}, \mathfrak{U}]$. Jeder Kante $u \in \mathfrak{U}$ sei eine nichtnegative Zahl $l(u)$, genannt Kantenlänge, zugeordnet. Bezeichnen wir in Übereinstimmung mit den Begriffen im Falle des gerichteten Graphen als Abstand $d(X_i, X_j)$ der Knoten X_i und X_j die Länge eines kürzesten Weges zwischen diesen beiden Knoten. Die Zahl

$$d_{\max}(X_i) := \max_{1 \leqq j \leqq n} d(X_i, X_j)$$

ist offenbar die größtmögliche Entfernung, die ein Knoten in $\mathfrak{G}$ überhaupt von X_i haben kann. Als *Radius* $r(\mathfrak{G})$ des Graphen $\mathfrak{G}$ bezeichnen wir nun

$$r(\mathfrak{G}) := \min_{1 \leqq i \leqq n} d_{\max}(X_i).$$

Ein Knoten $Z = X_r$ des Graphen heißt *Zentrum*, sofern für ihn die Beziehung

$$r(\mathfrak{G}) = d_{\max}(X_r) = \max_{1 \leqq j \leqq n} d(X_r, X_j)$$

gilt.
Gesucht werden nun sowohl der Radius $r(\mathfrak{G})$ eines Graphen $\mathfrak{G}$ als auch ein Zentrumsknoten Z.

2.8.3. Algorithmus zur Radius- und Zentrumsermittlung

Ohne Schwierigkeiten läßt sich der in 2.7.2. über kürzeste Wege angegebene Algorithmus zur Bestimmung der Abstände aller von einem Knoten X_p erreichbaren Knoten verwenden, man muß nur noch eine äußere Schleife hinzufügen, die für jedes der $p = 1, 2, \ldots, n$ die Werte $t[i]$ zu errechnen gestattet. Nach jedem Durchlauf (bei festem p also) muß noch das Maximum aller $t[i]$ gebildet werden (welches natürlich vom aktuellen p abhängt). Dieses Maximum wollen wir als *ANTIPO* $[p]$ bezeichnen, das ist also der größtmögliche Abstand eines Knotens X_i (des Antipoden von X_p) von X_p. Nach n-maligem Durchlauf der äußeren Schleife ist dann

$r(G) = \min_{1 \leq p \leq n} ANTIPO[p]$ der gesuchte Radius, und ein Knoten $X_{p'}$, für den dieses Minimum angenommen wird, ist ein Zentrumsknoten.

Verbalalgorithmus *zur Ermittlung des Radius und eines Zentrumsknotens in einem ungerichteten kantenbewerteten Graphen*

(i) Beginnend mit $p = 1$, bestimme für jeden Knoten X_p einen Knoten X_i größten Abstandes von X_p sowie den Abstand $ANTIPO[p]$ von X_i zu X_p.

(ii) Bestimme das Minimum $r(G)$ aller $ANTIPO[p]$ sowie einen Knoten, für den das Minimum angenommen wird.

ENDE: $r(G)$ ist der gesuchte Radius von G, und ein Knoten, für den min $ANTIPO[p]$ angenommen wird, ist ein Zentrumsknoten.

PROCEDURE ZENTRUM (N:INTEGER; VAR INF,T,ANTE: KLISTE;
VAR NF,L: BLISTE; VAR ZTRKNOTEN,RADIUS: INTEGER);

(∗*Vorgaben:* Stark zusammenhängender Graph, beschrieben durch die Bogenliste **NF** (im allgemeinen die gedoppelte Bogenliste **U**) und die zugehörige Knotenliste **INF** (bzw. **IU**) sowie eine Bogenlängenliste **l**

Service: Ermittelt wird ein Zentrumsknoten X_z mit $z = ZTRKNOTEN$ und der Radius des Graphen ($Radius = \infty$, dann ist der Graph nicht stark zusammenhängend). **t** und **ANTE** beschreiben kürzeste Wege vom Zentrumsknoten aus zu den anderen Knoten. ∗)

```
CONST UNEND=100000000;
VAR I,P,ANTIPO: INTEGER
        FEHLER: BOOLEAN;
(*An dieser Stelle muß die
 Procedure KURZWEG eingefügt
 werden, falls sie nicht als
 bekannt gilt! *)
```

Verbal	Pascal
A0: $RADIUS := \infty$	BEGIN RADIUS:=UNEND;
A1: Für $p = 1, 2, \ldots, n$ tue	FOR P:=1 TO N DO
(berechne **KURZWEG** (n, p,	BEGIN KURZWEG (N,P,
INF, **t**, **ANTE**, **NF**, **l**, $FEHLER$);	INF,T,ANTE,NF,L,FEHLER);
$ANTIPO := -\infty$	ANTIPO:=−UNEND;
für $i = 1, 2, \ldots, n$ tue	FOR I:=1 TO N DO
falls ($t[i] > ANTIPO$), tue	IF T[I]>ANTIPO THEN
$ANTIPO := t[i]$;	ANTIPO:=T[I];
falls ($ANTIPO < RADIUS$), tue	IF ANTIPO<RADIUS THEN
($RADIUS := ANTIPO$;	BEGIN RADIUS:= ANTIPO;
$ZTRKNOTEN := p$))	ZTRKNOTEN:=P
	END
	END;
A2: berechne **KURZWEG** (n, $ZTRKNOTEN$, INF, t, **ANTE**, **NF**, **l**, $FEHLER$)	KURZWEG (N, ZTRKNOTEN,INF,T, ANTE,NF,L,FEHLER)
ENDE: Siehe Service	END;

Der erforderliche Aufwand wird durch den Befehl **A1** bestimmt, es wird n-mal die Prozedur **KURZWEGF**, die, wie im vorangehenden Abschnitt abgeschätzt, einen Aufwand $\mathbf{O}(n^2)$ erfordert, angewendet. Damit ergibt sich ein Aufwand $\mathbf{O}(n^3)$.

2.8.4. Zentrumsmengen

Wir wollen, anknüpfend an das zweite Beispiel in 2.8.1., das folgende Problem betrachten.
Wir wählen in $\mathfrak{G}$ eine r-elementige Menge $\mathfrak{X}_{\mathfrak{P}} = \{X_{i_1}, X_{i_2}, \ldots, X_{i_r}\}$ von Knoten des Graphen $\mathfrak{G}$ sowie einen beliebigen Knoten X (der zu $\mathfrak{X}_{\mathfrak{P}}$ gehören darf). Unter dem Abstand $d(X, \mathfrak{X}_{\mathfrak{P}})$ des Knotens X von der Knotenmenge $\mathfrak{X}_{\mathfrak{P}}$ verstehen wir den Minimalabstand von X zu den Knoten aus $\mathfrak{X}_{\mathfrak{P}}$, also

$$d(X, \mathfrak{X}_{\mathfrak{P}}) := \min_{1 \leq j \leq r} d(X, X_{i_j}).$$

Im Beispiel der Abb. 2.8.3 ergäbe sich etwa für $\mathfrak{X}_{\mathfrak{P}} = (X_2, X_4, X_8)$ und $X = X_{10}$: $d(X, \mathfrak{X}_{\mathfrak{P}}) = 5$, da $d(X_{10}, X_2) = 6$, $d(X_{10}, X_4) = 8$ und $d(X_{10}, X_8) = 5$ ist, also der kleinste der drei Werte gleich 5 ist.

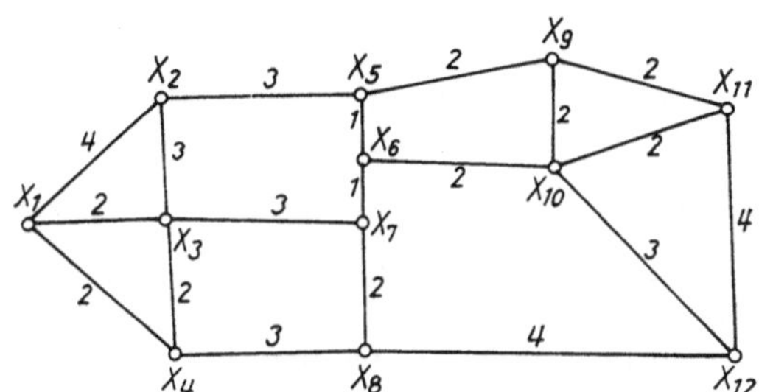

Abb. 2.8.3

Betrachten wir nun unter allen Knoten X einen solchen Knoten $X^{\mathfrak{P}}$, für den $d(X^{\mathfrak{P}}, \mathfrak{X}_{\mathfrak{P}})$ maximal ausfällt, also

$$d(X^{\mathfrak{P}}, \mathfrak{X}_{\mathfrak{P}}) = \max_{1 \leq s \leq n} d(X_s, \mathfrak{X}_{\mathfrak{P}})$$

gilt.
In unserem Beispiel der gewählten Menge $\mathfrak{X}_{\mathfrak{P}} = \{X_2, X_4, X_8)$ ergibt sich $X^{\mathfrak{P}} = X_{11}$ als von $\mathfrak{X}_{\mathfrak{P}}$ am weitesten entfernter Knoten mit $d(X_{11}, \mathfrak{X}_{\mathfrak{P}}) = 7$.
Nun hätte man auch eine andere 3elementige Menge $\mathfrak{X}_{\mathfrak{P}}$ wählen können, etwa $\mathfrak{X}_{\mathfrak{P}'} = \{X_4, X_5, X_{11}\}$. In diesem Falle wäre $X^{\mathfrak{P}'} = X_{12}$ ein von $\mathfrak{X}_{\mathfrak{P}'}$ am weitesten entfernter Knoten gewesen mit $d(X_{12}, \mathfrak{X}_{\mathfrak{P}'}) = 4$. Unter allen r-elementigen Mengen $\mathfrak{X}_{\mathfrak{P}}$ suchen wir eine solche $\mathfrak{X}_{\mathfrak{P}_0}$, so daß ein von $\mathfrak{X}_{\mathfrak{P}_0}$ am weitesten entfernter Knoten $X^{\mathfrak{P}_0}$ möglichst nahe an $\mathfrak{X}_{\mathfrak{P}_0}$ liegt, in Formeln ist folgende Aufgabe zu lösen:
Bestimme

$$\min_{(\mathfrak{X}_{\mathfrak{P}})} \max_{1 \leq s \leq n} \min_{1 \leq j \leq r} d(X_s, X_{i_j}) \text{ mit } \mathfrak{X}_{\mathfrak{P}} = \{X_{i_1}, X_{i_2}, \ldots, X_{i_r}\}.$$

Das etwas gegenüber dem Beispiel 2 abgeänderte Problem lautet somit:

> Fixiere in einem ungerichteten kantenbewerteten Graphen r Knoten derart, daß der Maximalabstand eines Knotens X aus $\mathfrak{G}$ zu den r ausgewählten Knoten möglichst klein wird!

Im Falle $r = 1$ hat man das originale Problem der Ermittlung eines Zentrumknotens sowie des Radius.
Prinzipiell bereitet dieses Problem keine Schwierigkeiten. Denken wir uns etwa die Distanzmatrix gegeben, das wäre im Beispiel der Abb. 2.8.3 die folgende Matrix $\boldsymbol{D}$, wobei wir rechts noch eine Spalte der d_i eingerichtet haben, in die wir jeweils das Zeilenmaximum geschrieben haben:

$$
\begin{array}{c} \\ \\ \\ \\ \\ \\ \boldsymbol{D} = \\ \\ \\ \\ \\ \\ \end{array}
\begin{array}{cccccccccccc}
1 & 2 & 3 & 4 & 5 & 6 & 7 & 8 & 9 & 10 & 11 & 12 \\
\end{array}
$$

$$
\boldsymbol{D} = \left[\begin{array}{cccccccccccc}
0 & 4 & 2 & 3 & 7 & 6 & 5 & 5 & 9 & 8 & 10 & 9 \\
4 & 0 & 3 & 5 & 3 & 4 & 5 & 7 & 5 & 6 & 7 & 9 \\
2 & 3 & 0 & 2 & 5 & 4 & 3 & 5 & 7 & 6 & 8 & 9 \\
2 & 5 & 2 & 0 & 7 & 6 & 5 & 3 & 10 & 8 & 10 & 7 \\
7 & 3 & 5 & 7 & 0 & 1 & 2 & 4 & 2 & 3 & 4 & 6 \\
6 & 4 & 4 & 6 & 1 & 0 & 1 & 3 & 3 & 2 & 4 & 5 \\
5 & 5 & 3 & 5 & 2 & 1 & 0 & 2 & 4 & 3 & 5 & 6 \\
5 & 7 & 5 & 3 & 4 & 3 & 2 & 0 & 6 & 5 & 7 & 4 \\
9 & 5 & 7 & 10 & 2 & 3 & 4 & 6 & 0 & 2 & 2 & 5 \\
8 & 6 & 6 & 8 & 3 & 2 & 3 & 5 & 2 & 0 & 2 & 3 \\
10 & 7 & 8 & 10 & 4 & 4 & 5 & 7 & 2 & 2 & 0 & 4 \\
9 & 9 & 9 & 7 & 6 & 5 & 6 & 4 & 5 & 3 & 4 & 0
\end{array}\right]
\quad
\begin{array}{cc}
d_i & \\
10 & 1 \\
9 & 2 \\
9 & 3 \\
10 & 4 \\
7 & 5 \\
6 & 6 \\
6 & 7 \\
7 & 8 \\
10 & 9 \\
8 & 10 \\
10 & 11 \\
9 & 12
\end{array}
$$

Der Radius, als Minimum der angeschriebenen d_i, ist offenbar $r(G) = 6$, und als Zentrumsknoten kommen X_6 und X_7 in Frage. Wollen wir nun nach einer zweielementigen Menge von Knoten suchen, die möglichst zentral (im Sinne unseres Problems) liegt, so muß man schon alle $\binom{12}{2} = 66$ Möglichkeiten der Auswahl von zwei Knoten durchspielen und den am weitesten entfernten Knoten sowie dessen Abstand von dieser zweielementigen Menge ermitteln. Wollen wir im Sinne unseres Beispiels also 2 Zustellanlagen aufstellen, so würde etwa bei Aufstellen in X_3 und X_{10} kein Knoten einen Abstand größer als 5 von diesen beiden Knoten haben. Der Leser prüfe nach, ob man die zwei Anlagen noch günstiger postieren kann!
Kann man drei Anlagen so postieren, daß kein Knoten von dem ihm nächsten der drei einen Abstand größer als 4 hat?
Berechnen wir zum Schluß noch die Anzahl der erforderlichen Operationen, wenn man eine r-elementige Zentralmenge von Knoten in einem Graphen mit n Knoten bestimmen will.

Unter n Knoten r Stück auszuwählen, gibt es $\binom{n}{r}$ Möglichkeiten. Hat man eine feste Auswahl getroffen, so muß man von jedem der $n - r$ nicht gewählten Knoten den Abstand zur gewählten Menge berechnen, das heißt, es müssen $r(n - r)$ Abstände ermittelt werden bei fester Wahl einer r-elementigen Menge. Damit sind (bei Durchspielen aller $\binom{n}{r}$ Mengen mit r Elementen) insgesamt $\binom{n}{r} r\,(n - r)$ Abstände zu ermitteln. Jeder für sich erforderte einen Aufwand von $\mathbf{O}(n^2)$. Hätte man etwa $n = 100$ und $r = 7$, so wäre die erforderliche Anzahl von Abstandsbestimmungen bereits eine Zahl mit 13 Nullen. Die Berechnung kann gewiß etwas verbessert werden, wenn man in die Organisation der Lösung mehr gedanklichen Aufwand steckt, dennoch ist eine wirksame Aufwandsverringerung nicht zu erkennen.
Auf die Angabe einer **PROCEDURE** wollen wir verzichten.

2.9. Längste Wege

2.9.1. Beispiele

Im Gegensatz zu dem unmittelbar einleuchtenden Problem der Bestimmung kürzester Wege ist es nicht sofort einzusehen, warum man in einem Graphen nach längsten Wegen suchen sollte. Einige Beispiele mögen zeigen, daß auch für praktisch relevante Aufgaben die Bestimmung längster Wege von großer Bedeutung ist.

Beispiel 1. Wir betrachten ein Bauvorhaben. Um den Ablauf zu planen, stellen wir eine Liste wichtiger Ereignisse zusammen und ordnen jedem Ereignis einen Knoten eines gewissen Graphen zu. Die meisten dieser Ereignisse werden Beginn oder Ende eines Teilprozesses sein. In der Netzplantechnik, um die es sich hierbei handelt, nennt man solche Teilprozesse *Vorgänge* oder *Aktivitäten*. Wir verbinden nun zwei Ereignisknoten X_i und X_j durch einen Bogen (X_i, X_j) einer Länge l_{ij}, wenn das Ereignis X_j frühestens l_{ij} Zeiteinheiten nach dem Ereignis X_i eintreten kann. Es ist klar, daß das Ereignis »Ende eines Vorganges« erst d Zeiteinheiten nach dem Ereignis »Beginn dieses Vorganges« eintreten kann, wenn d seine Mindestdauer ist.
Weiter kann evtl. ein gewisser Arbeitsgang erst in Angriff genommen werden, wenn ein oder mehrere andere Arbeitsgänge bereits einen gewissen Grad der Vollendung erreicht haben (so sagt eine alte Maurerweisheit, daß man die Gerüste erst entfernen darf, wenn tapeziert worden ist – Einsturzgefahr!). Kann z.B. mit dem Ausbau eines Gebäudes begonnen werden, wenn 60% des Montageprozesses abgeschlossen sind, so führt man für die 60%ige Vollendung der Montage einen Knoten X_i ein und verbindet ihn mit dem Ereignisknoten X_j, der für den Beginn des Ausbaus steht, durch einen Bogen (X_i, X_j) der Länge $l(X_i, X_j) = 0$. Eine solche Einführung von Zwischenereignissen neben Beginn und Ende eines Vorganges kann natürlich dazu führen, daß die beiden letztgenannten Ereignisse am Ende der geplanten Berechnungen mehr als d Zeiteinheiten auseinanderliegen, wenn d die Dauer des Vorganges ist. Um derartiges zu verhindern, könnte man einen Bogen vom Endereignis X_E zum Anfangsereignis X_A unseres Vorganges Montage einführen, dem man die Länge $l(X_E, X_A) = -d$ gibt, d.h., man fordert, daß der Vorgang nach höchstens d Zeiteinheiten beendet wird ($t(X_E) - t(X_A) \leqq d$).
Das Problem der Terminplanung führt somit auf das folgende *Potentialproblem*.
Gegeben sei ein gerichteter Graph $\mathfrak{G}(\mathfrak{X}, \mathfrak{U})$, jedem seiner Bögen u sei eine reelle Zahl $l(u)$ zugeordnet. Es seien die Knoten X_1 und X_n als Start- und Zielknoten ausgezeichnet. (Der Startknoten muß kein Quellknoten sein; auch der Zielknoten muß nicht unbedingt eine Senke sein.) Gesucht wird ein *Terminvektor* $\boldsymbol{t} = (t_1, t_2, \dots, t_n)$ ($\boldsymbol{t}$ nennen wir *Potential*), der folgenden Bedingungen genügt:

$$t_1 = 0,$$
$$t_j - t_i \geqq l(X_i, X_j) \text{ für alle } (X_i, X_j) \in \mathfrak{U},$$
$$\text{minimiere } t_n!$$

Es sei $(X_{i_1}, X_{i_2}, \dots, X_{i_r})$ mit $X_{i_1} = X_1$ und $X_{i_r} = X_n$ ein beliebiger Weg vom Startknoten zum Endknoten.
Wegen der obigen Bedingungen gilt

$$\begin{aligned} t_{i_r} &= (t_{i_r} - t_{i_{r-1}}) + (t_{i_{r-1}} - t_{i_{r-2}}) + \dots + (t_{i_3} - t_{i_2}) + (t_{i_2} - t_{i_1}) \\ &\geqq l_{i_{r-1}i_r} + l_{i_{r-2}i_{r-1}} + \dots + l_{i_2i_3} + l_{i_1i_2}. \end{aligned}$$

Also kann das Gesamtvorhaben nicht eher abgeschlossen werden, als die Länge irgendeines Weges vom Start- zum Zielereignis angibt. Da das für jeden Weg vom Startknoten zum Zielknoten gilt, gilt es auch für die Länge eines längsten Weges.

Beispiel 2 (*Knapsackproblem*). Ein Handelsmann hat n Gegenstände $A_1, A_2, \ldots, A_n$ zum Verkauf bereit, muß sie jedoch über eine gewisse Entfernung vor dem Verkauf transportieren, so daß er nur eine beschränkte Anzahl von Gegenständen zum Verkauf bringen kann, etwa aus Gewichtsgründen. Die Gegenstände A_i mögen ein Gewicht p_i haben ($i = 1, 2, \ldots, n$). Beim Verkauf von A_i möge der Handelsmann einen Gewinn von g_i erzielen. Das Gesamtgewicht aller Gegenstände, die er auf den Markt bringen kann, darf eine vorgegebene Schranke K nicht überschreiten. Welche Gegenstände hat der Handelsmann mitzunehmen, damit er einen möglichst hohen Gewinn erzielt?
Als sog. (0,1)-Optimierungsproblem lautet die Aufgabenstellung:
Maximiere die Zielfunktion

$$z(x_1, x_2, \ldots, x_n) = \sum_{j=1}^{n} g_j x_j$$

unter den Restriktionen

$$\sum_{j=1}^{n} p_j x_j \leqq K$$

und

$$x_j \in \{0,1\} \text{ für } j = 1, 2, \ldots, n.$$

Wenn das Optimierungsproblem gelöst ist, heißt das:

falls $x_i = 1$, wird der Gegenstand A_i eingepackt,
falls $x_i = 0$, wird der Gegenstand A_i nicht eingepackt.

Wie kann das Knapsackproblem graphentheoretisch modelliert werden? Betrachten wir das folgende Beispiel:

Gegenstand A_i für $i =$	1	2	3	4	5	6
Gewicht p_i	9	7	5	4	4	2
Gewinn g_i	13	10	8	6	5	2

Die Gewichtsschranke K halten wir zunächst noch variabel.
Betrachten wir die Abb. 2.9.1. Wir konstruieren einen gerichteten Graphen $\mathfrak{G}(\mathfrak{X}, \mathfrak{U})$ wie folgt: Die Knotenpunkte ordnen wir in einem matrixähnlichen Schema an, und zwar mit $K + 1$ Zeilen (im Beispiel ist $K = 26$) und $n + 2$ Spalten. Zunächst lassen wir noch alle Knoten X_{ij} mit $1 \leqq i \leqq K + 1$ und $1 \leqq j \leqq n + 2$ zu, wenngleich im praktischen Fall nicht alle Knoten erforderlich sind; welche Knoten wirklich erforderlich sind, werden wir im folgenden sehen.
$S = X_{11}$ (zu lesen: »X eins eins« und nicht etwa »X elf«) sei der einzige Knoten der ersten Spalte. Von X_{11} führen Bögen zu den (höchstens) zwei Knoten X_{12} und $X_{p_1+1,2}$ (sofern $p_1 \leqq K$) der zweiten Spalte. Dabei entspricht dem Bogen (X_{11}, X_{12}) der Sachverhalt, daß der Gegenstand A_1 nicht eingepackt wird, wohingegen dem Bogen $(X_{11}, X_{p_1+1,2})$ der Sachverhalt entspricht, daß A_1 eingepackt wird.
Von jedem Knoten der zweiten Spalte gehen wiederum (höchstens) zwei Bögen aus, und zwar von X_{12} ein »waagerechter« (X_{12}, X_{13}), dem der Sachverhalt entspricht, daß A_2 nicht eingepackt wird, und ein »schräger« $(X_{12}, X_{p_2+1,3})$, dem der Sachverhalt »A_2 wird eingepackt« entspricht. Ebenso geht von dem zweiten Knoten $X_{p_1+1,2}$ der

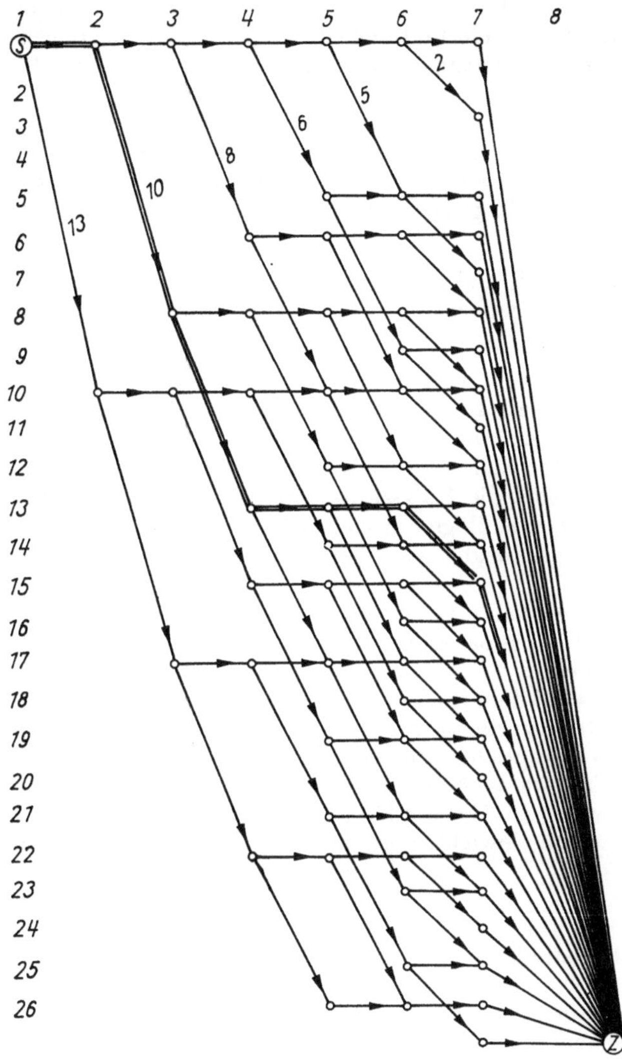

Abb. 2.9.1

zweiten Spalte ein »waagerechter« Bogen nach $X_{p_1+1,3}$ (A_2 wird nicht eingepackt), sowie ein »schräger« Bogen nach $X_{p_1+p_2+1,3}$ (A_2 wird eingepackt) usw. Sobald ein Zeilenindex die Zahl $K + 1$ überschreitet, werden der Knoten und damit die in ihn einlaufenden Bögen nicht mehr beachtet.

Allgemein geht von einem Knoten der i-ten Spalte ein »waagerechter« Bogen aus (Gegenstand A_i wird nicht eingepackt) sowie ein »schräger« Bogen (A_i wird eingepackt). Abschließend führen wir in der $(n + 2)$-ten Spalte noch einen einzigen Knoten $Z = X_{K+1,n+2}$ ein, zu dem von jedem vorhandenen Knoten der $(n + 1)$-ten Spalte ein Bogen führt.

Nun führen wir noch die folgenden Bogenbewertungen ein:

Jeder der »waagerechten« Bögen erhält die Bewertung 0 (kein Gewinn). Ein »schräger« Bogen $(X_{ij}, X_{i+p_j,j+1})$ erhält die Bewertung g_j (Gewinn im Falle des Einpackens von A_j). In der Abb. 2.9.1 haben wir an die waagerechten Bögen keine Bewertungen eingetragen, und da jeder schräge Bogen ein und derselben Spalte dieselbe Bogenbewertung bekommt, haben wir die Bewertung nur an einem Bogen jeder Spalte angebracht.

Überschreitet ein Zeilenindex den Wert $K + 1$, so darf der Knoten nicht eingetragen werden, da dieses sonst zu einer Überlastung des Rucksackes führen würde.

Nunmehr entspricht einem beliebigen Weg von S nach Z eine zulässige Rucksackfüllung, so entspricht etwa dem doppelt gezeichneten Weg eine Rucksackfüllung folgender Art:

A_1 wird nicht eingepackt, A_2 und A_3 werden eingepackt,
A_4 und A_5 werden nicht eingepackt, A_6 wird eingepackt.

Das Gesamtgewicht ist 14, der zu erzielende Gewinn beträgt 20. Wie kann man nun bei fixierter Gewichtsschranke den Gewinn maximieren? Bezeichnet man in üblicher Weise die Bogenbewertungen als Längen, so sucht man unter allen Wegen von S nach Z einen solchen maximaler Länge, wobei jedoch der vorletzte Knoten dieses Weges nicht unterhalb der $(K + 1)$-ten Zeile liegen darf. Baut man sich den Knapsackgraphen auf, so wird man zunächst die Kapazitätsschranke K nicht beachten und kann von jedem Knoten genau zwei Bögen ausgehen lassen. Damit dann das Gewicht K nicht überschritten wird, schneidet man den Graphen einfach unterhalb der $(K + 1)$-ten Zeile ab.

Die in unserem Beispiel doppelt gezeichnete Lösung vom Gewicht 14 ist ersichtlich nicht optimal, hätte man A_1 und A_3 eingepackt, so hätte man bei gleichem Gewicht einen Gewinn von 21 erzielen können.

Man könnte glauben, daß man stets mit dem »untersten« Weg den maximalen Gewinn erzielt, daß man also nach dem Greedyprinzip [greedy (engl.) gierig] vorgeht: »einpacken, was maximalen Gewinn verspricht, ohne den Rucksack zu überfüllen«. Dem ist keineswegs so, hätten wir etwa als Schranke $K = 16$, so wäre die Greedylösung: Packe A_1 und A_2 ein (Gewicht 16, Gewinn 23). Einträglicher jedoch wäre es gewesen, A_2, A_3 und A_4 (bei gleichem Gewicht, aber einem Gewinn von 24!) einzupacken.

2.9.2. Längste Wege und Kreisfreiheit

Das Problem der Ermittlung längster Wege (Beispiel 2) steht in einem engen Zusammenhang mit dem Potentialproblem (Beispiel 1). Der Unterschied beider Probleme ist der folgende.

Falls der Knoten X_n von X_1 aus erreichbar ist, so gibt es stets eine längste Bahn von X_1 nach X_n, unabhängig davon, ob die Bogenlängen nichtnegativ sind oder nicht, und unabhängig davon, ob der Graph kreisfrei ist oder nicht (nur die Lösungsalgorithmen sind von unterschiedlichem Aufwand). Das Potentialproblem hingegen kann unlösbar sein. Betrachten wir das einfache Beispiel von Abb. 2.9.2.

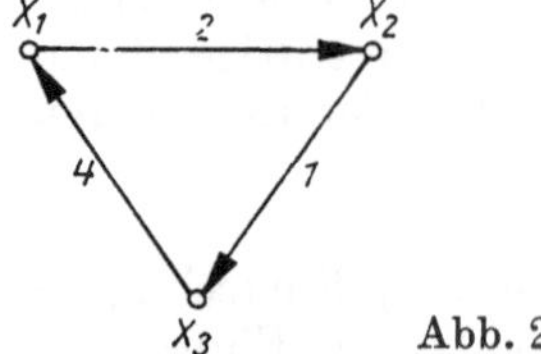

Abb. 2.9.2

Ein längster Weg von X_1 nach X_3 hat die Länge 3, jedoch eine Lösung des Potentialproblems gibt es nicht.
Falls jedoch das Potentialproblem lösbar ist, so bestimmt eine Lösung desselben einen längsten Weg von X_1 nach X_n. Und umgekehrt: Falls das Potentialproblem lösbar ist, so liefert jeder längste Weg von X_1 nach X_n eine Lösung des Potentialproblems.

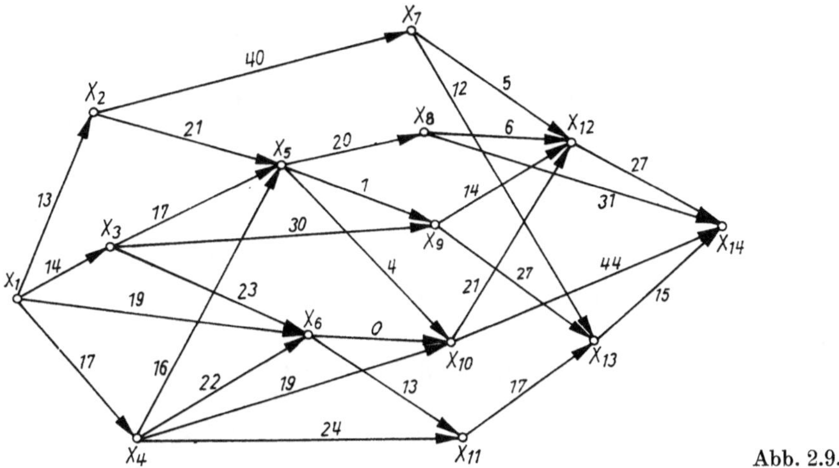

Abb. 2.9.3

Über die Lösbarkeit des Potentialproblems gibt der folgende Satz Auskunft.

Satz

Das Potentialproblem (vgl. Beispiel 1) ist genau dann lösbar, wenn für jeden Kreis **K** des Graphen die Summe der Bogenlängen von **K** kleiner oder gleich 0 ist.

Im Beispiel der Abb. 2.9.2 hat der existierende Kreis eine positive Länge.
Falls in einem Graphen alle Bogenlängen positiv sind, so darf zur Lösbarkeit des Potentialproblems in **G** kein Kreis vorhanden sein.
Die Knapsackgraphen z.B. sind ersichtlich kreisfreie Graphen mit positiven Bogenlängen.
Ein Netzplan hingegen wird i. allg. nicht kreisfrei sein, und negative Bogenlängen sind durchaus sinnvoll. Allerdings wird bei praktischen Terminplanungen mit hunderten, ja tausenden Knoten und Bögen die Forderung nach Nichtvorhandensein von Kreisen positiver Länge häufig verletzt sein. Tritt ein derartiger Fall ein, so muß zunächst der »Terminkreis« aufgedeckt werden, damit der mit ihm verbundene logische Fehler in den Restriktionen analysiert werden kann, und da dieses für alle Terminkreise erforderlich ist, muß so lange gerechnet werden, bis alle Kreise positiver Länge aufgedeckt und beseitigt sind.

2.9.3. Graphen ohne Kreise

Verbalalgorithmus *zur Ermittlung längster Wege*

Vorgaben: Kreisfreier gerichteter Graph $\mathfrak{G}(\mathfrak{X}, \mathfrak{U})$ mit Bogenbewertung $l[u]$
Service: Länge $t[j]$ eines längsten Weges von einem fest vorgegebenen Knoten X_p zu jedem erreichbaren Knoten X_j

(i) Ordne die Knoten (vgl. Algorithmus in 2.6.) derart, daß für einen beliebigen Bogen (X_i, X_j) mit $i = Q[r]$, $j = Q[s]$ die Beziehung $r < s$ gilt.
(ii) Ermittele alle von X_p aus erreichbaren Knoten gemäß dem Algorithmus **BFS** (vgl. 2.2.), und markiere diese. (Ein von X_p aus erreichbarer Knoten X_i ist entspr. der Subroutine **BFS** dadurch charakterisiert, daß $ANTE[i] \neq 0$ gilt, somit eignet sich **ANTE** bereits als Marke.)
(iii) Setze $t[i] := 0$ für alle Knoten X_i.
(iv) (Beginnend mit $r = 1$) Falls X_i, mit $i = Q[r]$, markiert ist, setze $t[j] := \max(t[j], t[i] + l(X_i, X_j))$ für jeden Bogen (X_i, X_j), der von X_i ausgeht.
(v) Nach Erhöhung von r um 1 setze bei (**iv**) fort, solange $r < n$ ist.

ENDE: Siehe Service

Wenn man noch im Falle einer Änderung von $t[j]$ beim Befehl (**iv**) sich merkt, über welchen Knoten X_i der Wert $t[j]$ vergrößert wurde ($ANTE[j] := i$), kann man auch einen längsten Weg selbst (und nicht nur seine Länge) ermitteln.

PROCEDURE LANGWEG (N,P: INTEGER; VAR INF,T,ANTE: KLISTE;
VAR NF,L: BLISTE; VAR FEHLER:BOOLEAN);

(**Vorgaben:* Kreisfreier gerichteter Graph, beschrieben durch die Bogenliste **NF** und die zugehörige Knotenliste **INF**, sowie ein Startknotenindex p und eine Bogenlängenliste **l**

Service: Falls der Graph kreisfrei ist (andernfalls FEHLER = TRUE), werden die längsten Wege von X_p zu allen erreichbaren Knoten berechnet: Die Knotenliste **T** enthält die Weglängen, und **ANTE** beschreibt den Wurzelbaum der längsten Wege. $ANTE[p] = n + 1$;
Falls $X[I]$ nicht von X_p aus erreichbar ist, wird $t[i] = -\infty$ und $ANTE[i] = 0$.*)

```
CONST UNEND = 10000000;
VAR A,I,J,K,R: INTEGER;
      Q: KLISTE;
(*An dieser Stelle müssen die
 Prozeduren KREISFREI und BFS
 eingefügt werden, falls sie noch
 nicht bekannt sind! *)
```

A1: Führe die Prozedur **KREISFREI** (n, **INF**, **Q**, **NF**, *FEHLER*) aus;	BEGIN
	  KREISFREI(N,INF,Q,NF,
	  FEHLER);

A2: falls (nicht *FEHLER*), tue	IF NOT FEHLER THEN
A2.1: (**BFS** (n, p, **INF**, **ANTE**, **t**, **NF**, r);	BEGIN BFS(N,P,INF,ANTE, T,NF,R);
A2.2: für $i = 1, 2, \ldots, n$ tue $t[i] := -\infty$;	FOR I:=1 TO N DO T[I]:=-UNEND;
A2.3: $t[p] := 0$;	T[P]:=0;

A2.4:

für $r = 1, 2, \ldots, n$ tue
($i := Q[r]$;
falls ($ANTE[i] \neq 0$), tue
(für $k = INF[i]$,
$INF[i] + 1, \ldots$
$\ldots, INF[i + 1] - 1$ tue
($j := NF[k]$;
$A := t[i] + l[k]$
falls ($t[j] < A$), tue
($t[j] := A$;
$ANTE[j] := i$))))
	FOR R:=1 TO N DO
	BEGIN I:=Q[R];
	IF ANTE[I]<>Ø THEN
	BEGIN FOR
	K:=INF[I] TO
	INF[I+1]−1 DO
	BEGIN J:=NF[K];
	A:=T[I]+L[K];
	IF T[J]<A THEN
	BEGIN T[J]:=A;
	ANTE[J]:=I
	END
	END
	END
	END

ENDE: Siehe Service END;

An Hand eines selbstgewählten Beispiels mache sich der Leser die Wirksamkeit des Algorithmus klar.

Kommen wir noch zur Aufwandsabschätzung.

Sowohl die Prozedur **KREISFREI** als auch die Prozedur **BFS** haben einen Aufwand von $\mathbf{O}(m)$. Das Programm **LANGWEG** fragt jeden Bogen höchstens einmal ab, so daß der Aufwand der Prozedur **LANGWEG** $\mathbf{O}(m)$ ist.

2.9.4. Graphen mit Kreisen

In diesem Abschnitt werden wir ein Programm bereitstellen, mit dessen Hilfe zwei verschiedene Aufgaben gelöst werden können:

1. Bestimmung der Abstände sowie kürzester Wege von einem Knoten X_p zu allen von X_p aus erreichbaren Knoten X_i, sofern keine Kreise negativer Länge auftreten ($ART = -1$);
2. Bestimmung der Länge längster Wege von einem Knoten X_p zu allen von X_p aus erreichbaren Knoten X_i, sofern keine Kreise positiver Länge auftreten ($ART = 1$).

Darüber hinaus leistet das Programm noch den folgenden Dienst, wobei wir uns auf den Fall beschränken wollen, daß wir die Längen längster Wege ermitteln wollen. (Der Fall, daß wir die Abstände ermitteln wollen, verläuft analog.)

Wenn der Algorithmus zum Abschluß gekommen ist, gilt für einen Bogen (X_i, X_j)

entweder: $t[i] + l(X_i, X_j) \leqq t[j]$ (Gilt dieses für jeden Bogen, so besitzt der Graph keine Kreise positiver Länge.)

oder: $t[i] + l(X_i, X_j) > t[j]$. In diesem Fall kann über die $ANTE$-information $i \leftarrow ANTE[i] \leftarrow ANTE[ANTE[i]] \leftarrow \ldots \leftarrow j$ ein Kreis positiver Länge ermittelt werden, der (X_i, X_j) enthält.

Der Aufbau eines Erreichbarkeitsbaumes erfolgt gemäß dem Prinzip **BFS** mit folgender Modifizierung:

Es habe der Knoten X_j bereits eine Marke ($ANTE[j] \neq 0$), es möge also bereits im Erreichbarkeitsbaum einen Weg von X_p nach X_j geben, und es möge im Verlauf des Algorithmus ein Bogen (X_i, X_j) mit $t[i] + l(X_i, X_j) > t[j]$ abgearbeitet werden (dabei ist natürlich auch $ANTE[i] \neq 0$).

Wir prüfen zunächst, ob der Erreichbarkeitsbaum schon einen Weg von X_j nach X_i enthält, d.h., ob man mit der Folge $ANTE[i]$, $ANTE[ANTE[i]]$, ... zuerst auf den Index j oder auf den Startindex p stößt. Liegt ein solcher Weg vor, so wird er durch den Bogen (X_i, X_j) zu einem Kreis der Länge $t_i + l(X_i, X_j) - t_j > 0$ geschlossen. Das zugehörige Potentialproblem ist also nicht lösbar. In diesem Fall übergehen wir den Bogen (X_i, X_j) einfach, um evtl. weitere derartige »Fehlerkreise« zu ermitteln. Im anderen Fall, wenn also (X_i, X_j) keinen Fehlerkreis schließt, müssen $t[j]$ und $ANTE[j]$ geändert werden. Da sich die Änderung von $t[j]$ auch auf die Nachfolger von X_j im Erreichbarkeitsbaum fortpflanzt, muß die weitere Rechnung bei X_j fortgesetzt werden, falls X_j in der *NUMMER*-Liste einen Platz hat, der vor dem aktuellen Bearbeitungsgrad X_s dieser Liste liegt. Um diese Frage schnell beantworten zu können, führen wir noch eine zusätzliche Liste **EINGANG** ein mit $EINGANG[j] = z$, sofern $NUMMER[z] = j$ gilt.

PROCEDURE BAHN (N,P,ART: INTEGER; VAR INF,T,ANTE: KLISTE;
VAR NF,L: BLISTE; VAR KREIS: BOOLEAN);

(**Vorgaben:* Gerichteter Graph, beschrieben durch die Bogenliste **NF** und die zugehörige Indexliste **INF**, ferner ein Startknotenindex p, eine Bogenlängenliste **l** sowie eine Zahl ART, die die Werte $+1$ oder -1 annehmen kann.

Service: Für $ART = -1$ werden die kürzesten und für $ART = 1$ die längsten Wege von X_p zu allen erreichbaren Knoten ermittelt. Die Knotenliste **t** enthält die Weglängen, und **ANTE** beschreibt den Wurzelbaum der Wege; $ANTE[p] = n + 1$. Falls X_i nicht von X_p aus erreichbar ist, gilt $t[i] = \infty$ und $ANTE[i] = 0$. Falls die logische Variable $KREIS$ den Wert $TRUE$ hat, so gibt es wenigstens einen »Fehlerkreis«. *)

	CONST UNEND=10000000;
	VAR I,IS,J,K,S,A,Z: INTEGER;
	NUMMER,EINGANG: KLISTE;
	BEGIN
A0: für $i = 1, 2, \ldots, n$ tue	FOR I:=1 TO N DO
$(NUMMER[i] := 0;$	BEGIN NUMMER[I]:=0;
$ANTE[i] := 0; t[i] := \infty);$	ANTE[I]:=0;
	T[I]:=UNEND
	END;
$NUMMER[1] := p;$	NUMMER[1]:=P;
$ANTE[p] := n + 1;$	ANTE[P]:=N+1;
$z := 1; t[p] := 0; s := 1;$	Z:=1; T[P]:=0; S:=1;
$EINGANG[p] := 1$	EINGANG[P]:=1;
A1: solange $(NUMMER[s] > 0$	WHILE(NUMMER[S]>0)
und $s \leqq n)$,	AND (S<=N)
tue	DO
A1.1: $(i := NUMMER[s];$	BEGIN I:=NUMMER[S];
$s := s + 1;$	S:=S+1;
A1.2: für $k = INF[i], INF[i] + 1, \ldots$	FOR K:=INF[I] TO
	INF[I+1]−1
$.., INF[i + 1] - 1$ tue	DO
A1.2.1: $(j := NF[k];$	BEGIN J:=NF[K];
$A := t[i] + l[k];$	A:=T[I]+L[K];
A1.2.1.1: falls $(ANTE[j] = 0)$, tue	IF ANTE[J]=0 THEN
$(t[j] := A; ANTE[j] := i;$	BEGIN T[J]:=A;

```
          z := z + 1;
          NUMMER[z] := j;
          EINGANG[j] := z)

A1.2.1.2: andernfalls
          falls (ART *(A - t[j]) > 0),

            tue (i* := i;
              wiederhole
              i* := ANTE[i*]
                bis (i* = j oder
                i* = p);
              KREIS := (i* = j);
              falls (nicht KREIS),
              tue
                (t[j] := A;
                ANTE[j] := i;
                falls

                  (EINGANG[j]<s),
                  tue
                  s:=
                  EINGANG[j]))))

ENDE: Siehe Service
```

```
      ANTE[J]:=I;
        Z:=Z+1;
        NUMMER[Z]:=J;
        EINGANG[J]:=Z
      END
    ELSE
      IF ART*(A-T[J])>0
      THEN
        BEGIN IS:=I;
          REPEAT
          IS:=ANTE[IS]
            UNTIL(IS=J)
            OR (IS=P);
          KREIS:=IS=J;
          IF NOT KREIS
          THEN
            BEGIN T[J]:=
            A; ANTE[J]:=I;
            IF EINGANG[J]
            <S THEN
              S:=
              EINGANG[J]
            END

        END
      END
    END
  END;
```

2.10. Minimalgerüst

2.10.1. Aufgabenstellung

Vorgegeben sei eine Punktmenge. Die Punkte deuten wir als Teilnehmer eines Kommunikationsnetzes oder auch als Orte in einem Territorium. Es wird nun nach einer Verbindung der Punkte gesucht, so daß das entstehende Netz zusammenhängend ist, jedoch möglichst kurz (oder billig), wenn wir den die Punkte verbindenden Strecken Längen (oder Kosten) zuordnen.
Das graphentheoretische Modell hat die folgende Gestalt:
Vorgegeben sei ein zusammenhängender, ungerichteter, kantenbewerteter Graph $\mathfrak{G}[\mathfrak{X}, \mathfrak{U}]$. Gesucht ist ein zusammenhängender Untergraph $\mathbf{H}^* = \mathbf{H}^*[\mathfrak{X}, \mathfrak{U}']$, der alle Knoten von $\mathfrak{G}$ enthält und dessen Gesamtlänge möglichst klein ist (Bewertungen > 0). Ein zusammenhängender, alle Knoten von $\mathfrak{G}$ enthaltender Untergraph $\mathbf{H}$ mit genau $n - 1$ Kanten heißt *Gerüst* von $\mathfrak{G}$. Offenbar benötigt man wenigstens $n - 1$ Kanten, damit ein Untergraph $\mathbf{H}$ von $\mathfrak{G}$ zusammenhängend ist. $\mathbf{H}^*$ ist überdies kreisfrei, da man ja andernfalls eine Kante fortlassen und damit die Gesamtlänge verringern könnte, ohne den Zusammenhang zu zerstören. $\mathbf{H}^*$ ist also ein Gerüst. Fordert man von einem Gerüst $\mathbf{H}$ noch, daß seine Gesamtlänge möglichst klein sei, so heißt $\mathbf{H}$ ein *Minimalgerüst* (engl.: *minimum spanning tree*).

2.10.2. Grundidee zur Lösung des Minimalgerüstproblems

Sämtliche bekannten Algorithmen zur Ermittlung eines Minimalgerüstes beruhen auf dem folgenden

Satz

Es sei eine beliebige Zerlegung der Knotenmenge $\mathfrak{X}$ des Graphen $\mathbf{G}[\mathfrak{X}, \mathfrak{U}]$ in zwei nichtleere Klassen $\mathfrak{A}$ und $\mathfrak{B}$ gegeben, also $\mathfrak{A} \cup \mathfrak{B} = \mathfrak{X}$, $\mathfrak{A} \cap \mathfrak{B} = \emptyset$. Es sei ferner $\mathfrak{S}$ die Menge aller Kanten aus $\mathfrak{U}$, deren einer Endpunkt in $\mathfrak{A}$ und deren anderer Endpunkt in $\mathfrak{B}$ liegt. Es sei $u \in \mathfrak{S}$ eine Kante minimaler Länge von $\mathfrak{S}$. Dann existiert ein Minimalgerüst $\mathbf{H}$ in $\mathbf{G}$, das die Kante u enthält.

Sorgt man insbesondere dafür, daß keine zwei Kanten gleiche Länge haben (was ggf. durch geringfügiges Ändern der Längen gewisser Kanten möglich ist), so existiert genau ein Minimalgerüst, denn bei Fixierung eines Schnittes $\mathfrak{S}$ ($\mathfrak{S}$ ist ja durch $\mathfrak{A}$ und $\mathfrak{B} = \mathfrak{X} - \mathfrak{A}$ eindeutig bestimmt) ist die Kante u minimaler Länge von $\mathfrak{S}$ eindeutig bestimmt und liegt also in dem Minimalgerüst. Theoretisch ist damit bereits eine algorithmische Möglichkeit der Bestimmung eines Minimalgerüstes gegeben, praktisch ist das Aufsuchen aller Schnitte sehr aufwendig. Da ein Minimalgerüst nur $n - 1$ Kanten enthält, müßte das Aufsuchen geeigneter $n - 1$ Schnitte $\mathfrak{S}$ bereits ausreichen.
Die bekannten Algorithmen unterscheiden sich eigentlich nur in der Organisation des Auffindens der $n - 1$ Schnitte.
Bevor wir uns jedoch der Lösung des gestellten Problems zuwenden, wollen wir erst noch einige Bemerkungen über die sog. *Greedyalgorithmen* machen (eine erste Bekanntschaft haben wir ja schon im Zusammenhang mit dem Knapsackproblem gemacht).

2.10.3. Greedyalgorithmen

Das Prinzip der Greedyalgorithmen (greedy kommt aus dem Englischen und bedeutet gierig) wollen wir an Hand unseres konkreten Problems erläutern: Da wir ein möglichst kurzes Gerüst suchen (alle Längen denken wir uns positiv), würden wir am liebsten gar keine Kante nehmen, da wir aber $n - 1$ Stück benötigen, wählen wir erst einmal eine (bei Verschiedenheit der Längen: die) kürzeste Kante u_{i_1} und nehmen sie in die Menge $\mathfrak{U}'$ auf, die schließlich die Kantenmenge des Minimalgerüstes bilden soll. Falls $\mathfrak{U}'$ noch weniger als $n - 1$ Kanten enthält, wählen wir unter den verbleibenden Kanten wieder eine kürzeste, dabei jedoch beachtend, daß kein Kreis entsteht. Eine solche Kante u_{i_2} nehmen wir in $\mathfrak{U}'$ auf. Falls $\mathfrak{U}'$ immer noch weniger als $n - 1$ Kanten enthält, wählen wir wieder unter den verbleibenden eine kürzeste Kante und fügen sie zu $\mathfrak{U}'$ hinzu, wiederum beachtend, daß dadurch in $\mathfrak{U}'$ kein Kreis entsteht, usw.
Nimmt man unser Vorgehen wörtlich, so müßte man eigentlich nicht von gierig, sondern von bescheiden sprechen; dennoch hat sich der Begriff greedy nicht nur bei Maximierungs- sondern auch bei Minimierungsaufgaben eingebürgert.
Unser Minimalgerüstproblem könnte auch mit einem wörtlich zu nehmenden Greedyalgorithmus angepackt werden: Wir wählen im Ausgangsgraphen eine Kante größter

Länge und werfen sie aus dem Graphen hinaus, sofern der Restgraph zusammenhängend bleibt, dann werfen wir wiederum die längste Kante hinaus, sofern der Restgraph zusammenhängend bleibt, usw. Bei beiden Verfahren entsteht schließlich ein Minimalgerüst.

Formulierung des Problems

Gegeben sei eine endliche Menge $\mathfrak{A} = \{a_1, a_2, \ldots, a_m\}$ von m Elementen. Jedem Element $a_i \in \mathfrak{A}$ sei eine reelle Zahl $c(a_i)$ zugeordnet (die in vielen Anwendungsfällen positiv und ganz ist). Ferner sei eine Eigenschaft **E** gegeben, wobei für jede Teilmenge $\mathfrak{A}' \subseteqq \mathfrak{A}$ bekannt ist, ob $\mathfrak{A}'$ die Eigenschaft **E** besitzt oder nicht. Unter allen Teilmengen $\mathfrak{A}' \subseteqq \mathfrak{A}$, die die Eigenschaft **E** haben, suchen wir nun eine solche $\mathfrak{A}'_0 = \{a'_1, a'_2, \ldots, a'_r\}$, für die $\sum_{i=1}^{r} c(a'_i)$ maximal (ggf. minimal) ist.

In unserem Beispiel des Minimalgerüstes wäre $\mathfrak{A}$ die Menge der Kanten des Graphen **G**, die Zahl $c(a_i)$ wäre die Länge der Kante a_i, und die Eigenschaft **E** für eine Teilmenge $\mathfrak{A}' \subseteqq \mathfrak{A}$ bedeutet, daß die Restmenge $\mathfrak{A}'' = \mathfrak{A} - \mathfrak{A}'$ einen zusammenhängenden Teilgraphen aufspannt, der alle Knoten von **G** enthält.
Maximierung der Kantenlängensumme von $\mathfrak{A}'$ bedeutet Minimierung der Kantenlängensumme der Komplementärmenge $\mathfrak{A}'' = \mathfrak{A} - \mathfrak{A}'$, die einen alle Knoten von **G** enthaltenden zusammenhängenden Untergraphen aufspannt. Zur kürzeren Beschreibung des Greedyalgorithmus denken wir uns die Elemente von $\mathfrak{A} = \{a_1, a_2, \ldots, a_m\}$ derart geordnet, daß $c(a_1) \geqq c(a_2) \geqq \ldots \geqq c(a_m)$ gilt.

Greedyalgorithmus (*Greedystrategie*)

A0: $\mathfrak{A}' := \emptyset;\ i := 0$
A1: $i := i + 1$
P2: falls $(i = m + 1)$, gehe nach **ENDE**
P3: falls ($\mathfrak{A}' \cup \{a_i\}$ die Eigenschaft **E** nicht hat), gehe nach **A1**
A4: $\mathfrak{A}' := \mathfrak{A}' \cup \{a_i\}$; gehe nach **A1**
ENDE: $\mathfrak{A}'$ ist die gemäß Greedyprinzip ermittelte Teilmenge von $\mathfrak{A}$.

Von Interesse ist es nun natürlich zu wissen, unter welchen Bedingungen die Greedystrategie tatsächlich das gesuchte Maximum liefert. Zu diesem Zweck benötigen wir den Begriff des Matroids.

Definition

Eine Menge $\mathfrak{A} = \{a_1, a_2, \ldots, a_m\}$ bildet zusammen mit einer auf ihren Teilmengen $\mathfrak{A}' \subseteqq \mathfrak{A}$ definierten Eigenschaft **E** ein *Matroid*, sofern die folgenden zwei Bedingungen erfüllt sind:

(a) Wenn $\mathfrak{A}' \subseteqq \mathfrak{A}$ die Eigenschaft **E** besitzt, so hat auch jede Teilmenge $\mathfrak{T}' \subseteqq \mathfrak{A}'$ die Eigenschaft **E**.
(b) Es seien $\mathfrak{A}'_1$ und $\mathfrak{A}'_2$ zwei maximale Teilmengen von $\mathfrak{A}$, die beide die Eigenschaft **E** besitzen (d.h., keine echte Obermenge von $\mathfrak{A}'_1$ oder von $\mathfrak{A}'_2$ besitzt die Eigenschaft **E**). Dann sind die Anzahlen der Elemente von $\mathfrak{A}'_1$ und $\mathfrak{A}'_2$ gleich.
(c) Die leere Menge hat die Eigenschaft **E**.

Betrachten wir nun wieder unser Problem der Bestimmung eines Minimalgerüstes. Wenn die Kantenmenge $\mathfrak{A}'$ die Eigenschaft **E** besitzt, so heißt das, daß die Komplementärmenge $\mathfrak{A}'' = \mathfrak{A} - \mathfrak{A}'$ einen zusammenhängenden Untergraphen aufspannt, der alle Knoten von $\mathfrak{G}$ enthält, d.h., $\mathfrak{A}''$ enthält ein Gerüst. Sei $\mathfrak{T}' \subset \mathfrak{A}'$ eine beliebige echte Teilmenge von $\mathfrak{A}'$. Dann umfaßt die Komplementärmenge $\mathfrak{T}''(= \mathfrak{A} - \mathfrak{T}')$ von $\mathfrak{T}'$ die Komplementärmenge $\mathfrak{A}''(= \mathfrak{A} - \mathfrak{A}')$ von $\mathfrak{A}'$. Also enthält $\mathfrak{T}''$ ein Gerüst. (**a**) ist also erfüllt.
(**b**) ist ebenfalls erfüllt, denn die maximalen Mengen $\mathfrak{A}'$ sind gerade die Kantenmengen, deren Komplementärmengen $\mathfrak{A}'' = \mathfrak{A} - \mathfrak{A}'$ gerade noch ein Gerüst enthalten, also selbst Gerüste sind (also keine überflüssigen Kanten enthalten). Da aber die Kantenanzahl $n - 1$ eines Gerüstes in einem Graphen mit n Knoten eine Konstante ist, ist auch die Kantenanzahl $m - (n - 1)$ der zu $\mathfrak{A}''$ komplementären Menge $\mathfrak{A}' = \mathfrak{A} - \mathfrak{A}''$ konstant. Also bildet die Kantenmenge $\mathfrak{A}$ zusammen mit der auf ihren Teilmengen erklärten Eigenschaft **E** ein Matroid.
In der deutschsprachigen Literatur ist es üblich, den engen Zusammenhang zwischen der Kantenmenge $\mathfrak{A}''$ eines Gerüstes und der Kantenmenge $\mathfrak{A}'$ des Komplementes dadurch zum Ausdruck zu bringen, daß man sagt, die Kanten von $\mathfrak{A}'$ spannen ein *Cogerüst* auf, wenn die Kanten von $\mathfrak{A}''$ ein Gerüst aufspannen.
Der für die Greedystrategie entscheidende Satz lautet nun:

Satz

Ein Maximierungsproblem ist mittels der Greedystrategie (für jede beliebige Bewertung) genau dann exakt lösbar, wenn die Grundmenge $\mathfrak{A}$ zusammen mit der auf ihren Teilmengen definierten Eigenschaft **E** ein Matroid bildet.

Damit ist also gesichert, daß das Minimalgerüstproblem mittels eines Greedyalgorithmus lösbar ist.

2.10.4. Ein Algorithmus vom Aufwand $O(m \cdot n)$

Verbalalgorithmus

Vorgaben: Ungerichteter, zusammenhängender, kantenbewerteter Graph $\mathfrak{G}[\mathfrak{X}, \mathfrak{U}]$
Service: Minimalgerüst $\mathbf{H} = [\mathfrak{X}, \mathfrak{A}'']$

(**i**) $\mathfrak{A}'' := \emptyset$; $\overline{\mathfrak{X}} := \{X_1\}$

(**ii**) falls ($|\overline{\mathfrak{X}}| = n$) gehe nach ENDE[1])

(**iii**) Suche eine kürzeste Kante $u = [X, Y] \in \mathfrak{U}$, deren einer Endknoten X zu $\overline{\mathfrak{X}}$ gehört und deren anderer Endknoten Y zu $\mathfrak{X} - \overline{\mathfrak{X}}$ gehört; $\mathfrak{A}'' := \mathfrak{A}'' \cup \{u\}$; $\overline{\mathfrak{X}} := \overline{\mathfrak{X}} \cup \{Y\}$; gehe nach (**ii**)

ENDE: Die Kanten von $\mathfrak{A}''$ spannen ein Minimalgerüst von $\mathfrak{G}$ auf.

Beispiel. Betrachten wir den Graphen der Abb. 2.10.1.
Die kürzeste vom Knoten X_1 ausgehende Kante hat die Länge 126 mit $u_1 = [X_1, X_5]$. Damit wird u_1 bereits in das Minimalgerüst aufgenommen. Die kürzeste von der

[1]) Unter $|\mathfrak{X}|$ verstehen wir die Anzahl der Elemente einer endlichen Menge $\mathfrak{X}$.

Knotenmenge $\{X_1, X_5\}$ ausgehende Kante ist $u_2 = [X_1, X_7]$ der Länge 137, u_2 kommt in das Minimalgerüst. Die kürzeste von $\{X_1, X_5, X_7\}$ ausgehende Kante ist $u_3 = \{X_5, X_{10}\}$ der Länge 162. u_3 kommt in das Minimalgerüst, usw. Der Leser führe den Algorithmus zu Ende!

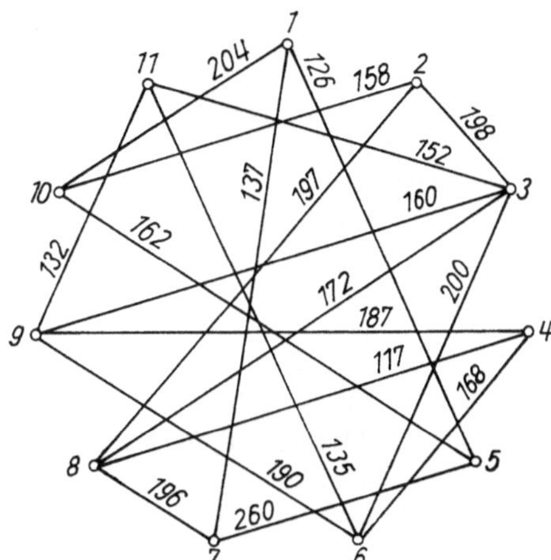

Abb. 2.10.1

PROCEDURE MINGERST (N:INTEGER; VAR INF,ANTE:KLISTE;
VAR NF,L:BLISTE; VAR KOSTEN:INTEGER);

(**Vorgaben:* Ungerichteter Graph, der als gerichteter Graph durch eine Bogenliste **NF** und zugehörige Knotenliste **INF** beschrieben wird, sowie eine Bogenlängenliste **L**

Service: Zu jeder zusammenhängenden Komponente wird ein Gerüst minimaler Länge ermittelt. Diese Gerüste werden als Wurzelbäume durch die Liste **ANTE** beschrieben. Falls X_i Wurzel eines der Wurzelbäume ist, gilt $ANTE(i) = n + 1$. X_1 ist stets eine Wurzel. *KOSTEN* ergibt die Summe der Länge aller Bögen eines Minimalgerüstes.*)

	CONST UNEND = 10000000;
	VAR I,J,K,IMIN,JMIN,RMIN: INTEGER
Für $i = 1, 2, \dots, n$ tue ANTE[i] := 0;	BEGIN FOR I:=1 TO N DO ANTE[I]:=0;
$ANTE[1] := n + 1$; $KOSTEN := 0$;	ANTE[1]:=N+1; KOSTEN:=0;
für $r = 1, 2, \dots, n - 1$ tue	FOR R:=1 TO N−1 DO
$(MIN := \infty; i' := 0;$	BEGIN MIN:=UNEND; IMIN:=0;
für $i = 1, 2, \dots, n$ tue	FOR I:=1 TO N DO
(für $k = INF[i], INF[i] + 1, \dots$ $\dots, INF[i + 1] - 1$ tue	BEGIN FOR K:=INF[I] TO INF[I+1]−1 DO
$(j := NF[k]$;	BEGIN J:=NF[K];
falls $ANTE[i] = 0$ und $ANTE[j] \neq 0$ und $MIN > l[k]$), tue	IF (ANTE[I]=0) AND (ANTE[J]<>0) AND (MIN>L[K]) THEN

```
(MIN := l[k]; i' := j;
              j' := i);

falls (ANTE[j] = 0 und
    ANTE[i] ≠ 0 und
    MIN > l[k]), tue
   (MIN := l[k];
    i' := i; j' := j)));


falls (i' = 0), tue
  (j := 1;
   solange (ANTE[j] ≠ 0), tue

     j := j + 1;
   i' := n + 1; j' := j; MIN := 0);


KOSTEN := KOSTEN + MIN;
ANTE[j'] := i')
```

```
              BEGIN MIN:=L[K];
                IMIN:=J;
                JMIN:=I END;
            IF (ANTE[J]=0) AND
                (ANTE[I]<>0) AND
                (MIN>L[K]) THEN
                 BEGIN MIN=L[K];
                   IMIN:=I;
                   JMIN:=J END
         END
       END;
       IF IMIN=0 THEN
         BEGIN J:=1;
           WHILE ANTE[J]<>0
           DO
             J:=J+1;
           IMIN:=N+1;
           JMIN:=J; MIN:=0
         END;
       KOSTEN:=KOSTEN+MIN;
         ANTE[JMIN]:=IMIN
     END
   END;
```

ENDE: Siehe Service

Der erforderliche Aufwand ist leicht abzuschätzen:
Für jeden Wert von r ist jeder der Bögen genau einmal abzufragen. Damit ergibt sich ein Aufwand von $\mathbf{O}(m\,n)$.

2.10.5. Ein Algorithmus vom Aufwand $\mathbf{O}(m \cdot \log n)$

Wir wollen noch die Idee für einen Algorithmus angeben, der mit einem Aufwand von $\mathbf{O}(m \cdot \log n)$ arbeitet. Eine auf dieser Idee basierende Prozedur wurde erarbeitet und getestet. Dabei zeigte sich, daß nicht nur der theoretische Aufwand geringer ist, sondern die tatsächlichen Rechenzeiten deutlich unter denen des in 2.10.4. beschriebenen Algorithmus lagen. Da die befehlsmäßige Aufschlüsselung doch verhältnismäßig aufwendig ist (etwa 3 Seiten würde sie in Anspruch nehmen), geben wir nur einen Verbalalgorithmus an.

Verbalalgorithmus

Vorgaben: Ungerichteter, kantenbewerteter, zusammenhängender Graph $\mathbf{G}[\mathfrak{X}, \mathfrak{U}]$ mit paarweise verschiedenen Kantenlängen
Service: Minimalgerüst

(i) Bestimme zu jedem Knoten X_i einen Knoten X_j, der X_i am nächsten liegt (es ist also $l[X_i, X_j] \leq l[X_i, X_l]$ für alle Nachbarn X_l von X_i). Die Kante $u = [X_i, X_j]$ liegt im aufzubauenden Minimalgerüst.

(ii) Die unter (i) gefundenen Kanten spannen eine Menge von zusammenhängenden kreisfreien Graphen (genannt: *Bäume*) auf. Falls $n - 1$ Kanten im Minimalgerüst liegen, gehe nach **ENDE**.

(iii) Ziehe jeden der Bäume auf einen Knoten zusammen. Dabei entsteht der Graph $\mathfrak{G}'$ wie folgt:
Sei $u = [X_a, X_b]$ eine Kante des Originalgraphen $\mathfrak{G}$, wobei X_a und X_b verschiedenen Bäumen angehören mögen. Seien X'_a und X'_b die Knoten von $\mathfrak{G}'$, auf die der X_a bzw. X_b enthaltende Baum zusammengezogen wurde. Dann füge in $\mathfrak{G}'$ die Kante $[X'_a, X'_b]$ der Länge $l[X_a, X_b]$ ein. Nunmehr benenne die Knoten X' wieder in X und den Graphen $\mathfrak{G}'$ in $\mathfrak{G}$ um und setze bei (i) fort.

ENDE: Die ausgewählten Kanten u gemäß (i) spannen ein Minimalgerüst auf.

Betrachten wir das Beispiel der Abb. 2.10.1.
Der X_1 nächste Knoten ist X_5, also kommt $u_1 = [X_1, X_5]$ ins Minimalgerüst.
Der X_2 nächste Knoten ist X_{10}, also kommt $u_2 = [X_2, X_{10}]$ in das Minimalgerüst, usw. Das Resultat nach dem ersten Durchlauf von (i) ist in Abb. 2.10.2a wiedergegeben. Der entstandene Graph $\mathfrak{G}'$ besitzt genau 4 Komponenten, im Minimalgerüst befinden sich $7 < 10 = n - 1$ Kanten. Wir ziehen jeden der vier Bäume auf einen

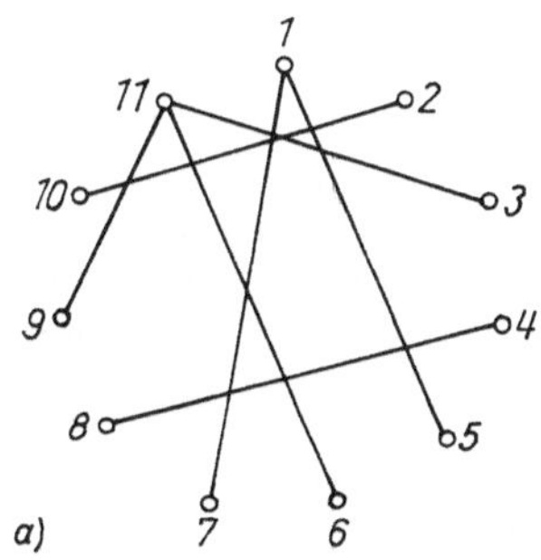

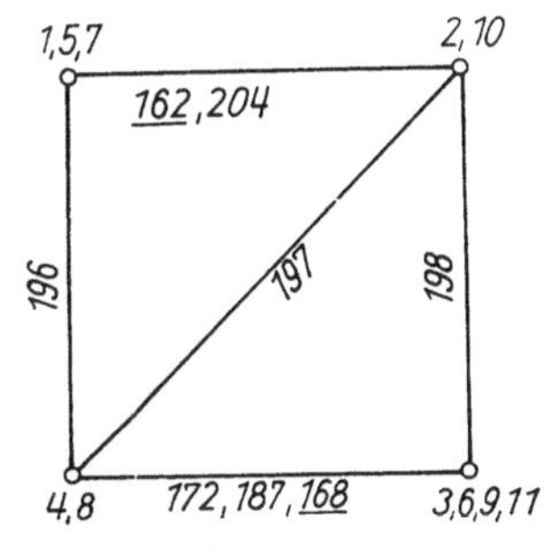

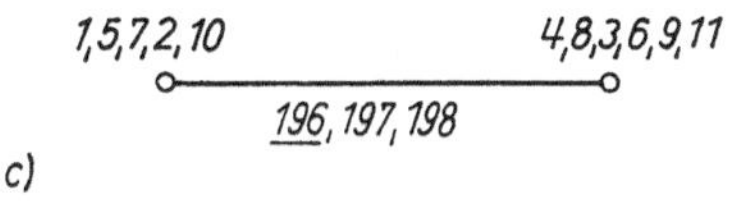

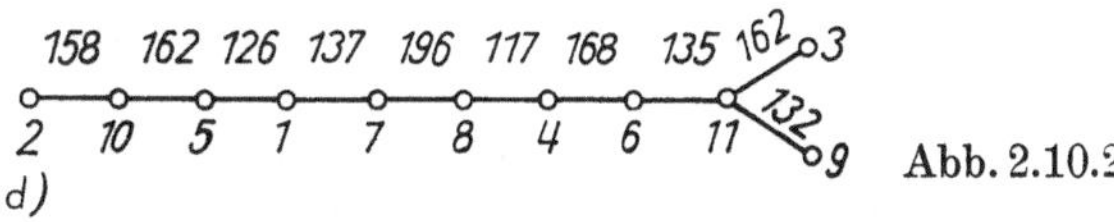

Abb. 2.10.2

Knoten zusammen, das Resultat ist in Abb. 2.10.2b zu sehen, die Beschriftungen an den Knoten und Kanten dürften verständlich sein. Eigentlich müßten sogar 8 Kanten eingefügt werden, so z.B. zwei zwischen den Knoten $\{1, 5, 7\}$ und $\{2, 10\}$, herrührend von den Kanten $[X_5, X_{10}]$ einer Länge 162 und $[X_1, X_{10}]$ einer Länge 204 im Originalgraphen. Der Einfachheit halber haben wir nur eine Kante mit zwei Längenangaben eingezeichnet. Offenbar würde es sogar genügen, nur die Länge der kürzesten Kanten anzugeben.

Im Graphen der Abb. 2.10.2b finden sich gemäß (i) zwei Kanten, nämlich die zwischen den Knoten {1, 5, 7} und {2, 10} einer Länge 162 und die zwischen den Knoten {4, 8} und {3, 6, 9, 11} einer Länge 168. Als Originalkanten verbinden sie die Knoten X_5 und X_{10} bzw. X_4 und X_6.
Nunmehr ziehen wir die beiden Bäume (von denen jeder aus einer Kante besteht) auf je einen Knoten zusammen, das Resultat zeigt Abb. 2.10.2c. Die letzte erforderliche Kante des Minimalgerüstes wird nunmehr die originale Kante $[X_7, X_8]$ der Länge 196. Das Minimalgerüst (etwas anders gezeichnet) ist in Abb. 2.10.2d wiedergegeben.
Wir wollen noch abschließend zeigen, daß man eine Implementierung vom Aufwand $O(m \cdot \log n)$ angeben kann.
Bei einmaligem Abarbeiten von (i) wird offenbar jede Kante höchstens einmal abgefragt. Das Zusammenziehen gemäß (iii) verringert die Knotenzahl des Graphen, wobei die Anzahl der entstehenden Bäume höchstens die Hälfte der vorhandenen Knotenzahl ist (wenn jeder der Bäume aus einer Kante besteht, ist die Knotenverringerung minimal). Damit bleibt nach einem Durchlauf höchstens noch die halbe Knotenzahl übrig, damit sind höchstens $\log n$ Durchläufe erforderlich. Die Organisation des Zusammenziehens der Bäume erfordert, wie man sehen kann, einen Aufwand von $O(m)$.

2.11. Das Steiner-Problem

2.11.1. Aufgabenstellung

Beispiel 1. In einer Ebene seien n Orte $X_1, X_2, \ldots, X_n$ gegeben. Es soll ein Straßennetz gebaut werden, welches so beschaffen ist, daß man von jedem Ort aus jeden anderen erreichen kann. Unter allen möglichen solchen Netzen wird eines minimaler Gesamtlänge gesucht.

Beispiel 2. In einer Ebene seien n Orte $X_1, X_2, \ldots, X_n$ gegeben. Es soll ein Rohrleitungssystem, etwa zu Heizzwecken, gebaut werden, so daß von einer Zentrale aus alle n Orte versorgt werden können. Die Errichtung einer zwei Punkte verbindenden Leitung möge Kosten verursachen, die von der später hindurchfließenden Menge abhängig sind. Unter allen möglichen Versorgungsnetzen wird ein solches gesucht, dessen Gesamtkosten minimal sind.
Bei diesen Beispielen haben wir es mit einer anderen Aufgabenstellung zu tun als bei den meisten bisherigen.
War bisher der Graph fest vorgegeben und sollten auf dem Graphen gewisse Optimierungsprobleme gelöst werden, so geht es in diesem Kapitel darum, unter einer Fülle von möglichen Graphen einen solchen auszusuchen, der ein gewisses Optimum realisiert. Bei den oben angeführten Situationen sind noch zwei wesentlich verschiedene Fälle zu untersuchen, die wir an Hand eines kleinen Beispieles erläutern wollen.
Betrachten wir die 5 Knoten $X_1, \ldots, X_5$ der Abb. 2.11.1, deren Koordinaten in einem kartesischen Koordinatensystem (0, 0), (4, 3), (8, —4), (12, 3), (16, 0) seien.
Wenn man verbietet, daß zusätzliche Verzweigungspunkte eingefügt werden, so hat man im Falle des Beispieles 1 das bereits im vorangehenden Abschnitt betrachtete Problem der Auffindung eines Minimalgerüstes in einem vollständigen Graphen vor

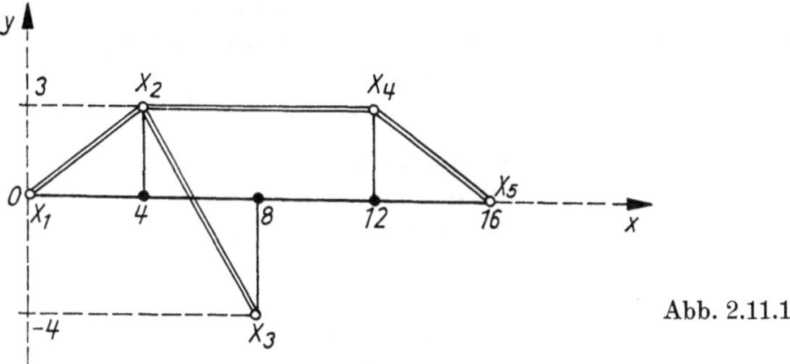

Abb. 2.11.1

sich. Die Abb. zeigt eine Lösung, und zwar das Gerüst, das aus den doppelt gezeichneten Kanten besteht. Eine einfache Rechnung liefert, daß die Länge dieses Netzes ohne zusätzliche Verzweigungspunkte $18 + \sqrt{65}$ beträgt. Betrachten wir jedoch das in derselben Abb. gezeichnete Netz, das aus den einfach ausgezogenen Kanten besteht, so sind zwar drei zusätzliche Knoten vonnöten, jedoch hat dieses Netz nur eine Länge von $18 + \sqrt{64} = 26$, ist also kürzer als das erstere.
In diesem Kapitel wollen wir uns vor allem mit solchen Netzen befassen, bei denen zusätzliche Verzweigungspunkte – genannt STEINER-Punkte nach JACOB STEINER (1796–1863 – zugelassen sind.
Ebenfalls wollen wir uns auf den im ersten Beispiel genannten Fall beschränken, bei dem es stets um die Ermittlung minimaler Netze geht, bei denen die Kosten für die Errichtung einer Strecke proportional der Streckenlänge sind und unabhängig davon, wieviel längs einer gebauten Strecke transportiert werden soll. Dennoch sei bereits hier erwähnt, daß die mathematischen Schwierigkeiten nicht wesentlich größer sind, wenn man kompliziertere Abhängigkeit der Kosten voraussetzt. Es werden nur die Rechnungen und Konstruktionen etwas umfangreicher.
Eine weitere Besonderheit dieses Abschnittes ist, daß wir enge Verbindungen zu elementargeometrischen Sachverhalten herstellen werden, ja, daß wir wie in der Schule zu geometrischen Konstruktionen mit Zirkel und Lineal greifen werden, um den Problemen dieses Abschnittes zu Leibe zu rücken.
Formulieren wir die mathematische Aufgabenstellung, der wir uns im weiteren zuwenden wollen:

> Gegeben seien in der euklidischen Ebene (also, wie wir in der Schule sagten, in der Ebene) n Punkte $X_1, X_2, \ldots, X_n$. Gesucht wird – ggf. unter Hinzufügen neuer Knotenpunkte, der sog. STEINER-Punkte – ein diese n Knoten verbindendes Streckennetz, dessen Gesamtlänge minimal ist.

2.11.2. Eigenschaften von Minimalnetzen

Wir stellen zunächst einige Eigenschaften zusammen, die ein Netz hat, wenn es unser Problem löst. Dadurch wird die Riesenmenge der zur Konkurrenz zugelassenen Netze beträchtlich eingeschränkt. Schon beim Betrachten der Abb. 2.11.1 erkennt man unschwer, daß die Anzahl möglicher Netze unendlich groß ist, da ja die geometrische Lage eines Steiner-Punktes stetig variiert werden kann. Die Anzahl der nach der jetzt zu treffenden Auswahl noch zu testenden Netze wird sich jedoch als endlich erweisen, wenngleich ihre Anzahl mit wachsendem n auch stark anwächst.

Eigenschaften eines Minimalnetzes:

1. Sämtliche Verbindungen zwischen zwei adjazenten Punkten sind Strecken.
2. Das Streckensystem enthält keinen Kreis (da man ja andernfalls eine Strecke des Kreises entfernen könnte, ohne den Zusammenhang zu zerstören).
3. Die Anzahl der Steiner-Punkte ist höchstens $n - 2$.
4. Zwei beliebige Strecken treffen sich in einem Winkel von 120° oder mehr.

Die letzte der Eigenschaften sichert zusammen mit der Endlichkeit der Anzahl erforderlicher Steiner-Punkte (man beachte, daß Steiner-Punkte echte Verzweigungspunkte sind, also mindestens die Valenz 3 haben) die Endlichkeit der Anzahl der noch zur Konkurrenz zugelassenen Netze.
In Abb. 2.11.2 haben wir an einem einfachen Beispiel von $n = 5$ Knoten $X_1, \ldots, X_5$ vier Netze angegeben, die den oben genannten 4 Forderungen genügen, wobei alle vier Netze jeweils $n - 2 = 3$ Steiner-Punkte haben.
Offensichtlich sind alle diese vier Netze wesentlich verschieden voneinander. Wir können das Aufzählen von Eigenschaften eines Minimalnetzes fortführen:

5. Ein Steiner-Punkt ist zu genau drei anderen Knoten adjazent.
6. Die drei sich in einem Steiner-Punkt treffenden Strecken schließen zu Paaren jeweils einen Winkel von 120° ein.
7. Treffen sich zwei Strecken unter einem größeren Winkel als 120°, so ist ihr Treffpunkt ein Original- oder Festpunkt, also kein Steiner-Punkt.

Betrachten wir noch einmal die vier Netze der Abb. 2.11.2. Welches das Minimalnetz (unter diesen vier) ist, läßt sich zunächst nicht so ohne weiteres angeben (denn jedes erfüllt die genannten Bedingungen), wenngleich man natürlich durch Nachmessen der vier Netze das minimale Netz finden könnte.

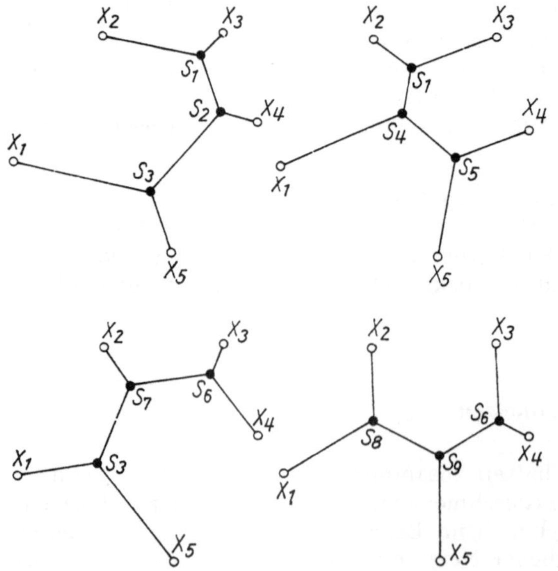

Abb. 2.11.2

2.11.3. Konstruktion eines Minimalnetzes

Was wir im weiteren tun wollen, ist das folgende: Bei Vorgabe der geometrischen Lage der Festpunkte $X_1, \ldots, X_n$ legen wir die Anzahl k der STEINER-Punkte $S_1, \ldots, S_k$ und die kombinatorische Struktur (etwa durch Angabe der Kanten) fest. Nachdem dieses geschehen ist, können wir durch elementargeometrische Konstruktionen die geometrische Lage der STEINER-Punkte bestimmen. Wir werden jedoch auch sehen, daß die angenommene kombinatorische Struktur ohne Verletzung der Minimalforderung nicht in jedem Fall realisierbar ist. Eine derartige Situation wird sich im Verlaufe der Konstruktion feststellen lassen. Wozu wir nicht in der Lage sind (ohne alle Möglichkeiten durchzuspielen), ist folgendes: Unter allen gefundenen relativen Minimalnetzen (also unter allen denen, die bei Vorgabe der Struktur minimale Länge haben) ein Minimumnetz zu finden, also ein solches, das unter allen zur Konkurrenz zugelassenen Netzen minimale Länge hat.

Beginnen wir zunächst mit dem einfachen Fall dreier Festpunkte X_1, X_2, X_3 (vgl. Abb. 2.11.3). Zu den drei Festpunkten suchen wir die genaue Lage des STEINER-Punktes S.

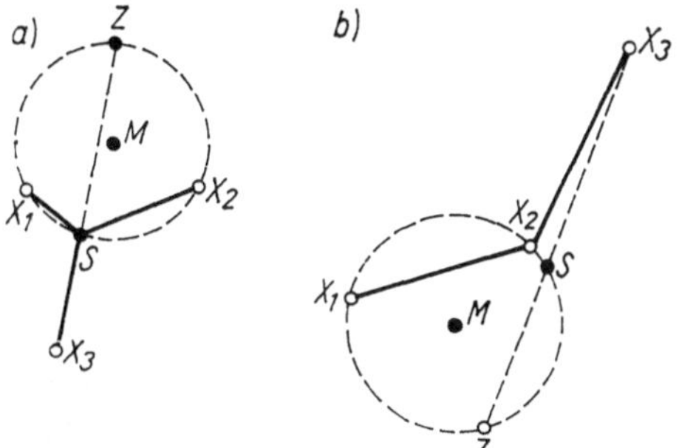

Abb. 2.11.3

Wegen der Eigenschaft 6 müssen wir die Lage von S derart bestimmen, daß jeder der drei Winkel bei S genau 120° besitzt. Dazu wählen wir irgendeinen der drei Festpunkte, etwa X_3, aus. Auf der X_3 gegenüberliegenden Seite der Strecke $\overline{X_1, X_2}$ konstruieren wir gemäß Abb. 2.11.3a den Punkt Z derart, daß die drei Punkte X_1, X_2, Z ein gleichseitiges Dreieck bilden. Nun konstruieren wir den Umkreis $\mathbf{U}$ des gleichseitigen Dreiecks $\mathbf{D}(X_1, X_2, Z)$ mit dem Mittelpunkt M.

Auf Grund des Peripheriewinkelsatzes gilt nun: Jeder Punkt Y, der auf dem kürzeren der beiden von X_1 und X_2 begrenzten Bogenstücke von $\mathbf{U}$ liegt, hat die Eigenschaft, daß der von den Strecken $\overline{X_1 Y}$ und $\overline{X_2 Y}$ bei Y gebildete Winkel genau 120° beträgt. An welcher Stelle von $\mathbf{U}$ muß nun S liegen, damit die beiden anderen Winkel bei S ebenfalls 120° betragen? Ohne Schwierigkeit könnte man die Konstruktion wiederholen, etwa mit dem Punkt X_2 (anstelle von X_3). Dann wäre einer der beiden Schnittpunkte der Umkreise gerade S. Es erweist sich jedoch als einfacher und für die Ermittlung der Länge des zu findenden Minimalnetzes wesentlich günstiger, wenn man eine Gerade durch Z und X_3 zieht: Dann ist der Schnittpunkt des Umkreises $\mathbf{U}$ mit dieser Geraden gleich S. Den Beweis für die Richtigkeit dieser letzten Aussage kann man mit Hilfe des Satzes von PTOLEMAIOS führen.

Satz

Es mögen die vier Punkte Z, X_1, S, X_2 (in dieser Reihenfolge) auf der Peripherie eines Kreises liegen. (Man sagt, daß diese 4 Punkte die Ecken eines *Sehnenvierecks* bilden.) Dann gilt für die Abstände $d(X, Y)$ zweier Punkte X und Y die Beziehung

$$d(Z, X_1)\, d(S, X_2) + d(Z, X_2)\, d(S, X_1) = d(Z, S)\, d(X_1, X_2),$$

oder in Worten: In einem Sehnenviereck ist das Produkt der beiden Diagonalen gleich der Summe der Produkte aus gegenüberliegenden Seiten.

Mit Hilfe dieses Satzes errechnet man unschwer, daß

$$d(S, Z) = d(S, X_1) + d(S, X_2)$$

gilt, da die drei Punkte X_1, X_2, Z nach Voraussetzung ein gleichseitiges Dreieck bilden.
Dieser Sachverhalt liefert uns nun für das weitere eine einfache Möglichkeit, die Länge eines Minimalnetzes zu errechnen.
Im Falle dreier Punkte X_1, X_2, X_3 und eines STEINER-Punktes S erhalten wir damit, daß die Länge des Minimalnetzes gleich der Länge der Strecke $\overline{X_3Z}$ ist. Nun kann es aber auch geschehen, daß eine vorgegebene Struktur minimal nicht zu realisieren ist. Dazu betrachten wir die Abb. 2.11.3b. Nachdem etwa der Punkt Z als dritter Eckpunkt eines gleichseitigen Dreiecks mit den beiden anderen Eckpunkten X_1 und X_2 ermittelt wurde, zeigt es sich, daß der Schnittpunkt der Geraden durch Z und X_3 und des Umkreises **U** des gleichseitigen Dreiecks $\mathbf{D}(X_1, X_2, Z)$ außerhalb des zwischen X_1 und X_2 gelegenen kürzeren Stückes des Umkreises **U** liegt. In diesem Fall kann ein Netz mit einem STEINER-Punkt kein Minimalnetz sein. Das Minimalnetz besteht, wie in Abb. 2.11.3b gezeichnet, aus den beiden Strecken $\overline{X_1X_2}$ und $\overline{X_2X_3}$. Der dabei zwischen beiden Strecken gebildete Winkel ist offenbar größer als 120°, in Übereinstimmung mit der oben angegebenen Eigenschaft 7. Auch gibt in diesem Fall der Abstand $d(X_3,Z)$ der Punkte X_3 und Z nicht mehr die Länge eines Minimalnetzes an, in diesem Fall hilft uns der Satz des PTOLEMAIOS nicht weiter.

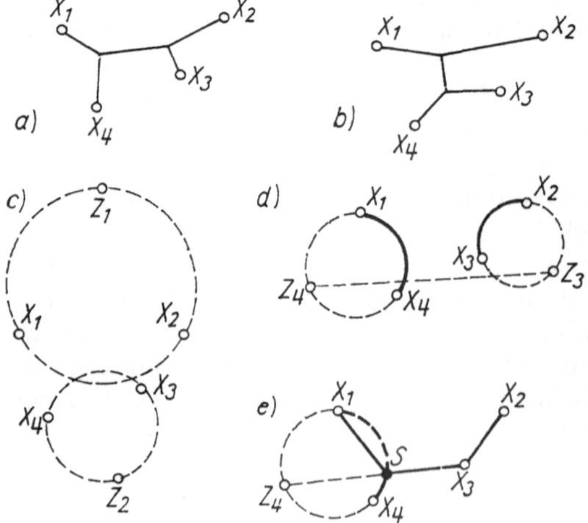

Abb. 2.11.4

In Abb. 2.11.4 haben wir ein Beispiel gegeben, wie bei geeigneter (sprich: ungünstiger) Lage von 4 Festpunkten die Realisierung eines Minimalnetzes mit zwei STEINER-Punkten unmöglich wird. In den Abbn. 2.11.4c und d ist gezeigt, daß keine der beiden Varianten mit zwei STEINER-Punkten realisierbar ist. Das Minimumnetz besitzt, so kann man zeigen, genau einen STEINER-Punkt und ist in Abb. 2.11.4e wiedergegeben.

Wenden wir uns nun einem etwas größeren Beispiel zu, um das prinzipielle Herangehen an die Lösung des STEINER-Problems zu erläutern, bevor wir den Lösungsalgorithmus verbal formulieren. Betrachten wir dazu die Abb. 2.11.5a. Vorgegeben seien also 5 Festpunkte $X_1, \ldots, X_5$. Wir überlegen uns, welche geometrische Realisierung

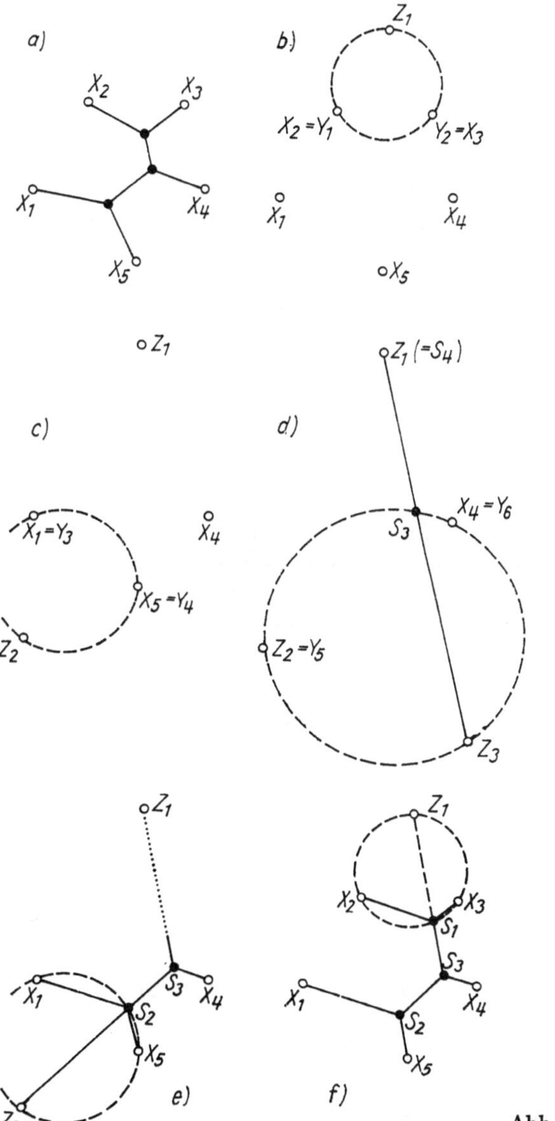

Abb. 2.11.5

eines Netzes mit $n - 2 = 3$ STEINER-Punkten S_1, S_2, S_3 wir beabsichtigen, es könnte sich diese etwa aus der Planskizze der Abb. 2.11.5a ergeben.
Wir nennen einen Punkt einen *Starrpunkt*, wenn er entweder ein Festpunkt oder ein Hilfspunkt ist. Hilfspunkte entstehen, wie wir sehen werden, bei den folgenden Konstruktionen. Nun numerieren wir in geeigneter Weise die STEINER-Punkte und ersetzen sukzessive jeweils zwei geeignete Starrpunkte durch einen Hilfspunkt Z_k.

1. *Abbauschritt* (Numerierung der Fest-, STEINER- und Hilfspunkte sowie Fixierung der Hilfspunkte in ihrer Lage)
Wir wählen gemäß Abb. 2.11.5b einen solchen STEINER-Punkt S_1, der mit zwei Starrpunkten (das sind z.Z. alles Festpunkte) verbunden ist. Die beiden zu S_1 benachbarten Starrpunkte (in unserem Beispiel X_2 und X_3) nennen wir Y_1 und Y_2 und konstruieren den Hilfspunkt Z_1 als dritten Eckpunkt eines gleichseitigen Dreiecks mit den beiden anderen Eckpunkten Y_1 und Y_2, und zwar »gegenüber« dem geplanten S_1 (so daß Z_1 und S_1 auf verschiedenen Seiten der Strecke $\overline{Y_1Y_2}$ liegen.) Die Punkte Y_1 und Y_2 entfernen wir aus der Starrpunktmenge $\mathfrak{A}$ und fügen Z_1 zu $\mathfrak{A}$ hinzu. Nunmehr wählen wir wiederum einen solchen STEINER-Punkt S_2, der mit zwei Starrpunkten aus $\mathfrak{A}$ verbunden ist (im Beispiel gemäß Abb. 2.11.5c sind es X_1 und X_5). Diese beiden Starrpunkte nennen wir Y_3 und Y_4 und konstruieren Z_2 als dritten Eckpunkt eines gleichseitigen Dreiecks mit den beiden anderen Eckpunkten Y_3 und Y_4 gegenüber dem geplanten S_2. Wir entfernen Y_3 und Y_4 aus der Starrpunktmenge $\mathfrak{A}$ und fügen Z_2 zu $\mathfrak{A}$ hinzu. Nun wählen wir den nächsten STEINER-Punkt S_3 (im Beispiel ist es bereits der letzte), der zu zwei Starrpunkten benachbart ist (gemäß Abb. 2.11.5d im Beispiel sind es Z_2 und X_4), bezeichnen diese beiden Starrpunkte mit Y_5 und Y_6 und konstruieren Z_3 als dritten Eckpunkt eines gleichseitigen Dreiecks mit den beiden anderen Eckpunkten Y_5 und Y_6 gegenüber dem geplanten S_3, entfernen Y_5 und Y_6 aus $\mathfrak{A}$ und fügen Z_3 hinzu usw. (sofern noch Knoten vorhanden wären). Aus Gründen der Zweckmäßigkeit für die Organisation des nachfolgenden sog. *Aufbauschrittes* bezeichnen wir den von Z_{n-2} verschiedenen noch in $\mathfrak{A}$ befindlichen Starrpunkt mit S_{n-1} (im Beispiel ist es Z_1), bedenken jedoch, daß S_{n-1} kein STEINER-Punkt ist! Wenn wir uns nur für die Länge des Minimalgerüstes interessieren, sofern die geplante Struktur überhaupt realisierbar ist, können wir diese bereits ablesen, sie ist gleich dem Abstand der Punkte Z_{n-2} und S_{n-1} (im Beispiel von Abb. 2.11.5d: Z_3 und $S_4 = Z_1$).

2. *Aufbauschritt* (Fixierung der Lage der STEINER-Punkte)
Wir konstruieren den Umkreis des gleichseitigen Dreiecks $\mathbf{D}(Z_{n-2}, Y_{2n-5}, Y_{2n-4})$ (im Beispiel $\mathbf{D}(Z_3, Y_5 = Z_2, Y_6 = X_4)$) und schneiden ihn mit der durch die zwei Punkte $Z_{n-2}(= Z_3)$ und $S_{n-1}(= Z_1)$ bestimmten Geraden. Der Schnittpunkt ist der gesuchte STEINER-Punkt $S_{n-2}(= S_3)$ in seiner exakten geometrischen Lage (Abb. 2.11.5d). Ehe wir den weiteren Aufbauschritt verfolgen, wollen wir beachten, daß die im Abbauschritt gefundene Numerierung der STEINER-Punkte S_i so erfolgte, daß für beliebiges i $(i < n - 2)$ genau ein Index j_i^1 mit $i < j_i \leqq n - 2$ existiert, so daß S_i zu S_{j_i} benachbart ist. Mit anderen Worten: Außer dem zuletzt mit einer Nummer versehenen STEINER-Punkt S_{n-2} (dessen evtl. vorhandene Nachbarsteinerpunkte alle eine kleinere Nummer besitzen) hat jeder STEINER-Punkt genau einen STEINER-Punkt zum Nachbarn mit höherer Nummer (in unserem Beispiel ist für $i = 1$ der Index $j_1 = 3$ und für $i = 2$ der Index $j_2 = 3$ ebenfalls). Genau diesen Nachbarn S_{j_i} von S_i benötigen wir für den weiteren Aufbauschritt.

Nunmehr konstruieren wir den Umkreis des gleichseitigen Dreiecks $\mathbf{D}(Z_{n-3}, Y_{2n-7},$

Y_{2n-6}) (im Beispiel $\mathbf{D}(Z_2, Y_3 = X_1, Y_4 = X_5)$). Der Schnittpunkt dieses Umkreises mit der Geraden durch die beiden Punkte Z_{n-3} und $S_{j_{n-3}}$ (im Beispiel Z_2 und $S_{j_2} = S_3$) ist die exakte geometrische Lage des STEINER-Punktes $S_{n-3} (= S_2)$. Dieses Verfahren wird so fortgesetzt. Im Beispiel kann man das gemäß Abbn. 2.11.5e und f verfolgen. Im letzten Bild ist dann auch das STEINER-Minimalgerüst zu den vorgegebenen Festpunkten und vorgegebener Struktur eingezeichnet.

Wie schon im Falle dreier oder vierer Festpunkte bemerkt, kann es im Verlaufe des Aufbauschrittes geschehen, daß der Schnittpunkt des Umkreises des aktuellen gleichseitigen Dreiecks (mit den Eckpunkten Z_i, Y_{2i-1}, Y_{2i}) mit der Geraden durch die Punkte Z_i und S_{j_i} nicht auf dem kürzeren Umkreisbogen zwischen Y_{2i-1} und Y_{2i} liegt. In einem solchen Fall ist das ein sicheres Zeichen, daß die geplante Struktur minimal nicht realisierbar ist.

2.11.4. Algorithmus zur Ermittlung eines Steiner-Netzes

Abbaualgorithmus

Vorgaben: Beliebig numerierte Menge $\mathfrak{X} = \{X_1, X_2, \ldots, X_n\}$ von Festpunkten in einer Ebene sowie Vorgabe der Struktur sowie einer Numerierung $\mathfrak{S} = \{T_1, T_2, \ldots, T_{n-2}\}$ der STEINER-Punktmenge $\mathfrak{S}$.

Service: Es wird eine Menge $\mathfrak{Z} = \{Z_1, Z_2, \ldots, Z_{n-2}\}$ von Hilfspunkten sowie eine Menge $\mathfrak{A} = \{Y_1, Y_2, \ldots, Y_{2n-2}\}$ von Starrpunkten bereitgestellt, ferner die richtige Numerierung $\mathfrak{S} = \{S_1, S_2, \ldots, S_{n-2}\}$ der STEINER-Punkte sowie die exakte Lage der Starrpunktmenge $\mathfrak{A}$.

A0: $\mathfrak{Z} := \emptyset$; $\mathfrak{A}' := \mathfrak{X}$; $i := 1$

A1: Wähle einen solchen STEINER-Punkt $S_i \in \mathfrak{S}$, der wenigstens zwei Nachbarn in $\mathfrak{A}'$ besitzt, bezeichne diese beiden Nachbarn mit Y_{2i-1} und Y_{2i};
konstruiere den dritten Eckpunkt Z_i eines gleichseitigen Dreiecks $\mathbf{D}(Z_i, Y_{2i-1}, Y_{2i})$, wobei Z_i gegenüber S_i liegt; $\mathfrak{A}' := (\mathfrak{A}' - \{Y_{2i-1}, Y_{2i}\}) \cup \{Z_i\}$;
$i := i + 1$

P2: falls ($|\mathfrak{A}'| \neq 2$), gehe nach **A1**

A3: $\mathfrak{A} := \{Y_1, Y_2, \ldots, Y_{2n-2}\}$

ENDE: Siehe Service

Aufbaualgorithmus

Vorgaben: Siehe Vorgaben und Service des Abbaualgorithmus

Service: Exakte geometrische Lage der STEINER-Punkte

A4: Bezeichne den von Z_{n-2} verschiedenen Punkt von $\mathfrak{A}'$ mit S_{n-1}.
Setze $S_{j_{n-2}} := S_{n-1}$.
Für $i = 1, 2, \ldots, n-3$ sei S_{j_i} der zu S_i benachbarte Punkt aus $\{S_1, S_2, \ldots, S_{n-1}\}$, der in seiner Lage bereits fixiert ist, für den also $i < j_i$ gilt.

A5: Konstruiere den Umkreis $\mathbf{U}$ des von den drei Starrpunkten Z_i, Y_{2i-1}, Y_{2i} gebildeten gleichseitigen Dreiecks.
Ziehe eine Gerade $\mathbf{g}$ durch die Punkte Z_i und S_{j_i}.
Bilde den Schnittpunkt S_i von $\mathbf{U}$ mit $\mathbf{g}$.

P6: Falls (S_i liegt nicht auf dem Kreisbogen zwischen Y_{2i-1} und Y_{2i}), gehe nach **FEHLER**.

A7: S_i ist in seiner geometrischen Lage fixiert;
$i := i - 1$

P8: Falls ($i \neq 0$), gehe nach **A5**.

ENDE: Die geplante Struktur ist minimal realisierbar, siehe auch Service

FEHLER: Die geplante Struktur ist minimal nicht realisierbar.

Verbindet man abschließend die Fest- und STEINER-Punkte gemäß der zu Beginn geplanten Struktur, so ergibt sich das STEINER-Minimalnetz. Sollte jedoch das Netz minimal nicht realisierbar sein, so kann man (mindestens) einen STEINER-Punkt einsparen. Auf Einzelheiten wollen wir hier nicht eingehen.

Ein noch ungelöstes Problem ist es, wie man, ohne alle möglichen Strukturen mit $n - 2, n - 3, \ldots, 2, 1, 0$ STEINER-Punkten durchzuprobieren, das STEINER-Minimumnetz finden kann. Auf diese Problematik wollen wir hier nicht eingehen, viel Heuristik ist bereits versucht, weitere Eigenschaften von Minimalnetzen sind entdeckt worden, dennoch ist bisher kein befriedigendes Resultat erzielt worden.

2.11.5. Kostenabhängigkeit

Wenden wir uns zum Schluß noch dem Fall zu, daß (Beispiel 2) die Kosten des Baus einer Strecke nicht nur durch deren Länge, sondern auch durch die Größe späteren Durchflusses bestimmt werden. Wir wollen dabei nur den einfachsten Fall dreier Festpunkte und eines STEINER-Punktes betrachten, vgl. Abb. 2.11.6.

Die drei Punkte X_1, X_2, X_3 mögen auf einem gleichseitigen Dreieck der Seitenlänge 8 liegen. An welcher Stelle (im Inneren des Dreiecks) ist der STEINER-Punkt S gelegen, wenn die Kosten für die Errichtung der Strecke von X_i nach S gleich $k_i\, d(X_i, S)$ für $i = 1, 2, 3$ betragen, wobei die Relativkosten (Kosten pro Längeneinheit) $k_i = 6, 4, 5$ sein mögen?

Unter der Voraussetzung, daß $k_1^2 < k_2^2 + k_3^2$, $k_2^2 < k_3^2 + k_1^2$, $k_3^2 < k_1^2 + k_2^2$ gilt (was in unserem Beispiel erfüllt ist), kann man unschwer zeigen, daß im Minimalkostennetz für die Winkel bei S die folgenden Beziehungen gelten:

$$\cos\alpha_1 = \frac{k_1^2 - k_2^2 - k_3^2}{2k_2k_3}, \qquad \cos\alpha_2 = \frac{k_2^2 - k_3^2 - k_1^2}{2k_3k_1},$$

$$\cos\alpha_3 = \frac{k_3^2 - k_1^2 - k_2^2}{2k_1k_2}.$$

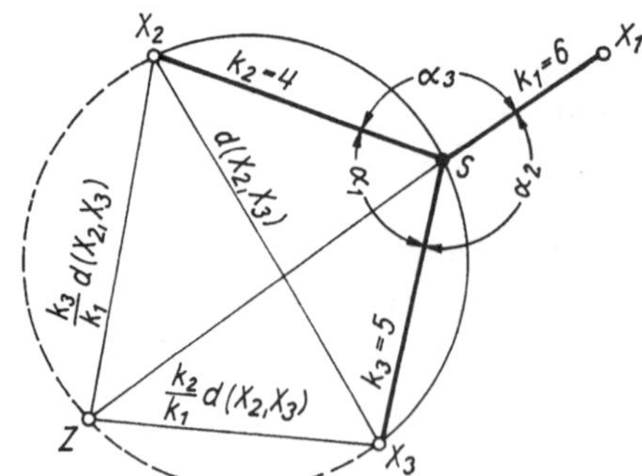

Abb. 2.11.6

Für den Fall, daß $k_1 = k_2 = k_3$ gilt, ergibt sich, daß – wie erwartet – alle Winkel gleich 120° sind. In unserem Beispiel ergibt sich $\alpha_1 = 97{,}18°$, $\alpha_2 = 138{,}59°$, $\alpha_3 = 124{,}23°$, wie wir es in der Abb. gezeichnet haben.
Auch in diesem Falle kann man geometrisch die Lage des STEINER-Punktes ermitteln unter Zuhilfenahme des Peripheriewinkelsatzes sowie des Satzes von PTOLEMAIOS. In diesem Fall ist Z als dritter Eckpunkt eines Dreiecks mit den beiden anderen Eckpunkten X_2, X_3 und den Seitenlängen $d(X_2, Z) = \frac{k_3}{k_1} d(X_2, X_3)$, $d(X_3, Z) = \frac{k_2}{k_1} d(X_2, X_3)$ sowie $d(X_2, X_3)$ gemäß Abb. 2.11.6 zu konstruieren.
Anschließend konstruieren wir den Umkreis des Dreiecks mit den Eckpunkten X_2, X_3 und Z und suchen den Schnittpunkt S dieses Kreises mit der Geraden durch Z und X_1. Damit ist der exakte Ort von S gefunden. Falls dieser Schnittpunkt außerhalb des kürzeren Bogens zwischen X_2 und X_3 liegt, hat das Minimumkostennetz wiederum keinen STEINER-Punkt.
Mit ähnlichen Überlegungen, wenngleich etwas mühsameren Konstruktionen, wie wir sie oben angestellt haben, kann man auch im Falle kostenabhängiger Netze die exakte Lage der STEINER-Punkte bei mehr als 3 Festpunkten finden, nachdem man sich über die kombinatorische Struktur des Netzes klargeworden ist. Der interessierte Leser sei auf die Literatur [29] verwiesen.

3. Strom- und Transportprobleme

3.1. Beispiele und Definitionen

Gegeben sei ein gerichteter Graph $\mathfrak{G}(\mathfrak{X}, \mathfrak{U})$. Unter einem *Fluß in* (oder auf) $\mathfrak{G}$ verstehen wir eine beliebige reellwertige (häufig ganzzahlige) Bogenfunktion φ, also eine Funktion φ, die jedem Bogen $u = (X_i, X_j) \in \mathfrak{U}$ eine reelle Zahl $\varphi(X_i, X_j)$ – die Maßzahl des durch u gehenden Flusses – zuordnet. Betrachten wir den Graphen der Abb. 3.1.1. In die Knoten haben wir Zahlen eingetragen, die sich aus dem Überschuß (der auch negativ oder Null sein kann) der in den Knoten ein- und auslaufenden Flußwerte ergibt. Man unterscheidet zweckmäßig drei Knotentypen, nämlich *Quellen* – das sind Knoten, aus denen mehr heraus- als hineinfließt –, ferner *Senken* – das sind Knoten, in die mehr hinein- als herausfließt –, schließlich *Verteiler* – bei denen die Bilanz ausgeglichen ist. In vielen Fällen ist es unerläßlich, auch negative Flüsse zuzulassen, also $\varphi(u) < 0$ für gewisse $u \in \mathfrak{U}$.
Wenn $\mathfrak{G}$ weder Quellen noch Senken besitzt, so nennt man den Fluß einen *Strom* auf $\mathfrak{G}$, dabei lehnt man sich in den Bezeichnungen an die aus der Elektrotechnik bekannte KIRCHHOFFsche Knotenregel an.
Unter der *Ergiebigkeit* $e(X)$ eines Knotens X versteht man die Differenz der Summe der aus X herausgehenden Flüsse und der Summe der nach X hineingehenden Flüsse, also

$$e(X) := \sum_{Y \in \Gamma^+(X)} \varphi(X, Y) - \sum_{Z \in \Gamma^-(X)} \varphi(Z, X) \begin{cases} > 0, & \text{falls } X \text{ Quelle ist,} \\ = 0, & \text{falls } X \text{ Verteiler ist,} \\ < 0, & \text{falls } X \text{ Senke ist,} \end{cases}$$

dabei ist $\Gamma^+(X)$ die Menge der Knoten, zu denen von X ein Bogen führt, und $\Gamma^-(X)$ die Menge der Knoten, von denen aus ein Bogen nach X führt.
In vielen Fällen geht es nicht nur um die Bestimmung von Flüssen oder Strömen in einem gerichteten Graphen, sondern um die Ermittlung derartiger Flüsse bzw. Ströme, die gewissen *Kapazitätsbeschränkungen* genügen: Bei vorgegebenen unteren Schranken $a(u)$ und oberen Schranken $b(u)$ für jeden Bogen $u \in \mathfrak{U}$ wird ein derartiger Strom φ gesucht, so daß

$$a(u) \leqq \varphi(u) \leqq b(u) \quad \text{für alle } u \in \mathfrak{U} \text{ gilt.}$$

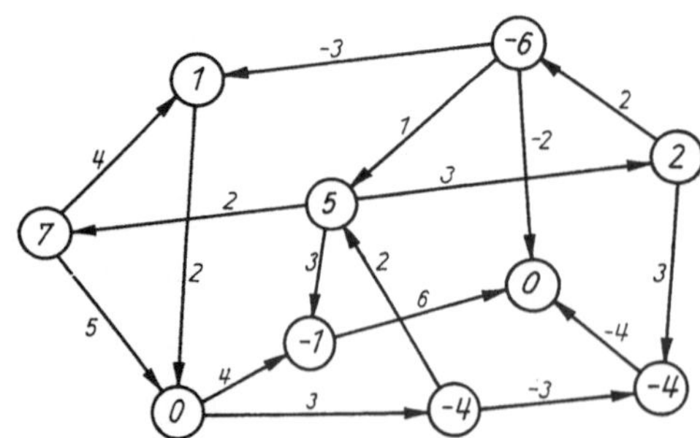

Abb. 3.1.1

Beispiel 1. *Maximalstromproblem*
In einem Transportnetz (Straßen, Schienen, ...) seien zwei Knoten ausgezeichnet, der Produzent Q (Quelle) eines gewissen Produktes sowie der Verbraucher S (Senke) des Produktes. Auf einem Verbindungsweg (Bogen) $u = (X, Y)$ des Transportnetzes kann in einer Zeiteinheit nur eine beschränkte Menge $b(u)$ des Produktes transportiert werden. Die Aufgabe besteht nun darin, in einer Zeiteinheit möglichst viel dieses Produktes vom Erzeuger Q zum Verbraucher S zu transportieren, ohne dabei jedoch auf irgendeinem der Bögen die Kapazitätsschranken zu überschreiten.
Führt man außer den realen Transportverbindungen (den Bögen) noch einen fiktiven Bogen (S, Q), den sog. *Rückkehrbogen* $u_0 = (S, Q)$, ein, so lautet das

Graphentheoretische Problem:

Maximiere $\varphi(u_0)$ unter den Bedingungen, daß in jedem Knoten X die KIRCHHOFFsche Knotenbedingung

$$\sum_{Y \in \Gamma^+(X)} \varphi(X, Y) - \sum_{Z \in \Gamma^-(X)} \varphi(Z, X) = 0$$

erfüllt ist und daß für jeden Bogen $u = (X, Y)$ die Kapazitätsschranken nicht überschritten werden, also

$$0 \leqq \varphi(X, Y) \leqq b(X, Y) \quad (\text{mit } b(u_0) = \infty) \text{ ist.}$$

Beispiel 2. *Verteilungsproblem*
In n verschiedenen Orten $X_1, X_2, \ldots, X_n$ werde ein gewisses Produkt (z.B. Kies) bereitgestellt, und zwar in X_i pro Zeiteinheit die Menge $b_i = b(X_i)$. In m anderen Orten $Y_1, Y_2, \ldots, Y_m$ werde dieses Produkt benötigt, und zwar in Y_j die Menge $a_j = a(Y_j)$ pro Zeiteinheit. Ferner sei bekannt, welcher Verbraucher von welchem Produzenten beliefert werden kann (welche Transportverbindung gibt es überhaupt ?). Ist es möglich, den Transport so zu organisieren, daß alle Bedürfnisse befriedigt werden ?
Das zugehörige graphentheoretische Modell könnte etwa das folgende Aussehen haben:
Der Graph $\mathfrak{G}(\mathfrak{X}, \mathfrak{U})$ besteht aus den $m + n$ Knoten $X_1, X_2, \ldots, X_n, Y_1, Y_2, \ldots, Y_m$ sowie zwei Hilfsknoten Q und S. Die Bogenmenge $\mathfrak{U}$ besteht aus den n Bögen (Q, X_i), $i = 1, 2, \ldots, n$, den m Bögen (Y_j, S), $j = 1, 2, \ldots, m$, ferner allen Bögen (X_i, Y_j), sofern der Verbraucher Y_j durch den Produzenten X_i beliefert werden kann, und schließlich aus dem Rückkehrbogen $u_0 = (S, Q)$.
Die Kapazitätsschranken sind

$$0 \leqq \varphi(Q, X_i) \leqq b_i \quad \text{für } i = 1, 2, \ldots, n,$$

$$a_j \leqq \varphi(Y_j, S) \leqq \infty \quad \text{für } j = 1, 2, \ldots, m,$$

$$0 \leqq \varphi(X_i, Y_j) \leqq \infty \quad \text{für jeden vorhandenen Bogen } (X_i, Y_j),$$

$$0 \leqq \varphi(S, Q) \leqq \infty.$$

Gesucht wird ein mit den Kapazitätsschranken verträglicher Strom. Falls es einen solchen Strom nicht gibt, können nicht die Bedürfnisse aller Verbraucher befriedigt werden.

Beispiel 3. *Transportproblem*
Wir betrachten dieselbe Aufgabe wie im Beispiel 2 und passen sie der Wirklichkeit noch etwas besser an: Nehmen wir an, daß der Transport einer Produkteinheit von X_i nach Y_j Kosten verursacht, so suchen wir, sofern es überhaupt einen zulässigen Strom gibt, einen kostenminimalen.

Beispiel 4. *Tanzpaarung*
Zu einer Party sind n Jungen $J_1, J_2, \ldots, J_n$ und n Mädchen $M_1, M_2, \ldots, M_n$ eingeladen. Der Veranstalter erbittet vor Beginn von jedem Teilnehmer Angaben, mit welchen (andersgeschlechtlichen) Partnern er bereit wäre, den Abend zu verbringen. Gelingt es dem Gastgeber, eine solche Zuordnung (vgl. auch Abschnitt 4.4.) zu organisieren, daß jeder Teilnehmer mit einem ihm genehmen Partner den Abend verbringen kann?
Zur Modellierung betrachten wir den Graphen $\mathfrak{G}(\mathfrak{X}, \mathfrak{U})$, bestehend aus den $2n$ Knoten $J_1, J_2, \ldots, J_n, M_1, M_2, \ldots, M_n$, sowie zwei Hilfsknoten Q und S und den folgenden Bögen: n Bögen (Q, M_i), n Bögen (J_i, S), $i = 1, 2, \ldots, n$, ferner führen wir einen Bogen (M_i, J_j) genau dann ein, wenn sowohl M_i mit J_j als auch umgekehrt den Abend miteinander zu verbringen bereit sind. Schließlich führen wir noch den Rückkehrbogen (S, Q) ein. Außer für den Rückkehrbogen, auf dem wir die Kapazitätsschranke $b = \infty$ setzen, sei $b = 1$. Nunmehr suchen wir einen Maximalstrom im Graphen. Falls $\varphi(S, Q) = n$ gilt, realisieren alle Bögen (M_i, J_j), für die $\varphi(M_i, J_j) = 1$ ist, eine gesuchte Zuordnung. Gilt jedoch für den Maximalstrom φ_0 die Beziehung $\varphi_0(S, Q) < n$, so kann eine gewünschte Zuordnung nicht gefunden werden; in jedem Fall kann die gewünschte Partnerschaft für maximal $\varphi_0(S, Q)$ Paare realisiert werden.

3.2. Elektrische Netze

3.2.1. Aufgabenstellung

In diesem Abschnitt wollen wir uns mit der Berechnung elektrischer Netze befassen, wie sie z.B. in Form des Netzes der Abb. 3.2.1.a gegeben sein könnten. Wir beschränken uns auf das Vorhandensein von ohmschen Widerständen und Spannungsquellen. Die dabei entstehenden Gleichungssysteme zur Bestimmung der Zweigströme und -spannungen sind linear. Ohne Schwierigkeiten lassen sich evtl. vorhandene Kapazi-

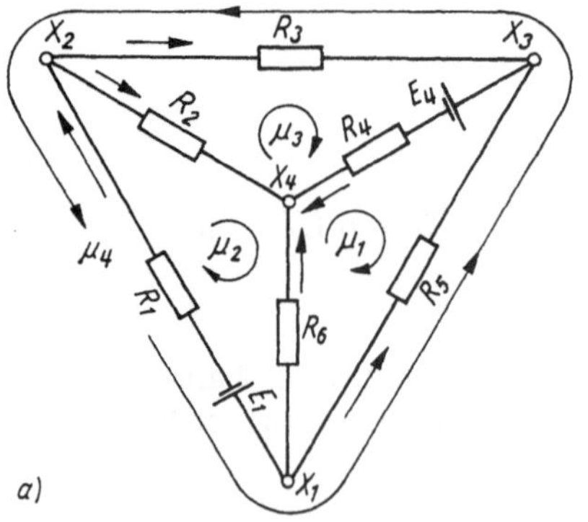

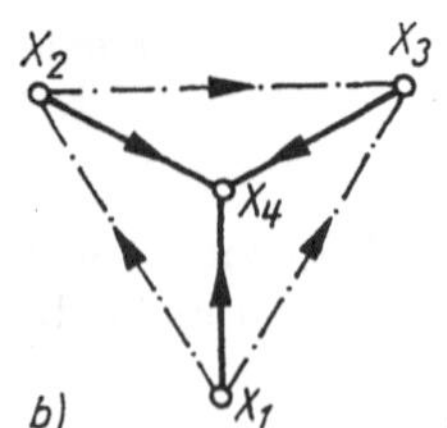

Abb. 3.2.1

täten und Induktivitäten in den Zweigen berücksichtigen, doch handelt es sich dann zunächst um die Lösung linearer Differentialgleichungssysteme. Bei Vorgabe des Netzzustandes im Zeitpunkt $t = 0$ läßt sich dann z.B. mittels der LAPLACE-Transformation das System gewöhnlicher linearer Differentialgleichungen in ein System linearer Gleichungen überführen. Da wir jedoch nicht vorrangig beabsichtigen, Verfahren zur Lösung von (Differential-) Gleichungssystemen anzugeben, sondern nur, den Zusammenhang zwischen der Aufstellung der erforderlichen Gleichungssysteme und der Graphentheorie darzustellen, wie er bereits von GUSTAV KIRCHHOFF (1847) erkannt wurde, werden wir bei evtl. Beispielen nach Aufstellen des Gleichungssystems und Klärung der prinzipiellen Vorgehensweise zur Lösung des Systems unmittelbar die Lösung angeben.
Am Ende dieses Abschnittes wollen wir ein rein mathematisches Problem behandeln, und zwar das folgende: Vorgegeben sei ein Rechteck mit ganzzahligen Seitenlängen. Läßt sich dieses Rechteck in eine endliche Menge paarweise inkongruenter Quadrate zerlegen? Den Zusammenhang dieser zunächst innermathematischen Fragestellung mit der Analyse elektrischer Netze entdeckten zu Beginn der 40er Jahre vier Studenten in England.

3.2.2. Mathematische Sätze

Den Begriff eines (graphentheoretischen) Stromes hatten wir schon in Abschnitt 3.1. kennengelernt. Da wir uns mit elektrischen Netzen befassen, wollen wir in diesem Abschnitt die in der Elektrotechnik gebräuchlichen Bezeichnungen benutzen.
Vorgegeben sei ein gerichteter Graph $\mathfrak{G}(\mathfrak{X}, \mathfrak{U})$. Die Bögen der Menge $\mathfrak{U} = \{v_1, v_2, \ldots, v_m)$ seien beliebig, aber fest numeriert. Jedem Bogen $v \in \mathfrak{U}$ sei eine reelle Zahl $i(v)$ zugeordnet. Zur Abkürzung setzen wir $i_j := i(v_j)$. Wir nennen den Vektor $\mathbf{i} = (i_1, i_2, \ldots, i_m)$ einen *Strom auf* (oder: in) $\mathfrak{G}$, sofern

$$\sum_{v \in \Delta_l^+} i(v) = \sum_{v \in \Delta_l^-} i(v)$$

für jeden Knoten $X_l \in \mathfrak{X}$ gilt, dabei bezeichnet Δ_l^+ die Menge der aus X_l auslaufenden Bögen und Δ_l^- die Menge der nach X_l hineinlaufenden Bögen.
Für elektrische Netze ist der Begriff der Spannung von besonderer Bedeutung. Betrachten wir die Abb. 3.2.2. Wir wählen einen beliebigen Zyklus μ von $\mathfrak{G}$. Jedem Bogen $v \in \mathfrak{U}$ sei eine reelle Zahl $u(v)$ zugeordnet, dabei setzen wir $u_j := u(v_j)$. Wir nennen einen Vektor $\boldsymbol{u} = (u_1, u_2, \ldots, u_m)$ eine *Spannung auf* $\mathfrak{G}$, sofern für jeden Zyklus μ

$$(*) \qquad \sum_{v \in \mu^+} u(v) = \sum_{v \in \mu^-} u(v)$$

gilt, dabei bezeichnet μ^+ die Menge der Bögen von μ, die im gleichen Sinn wie μ orientiert sind, und μ^- bezeichnet die Menge der Bögen von μ, die in entgegengesetztem Sinn wie μ orientiert sind. Für den in Abb. 3.2.2 angegebenen Zyklus μ ist $(*)$ ersichtlich erfüllt. Die Bedingung $(*)$ heißt *Kirchhoffsche Maschenregel*. Außer Knoten- und Maschenregel gibt das *Ohmsche Gesetz* einen Zusammenhang zwischen den Zweigströmen i_j und den Zweigspannungen u_j: Sei $R(v)$ der ohmsche Widerstand (gemessen in Ohm) auf dem Bogen v, und es befinde sich in v eine Spannungsquelle der Stärke $E(v)$ (gemessen in Volt). Dann gilt

$$E(v) = i(v)\, R(v) - u(v),$$

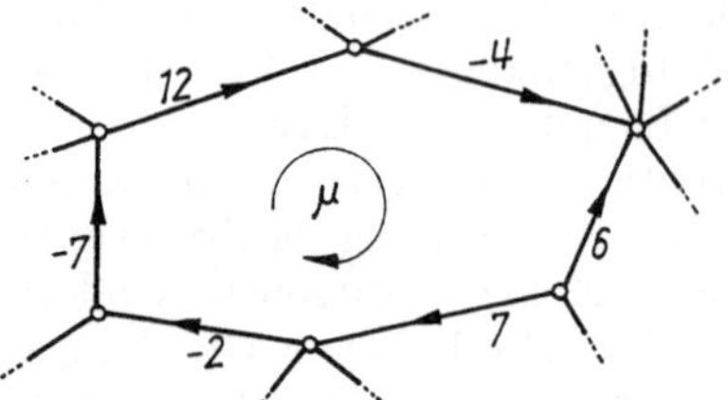

Abb. 3.2.2

wobei die Orientierung des Bogens v (in bezug auf die Wirkung der Spannungsquelle) gemäß Abb. 3.2.1a für die Bögen (X_1, X_2) und (X_3, X_4) zu wählen ist.
Stellen wir nunmehr die Knotengleichungen für den Graphen der Abb. 3.2.1a auf:

$$\begin{array}{ll} \text{Knoten } X_1: & i_1 \qquad\qquad\qquad + i_5 + i_6 = 0 \\ \text{Knoten } X_2: & -i_1 + i_2 + i_3 \qquad\qquad\qquad = 0 \\ \text{Knoten } X_3: & \qquad\qquad - i_3 + i_4 - i_5 \qquad = 0 \\ \text{Knoten } X_4: & \qquad - i_2 \qquad - i_4 \qquad - i_6 = 0. \end{array}$$

Diese vier Gleichungen sind ersichtlich nicht linear unabhängig, denn Addition liefert die Identität $0 = 0$.
Unter Verwendung der in 1.2. definierten Inzidenzmatrix eines Graphen lassen sich die Knotengleichungen in geschlossener Form schreiben. Erinnern wir uns, daß die Inzidenzmatrix $\boldsymbol{F}$ aus n Zeilen (n Knotenanzahl) und m Spalten (m Bogenanzahl) besteht, und zwar ist $\boldsymbol{F} = (f_{ij})_{\substack{i=1,2,\ldots,n\\ j=1,2,\ldots,m}}$ mit

$$f_{ij} = \begin{cases} 1, \text{ sofern } X_i \text{ Startknoten des Bogens } v_j \text{ ist,} \\ -1, \text{ sofern } X_i \text{ Zielknoten des Bogens } v_j \text{ ist,} \\ 0 \text{ sonst.} \end{cases}$$

Die Knotengleichungen erhalten in Matrixform geschrieben die folgende Gestalt:

$$\begin{pmatrix} f_{11} & f_{12} \cdots f_{1m} \\ f_{21} & f_{22} \cdots f_{2m} \\ \cdot & \cdot \quad \cdot \\ f_{n1} & f_{n2} \cdots f_{nm} \end{pmatrix} \begin{pmatrix} i_1 \\ i_2 \\ \vdots \\ i_m \end{pmatrix} = \begin{pmatrix} 0 \\ 0 \\ \vdots \\ 0 \end{pmatrix}.$$

Kommen wir nunmehr zu den Maschengleichungen.
Für das Beispiel der Abb. 3.2.1a erhalten wir

$$\begin{array}{ll} \text{Masche } \boldsymbol{\mu}_1: & \qquad\qquad\qquad - u_4 - u_5 + u_6 = E_4 \\ \text{Masche } \boldsymbol{\mu}_2: & u_1 + u_2 \qquad\qquad\qquad - u_6 = -E_1 \\ \text{Masche } \boldsymbol{\mu}_3: & \qquad - u_2 + u_3 + u_4 \qquad\quad = -E_4 \\ \text{Masche } \boldsymbol{\mu}_4: & -u_1 \qquad - u_3 \qquad + u_5 \qquad = E_1. \end{array}$$

Auch diese vier Gleichungen sind linear abhängig, durch Addition erhält man die Identität $0 = 0$.
Auch die Maschengleichungen lassen sich in geschlossener Form darstellen, jedoch benötigen wir dazu die sog. *Kreismatrix* **K** des Graphen. Um dieselbe aufzustellen, müssen wir ein wenig weiter ausholen, denn nicht immer wird ein Netz eine solch einfache Struktur wie das der Abb. 3.2.1a besitzen.

Satz

Die Anzahl der linear unabhängigen Maschengleichungen ist $m - n + 1$. Eine Menge von genau $m - n + 1$ unabhängigen Zyklen des Graphen und damit linear unabhängigen Maschengleichungen erhält man wie folgt: Man wähle im Graphen $\mathbf{G}$ ein beliebiges Gerüst (das ist ein alle n Knoten enthaltender zusammenhängender Untergraph mit genau $n - 1$ Bögen) $\mathbf{H}$. Fügt man nun zu $\mathbf{H}$ einen beliebigen Bogen hinzu, der jedoch nicht zu $\mathbf{H}$ gehört (davon gibt es genau $m - n + 1$ Stück), so entsteht genau ein wohlbestimmter Zyklus $\boldsymbol{\mu}$. Fügt man nacheinander jeden der $m - n + 1$ Bögen aus $\mathbf{G} - \mathbf{H}$ zu dem fest gewählten Gerüst $\mathbf{H}$ hinzu, so entstehen genau $m - n + 1$ Zyklen (die eine sog. *Zyklenbasis* bilden), denen offensichtlich genau $m - n + 1$ unabhängige Gleichungen entsprechen; denn jeder dieser Zyklen enthält einen Bogen, der in keinem anderen Zyklus liegt.

Betrachten wir den zum Netz der Abb. 3.2.1a gehörigen Graphen der Abb. 3.2.1b. Wir haben ein aus den drei Bögen $v_2 = (X_2, X_4)$, $v_4 = (X_3, X_4)$ und $v_6 = (X_1, X_4)$ bestehendes Gerüst $\mathbf{H}$ durch voll ausgezeichnete Bögen charakterisiert.

Durch Hinzufügen von $v_5 = (X_1, X_3)$ entsteht der Zyklus $\boldsymbol{\mu}_1$,
durch Hinzufügen von $v_1 = (X_1, X_2)$ entsteht der Zyklus $\boldsymbol{\mu}_2$,
durch Hinzufügen von $v_3 = (X_2, X_3)$ entsteht der Zyklus $\boldsymbol{\mu}_3$.

Die *Kreismatrix* $\boldsymbol{K} = (z_{ij})_{\substack{i=1,2,\dots,m-n+1\\ j=1,2,\dots,m}}$ (die Bezeichnung *Zyklenmatrix* oder *Zyklenbasismatrix* wäre korrekter, ist jedoch unüblich) besteht aus $m - n + 1$ Zeilen und m Spalten, wobei

$$z_{ij} = \begin{cases} 1, & \text{sofern der Bogen } v_j \text{ im Zyklus } \boldsymbol{\mu}_i \text{ liegt und gleichsinnig zu } \boldsymbol{\mu}_i \text{ orientiert ist,} \\ -1, & \text{sofern der Bogen } v_j \text{ im Zyklus } \boldsymbol{\mu}_i \text{ liegt und gegensinnig zu } \boldsymbol{\mu}_i \text{ orientiert ist,} \\ 0 & \text{sonst.} \end{cases}$$

Für unser Beispiel ergibt sich als Kreismatrix

$$\begin{array}{cccccccc} & 1 & 2 & 3 & 4 & 5 & 6 & \\ \boldsymbol{K} = & \left(\begin{matrix} 0 \\ 1 \\ 0 \end{matrix}\right. & \begin{matrix} 0 \\ 1 \\ -1 \end{matrix} & \begin{matrix} 0 \\ 0 \\ 1 \end{matrix} & \begin{matrix} -1 \\ 0 \\ 1 \end{matrix} & \begin{matrix} -1 \\ 0 \\ 0 \end{matrix} & \left.\begin{matrix} 1 \\ -1 \\ 0 \end{matrix}\right) & \begin{matrix} 1 \\ 2. \\ 3 \end{matrix} \end{array}$$

Denkt man sich in jedem Zweig (bzw. Bogen) v_j des Netzes eine Spannungsquelle E_j gegeben (falls im Bogen v_i keine Spannungsquelle liegt, setzen wir $E_i = 0$), so erhält das Gleichungssystem für die Zweigspannungen u_i die folgende Gestalt:

$$\begin{pmatrix} z_{11} & z_{12} \cdots z_{1m} \\ z_{21} & z_{22} \cdots z_{2m} \\ \cdot & \cdot \quad \cdot \\ z_{l1} & z_{l2} \cdots z_{lm} \end{pmatrix} \begin{pmatrix} u_1 + E_1 \\ u_2 + E_2 \\ \vdots \\ u_m + E_m \end{pmatrix} = \begin{pmatrix} 0 \\ 0 \\ \vdots \\ 0 \end{pmatrix},$$

wobei $l = m - n + 1$ die Anzahl der unabhängigen Zyklen ist.

Bei der Orientierung der Bögen des dem Netz zugeordneten gerichteten Graphen ist bei obiger Formulierung darauf zu achten, daß in den eine Spannungsquelle enthaltenden Zweigen die Richtung der durch die Spannungsquelle erzeugten Spannung der

Orientierung des Bogens entgegengesetzt ist, wie es in den beiden Zweigen v_1 und v_4 der Abb. 3.2.1a erfolgt. Natürlich könnte man die Orientierung in Übereinstimmung mit der Wirkungsrichtung der Spannungsquellen bringen, dann müßte nur stets $u_i - E_i$ anstelle $u_i + E_i$ gesetzt werden.
Die erforderliche Menge von Knotengleichungen, ohne dabei überflüssige mitzunehmen, sichert der folgende Satz.

Satz

Es gibt genau $n - 1$ unabhängige Knotengleichungen. Man erhält einen Satz von $n - 1$ unabhängigen Knotengleichungen, indem man irgendeine der n Knotengleichungen wegläßt.

Falls das elektrische Netz *planar* ist (vgl. 4.5.), falls man also das Netz ohne Kantenüberschneidung in die Ebene zeichnen kann, läßt sich eine Menge von $m - n + 1$ unabhängigen Maschengleichungen leicht wie folgt finden: Der Randzyklus jeder endlichen Elementarfläche des dem Netz zugeordneten ebenen Graphen liefert im Netz eine Masche. (In unserem Beispiel gibt es drei endliche Elementarflächen, nämlich die Innengebiete der drei Zyklen $\boldsymbol{\mu}_1$, $\boldsymbol{\mu}_2$, $\boldsymbol{\mu}_3$.) Die Menge aller Gleichungen, die aus diesen Maschen entsteht, ist eine Menge von genau $m - n + 1$ unabhängigen (genauer linear unabhängigen) Gleichungen.

Es gilt der folgende Satz.

Satz

Die $m - n + 1$ unabhängigen Maschengleichungen bilden zusammen mit den $n - 1$ unabhängigen Knotengleichungen ein vollständiges System unabhängiger Gleichungen zur Bestimmung aller Zweigströme und Zweigspannungen des elektrischen Netzes (unter Beachtung des Ohmschen Gesetzes).

3.2.3. Methoden zur Lösung der Gleichungssysteme

Zwei aus der Theorie der elektrischen Netze bekannte Lösungsmethoden wollen wir kurz besprechen.

1. Die Knotenpotentialmethode

Bekanntlich induziert eine auf den Bögen eines elektrischen Netzes gegebene Spannungsverteilung $\boldsymbol{u} = (u_1, u_2, \ldots, u_m)$ ein (bis auf eine additive Konstante bestimmtes) Potential $\boldsymbol{t} = (t_1, t_2, \ldots, t_n)$ auf den Knoten, für welches gilt:
Sei $v_j = (X_r, X_s)$ ein beliebiger Bogen des Netzes, so ist $u_j = t_r - t_s$. Wegen des Ohmschen Gesetzes gilt, falls v_j keine Spannungsquelle enthält:

(0) $$i_j R_j = u_j = t_r - t_s.$$

Befindet sich im Bogen v_j noch eine Spannungsquelle E_j, so ergibt sich

(00) $$i_j R_j = t_r - t_s - E_j,$$

sofern wieder angenommen wird, daß die von der Quelle erzeugte Spannung der Orientierung von v_j entgegengesetzt ist.
Ersetzt man nun in den $n - 1$ Knotengleichungen jedes der i_j gemäß (0) bzw. (00), je nachdem, ob eine Spannungsquelle in v_j fehlt oder vorhanden ist, so ergibt sich zur Bestimmung der n Potentiale t_i ein Gleichungssystem für die n Variablen t_1, $t_2, \ldots, t_n$. Da bekanntlich eines der Potentiale (etwa t_n) beliebig fixiert werden kann (z.B. $t_n = 0$), muß man anstelle eines Systems von m Gleichungen nur eines von $n-1$ Gleichungen lösen. Hat man die t_i errechnet, kann man aus diesen die Zweigströme und -spannungen unmittelbar ausrechnen.
Betrachten wir unser Beispiel von Abb. 3.2.1a. Ersetzt man die i_j gemäß (0) bzw. (00), so ergeben sich die 6 Gleichungen

$$\begin{aligned} i_1 R_1 &= t_1 - t_2 - E_1 & \qquad i_4 R_4 &= t_3 - t_4 - E_4 \\ i_2 R_2 &= t_2 - t_4 & i_5 R_5 &= t_1 - t_3 \\ i_3 R_3 &= t_2 - t_3 & i_6 R_6 &= t_1 - t_4 \end{aligned}$$

und durch Einsetzen in die Knotengleichungen auf S. 100, wenn man etwa die letzte Gleichung (da überflüssig) wegläßt und $t_4 = 0$ setzt:

$$\begin{aligned} \left(\frac{1}{R_1} + \frac{1}{R_5} + \frac{1}{R_6}\right) t_1 - \frac{1}{R_1} t_2 - \frac{1}{R_5} t_3 &= \frac{E_1}{R_1} \\ -\frac{1}{R_1} t_1 + \left(\frac{1}{R_1} + \frac{1}{R_2} + \frac{1}{R_3}\right) t_2 - \frac{1}{R_3} t_3 &= -\frac{E_1}{R_1} \\ -\frac{1}{R_5} t_1 - \frac{1}{R_3} t_2 + \left(\frac{1}{R_3} + \frac{1}{R_4} + \frac{1}{R_5}\right) t_3 &= \frac{E_4}{R_4}. \end{aligned}$$

Mit Hilfe der aus der linearen Algebra bekannten Sätze – etwa mittels der sog. CRAMERschen Regel – ließe sich dieses Gleichungssystem prinzipiell allgemein lösen. Die Lösungsformel wäre aber doch sehr umfangreich.
Eine ungefähre Vorstellung von der Wirkung der vorgegebenen Schaltung wollen wir uns dadurch machen, daß wir die Zweigwiderstände konkret vorgeben sowie die Spannungen der Spannungsquellen, z.B.

$$R_1 = 200\,\Omega,\ R_2 = 333\,{}^1/_3\,\Omega,\ R_3 = 250\,\Omega,\ R_4 = 100\,\Omega,\ R_5 = 50\,\Omega,\ R_6 = 200\,\Omega,$$

$$E_1 = 220\text{V}\ ,\ E_4 = 110\ \text{V}.$$

Der Leser überzeuge sich durch Nachrechnen, daß sich bei diesen Eingangsdaten die folgende Lösung ergibt:
$t_1 = \frac{14740}{177}\,\text{V},\ t_2 = -\frac{5500}{177}\,\text{V},\ t_3 = \frac{13750}{177}\,\text{V}$. Daraus ergeben sich die Zweigströme i_j und Zweigspannungen u_j zu

$$\boldsymbol{i} = \begin{pmatrix} i_1 \\ i_2 \\ i_3 \\ i_4 \\ i_5 \\ i_6 \end{pmatrix} = \frac{1}{1770} \begin{pmatrix} -935 \\ -165 \\ -770 \\ -572 \\ 198 \\ 737 \end{pmatrix} \text{A}; \quad \boldsymbol{u} = \begin{pmatrix} u_1 \\ u_2 \\ u_3 \\ u_4 \\ u_5 \\ u_6 \end{pmatrix} = \frac{1}{177} \begin{pmatrix} -187 \\ -5500 \\ -19250 \\ -5720 \\ 990 \\ 14740 \end{pmatrix} \text{V}.$$

2. Maschenstrommethode

Ein zweites Vorgehen zur Bestimmung der Zweigströme und -spannungen ist das folgende.
Wir denken uns in jeder der Maschen μ_i einer Zyklenbasis einen sog. *Maschenstrom* I_i fließen. Da jeder Zweig des Netzes in einer gewissen Menge von Maschen liegt (im planaren Fall liegt jeder Zweig in genau zwei Maschen, wenn man die »äußere« Masche, im Beispiel der Abb. 3.2.1a die Masche μ_4 mitzählt, die aber nicht in der Zyklenbasis liegt), muß der im Zweig v_j fließende Strom i_j gerade gleich der Summe aller derjenigen Maschenströme sein, deren Maschen den Zweig v_j enthalten (*Superpositionsprinzip*). In unserem Beispiel erhalten wir

$$i_2 = -I_3 + I_2,\ i_1 = I_2,\ i_3 = I_3,\ i_4 = I_3 - I_1,$$
$$i_5 = -I_1,\ i_6 = I_1 - I_2.$$

Unter Beachtung des OHMschen Gesetzes $u_j = i_j R_j$ für jeden Bogen v_j ergibt sich für unser Beispiel das folgende Gleichungssystem, nachdem wir die obigen Beziehungen in die Maschengleichungen eingesetzt haben:

$$\begin{aligned}
(R_4 + R_5 + R_6)\, I_1 - R_6\, I_2 - R_4\, I_3 &= E_4\\
- R_6\, I_1 + (R_1 + R_2 + R_6)\, I_2 - R_2\, I_3 &= -E_1\\
- R_4\, I_1 - R_2\, I_2 + (R_2 + R_3 + R_4)\, I_3 &= -E_4.
\end{aligned}$$

Setzt man die konkreten Werte für die R_i und E_i von S. 103 ein, so ergeben sich für die Maschenströme

$$\boldsymbol{I} = \begin{pmatrix} I_1 \\ I_2 \\ I_3 \\ I_4 \end{pmatrix} = -\frac{11}{1770} \begin{pmatrix} 18 \\ 85 \\ 70 \\ 0 \end{pmatrix} \mathrm{A}.$$

Setzt man diese Werte in die Gleichungen für die Maschenströme ein, so ergeben sich wieder die bereits gefundenen Werte für die Zweigströme, wie der Leser selber nachprüfen möge.
Welche der beiden Lösungsmethoden angewendet werden sollte, also ob die Knotenpotentialmethode oder die Maschenstrommethode, kann nicht generell beantwortet werden, das wird wohl auch von der Individualität des Anwenders abhängen. Aus algorithmischer Sicht wäre diese Frage wie folgt zu beantworten: Wähle diejenige Methode, bei der die Anzahl der Gleichungen des Systems kleiner ist als bei der anderen. In unserem Beispiel waren in beiden Fällen drei Gleichungen mit drei Unbekannten zu lösen, denn es ist $n - 1 = m - n + 1 = 3$. In einem solchen Beispiel ist keine der beiden Methoden der anderen vorzuziehen.
Das Aufstellen sowohl der Gleichungen bei der Potential- als auch bei der Maschenstrommethode ist ganz simpel, am Beispiel überzeuge man sich selbst, daß dieselben sofort aufschreibbar sind.

3.2.4. Eine mathematische Perle

Betrachten wir die Abb. 3.2.3a. Ein Rechteck der Länge $l = 22$ und der Breite $b = 18$ ist in 11 paarweise inkongruente Rechtecke zerlegt worden, die Abmessungen der 11 Rechtecke sind der Abbildung zu entnehmen.

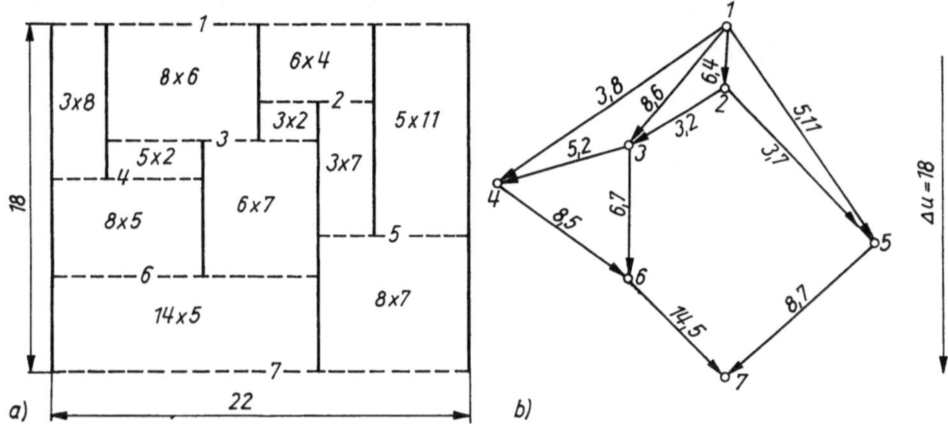

Abb. 3.2.3

Betrachten wir weiter einen homogenen quaderförmigen elektrischen Leiter (Abb. 3.2.4) der Seitenlängen b, l und h.
Der Widerstand dieses Leiters, wenn er entsprechend der eingezeichneten Spannungsänderung durchströmt wird, ist $R = \frac{b}{\varkappa l h}$, dabei ist $\varkappa$ eine Materialkonstante der Maßeinheit $\Omega^{-1}\,\mathrm{cm}^{-1}$. Wählt man $\varkappa$ und h derart, daß $\varkappa h = 1\,\Omega^{-1}$ ist, so ergibt sich $R = \frac{b}{l}\,\Omega$. Damit ist erreicht, daß der Widerstand nur noch vom Verhältnis $b:l$ abhängig ist, insbesondere haben dann alle »quadratischen« Leiter (unabhängig von ihrer Abmessung) einen Widerstand von $1\,\Omega$.
An dem Leiter wirke eine Spannung Δu (siehe Abb. 3.2.4). Dann ergibt sich

$$\frac{\Delta u}{i} = R = \frac{b}{l}\,\Omega.$$

Kehren wir wieder zur Rechteckzerlegung zurück. Alle Senkrechten (dick gezeichnet) seien ideal isolierend, alle Waagerechten (gestrichelt gezeichnet) seien ideal leitend. Das Gesamtrechteck bestehe aus einem homogenen leitenden Material, so daß (mit

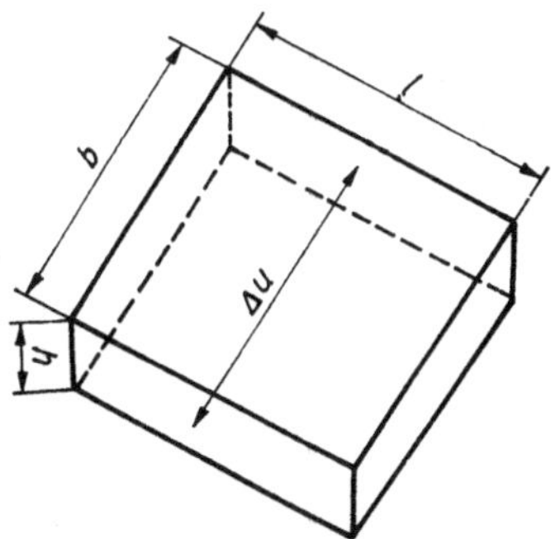

Abb. 3.2.4

obiger Vereinbarung $\varkappa h = 1\,\Omega^{-1}$) für jedes Teilrechteck T_j die Beziehung

$$R_j = u_j : i_j = b_j : l_j$$

gilt.

Nun kann man in einfacher Weise einer vorgegebenen Rechteckzerlegung ein elektrisches Netz zuordnen: Wir numerieren die Waagerechten von oben nach unten und ordnen jeder Waagerechten w_i einen Knoten W_i zu. Jedem Rechteck T_j wird ein Bogen v_j zugeordnet, und zwar verbinden wir den Knoten W_i mit dem Knoten W_j $(i < j)$ durch einen Bogen $v = (W_i, W_j)$, sofern es ein Rechteck T in der Zerlegung gibt, dessen Rand sowohl Teile der Waagerechten w_i als auch der Waagerechten w_j enthält.

Für das Beispiel der Abb. 3.2.3a ist der zugehörige Graph in Abb. 3.2.3b angegeben. Wir haben dabei die Knoten des Graphen auf derselben Höhe wie die ihnen entsprechenden Waagerechten angebracht. Die Knoten haben wir entsprechend den ihnen zugeordneten Waagerechten numeriert. An den Bögen sind zwei Zahlen angebracht, die erste entspricht der Breite (Strom) des Rechteckes, dem der Bogen zugeordnet wurde, und die zweite Zahl entspricht der Länge (Spannung) des Rechtecks.

Der mit den Zahlen l_j und b_j bewertete Graph ist ein elektrisches Netz, wenn man noch einen Rückkehrbogen vom Knoten 7 zum Knoten 1 einführt, auf dem ein Strom der Stärke 22 (Gesamtbreite des Rechtecks) und eine Spannung der Stärke 18 (Gesamtlänge) vorgegeben wird. Dann gilt für jeden Knoten die KIRCHHOFFsche Knotenregel und für jeden Zyklus auch die KIRCHHOFFsche Maschenregel.

Die Fragestellung wird mathematisch dann interessant, wenn man nicht irgendein Rechteck in irgendeiner Form in inkongruente Rechtecke zerlegen will, sondern in inkongruente Quadrate. Dann wird auf dem zugeordneten Graphen eine solche Strom- und Spannungsverteilung gesucht, so daß für jeden Bogen v_j die Beziehung $u_j = i_j$ (Länge des Rechtecks gleich Breite desselben) gilt. Als einziger ausgenommener Bogen gilt der Rückkehrbogen, da man auf ihm nicht Strom = Spannung fordern kann, da dann das Gleichungssystem i. allg. überbestimmt wäre. Ohne an dieser Stelle darauf einzugehen, welche Rechtecke sich in inkongruente Quadrate (stets alle Abmessungen ganzzahlig vorausgesetzt) zerlegen lassen, wollen wir das Problem andersherum anpacken: Wir geben einen Graphen vor und errechnen aus den Forderungen Strom = Spannung eine Stromverteilung auf dem Graphen, damit bekommen wir die Abmessungen eines gewissen Rechteckes und eine Quadratzerlegung desselben.

Betrachten wir ein Beispiel, etwa den Graphen der Abb. 3.2.5a. Wir errechnen eine Strom-Spannungsverteilung, so daß auf jedem Bogen (mit evtl. Ausnahme des gestrichelt gezeichneten Rückkehrbogens) $u_j = i_j$ gilt. Bei Anwendung der Knotenpotentialmethode ergäbe sich das folgende Gleichungssystem für die Knotenpotentiale t_i:

$$\begin{pmatrix} 3 & -1 & -1 & -1 & 0 \\ -1 & 4 & -1 & 0 & -1 \\ -1 & -1 & 3 & 0 & -1 \\ -1 & 0 & 0 & 3 & -1 \\ 0 & -1 & -1 & -1 & 4 \end{pmatrix} \begin{pmatrix} t_1 \\ t_2 \\ t_3 \\ t_4 \\ t_5 \end{pmatrix} = \begin{pmatrix} I_0 \\ 0 \\ 0 \\ 0 \\ 0 \end{pmatrix}.$$

Als Lösung dieses Gleichungssystems ergibt sich

$$\boldsymbol{t} = \begin{pmatrix} t_1 \\ t_2 \\ t_3 \\ t_4 \\ t_5 \end{pmatrix} = \frac{1}{65} \begin{pmatrix} 47 \\ 24 \\ 30 \\ 22 \\ 19 \end{pmatrix} I_0.$$

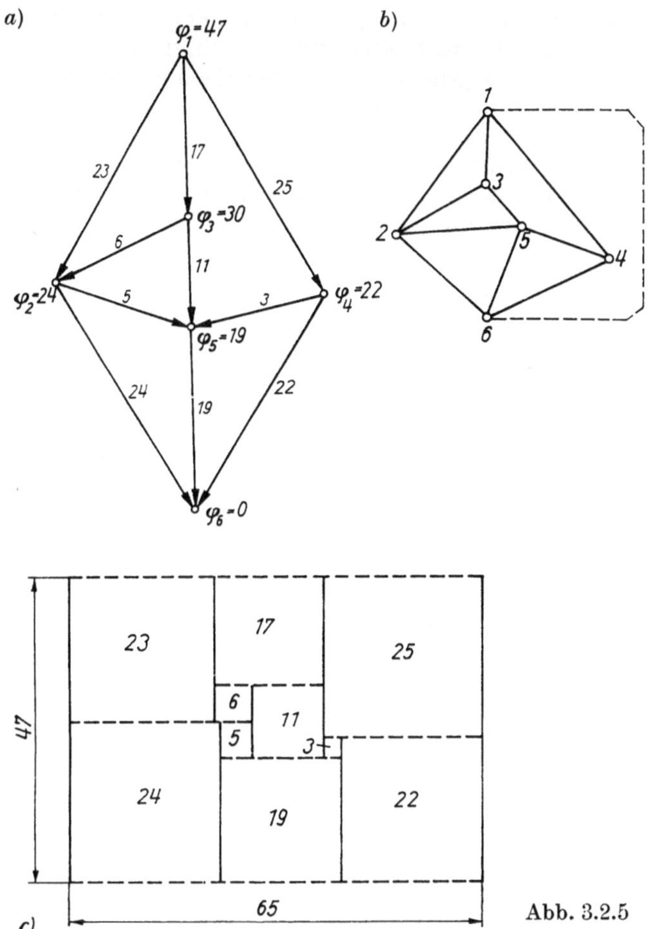

Abb. 3.2.5

Setzt man nun $I_0 = 65$, um die Ganzzahligkeit aller Ströme und Spannungen und damit aller Abmessungen der Quadrate zu garantieren, so ergeben sich die Stromwerte (Spannungswerte), die wir an den (isomorphen) Graphen der Abb. 3.2.5b geschrieben haben. Aus diesen Werten ergibt sich unmittelbar eine Quadratzerlegung des Rechteckes von den Abmessungen 47 mal 65 gemäß Abb. 3.2.5c.

Dem Leser sei als Übung empfohlen, sich einen geeigneten Graphen vorzugeben, dann die Ströme und Spannungen zu berechnen und daraus die Quadratzerlegung eines gewissen Rechteckes zu finden. Folgende Forderungen sind dabei zweckmäßig einzuhalten:

- Keine Symmetrie im Graphen, da andernfalls mit Sicherheit kongruente Quadrate auftreten.
- Der Graph muß planar sein, da sich andernfalls Quadrate überschneiden müßten.

Der Leser überlege sich: Was geschieht, wenn der vorgegebene Graph (zusammen mit dem Rückkehrbogen) nicht dreifach zusammenhängend ist, also nach Entfernen von einem oder zwei geeigneten Knoten zerfällt?

Interessant ist natürlich die Frage, ob man auch ein Quadrat in inkongruente Quadrate zerlegen kann. Diese Frage kann mit Ja beantwortet werden, dennoch ist es keineswegs leicht, ein Beispiel einer inkongruenten Quadratzerlegung zu finden. Das kleinste Beispiel besitzt 21 Quadrate (Abb. 3.2.6), aus denen sich das große Quadrat zusammensetzt. R. SPRAGUE war der erste, der eine solche sog. perfekte Zerlegung eines Quadrates in Quadrate fand. Die vier Studenten, von denen eingangs die Rede war, heißen R. L. BROOKS, C. A. B. SMITH, A. H. STONE und W. T. TUTTE, die alle als Mathematiker bekannt wurden.

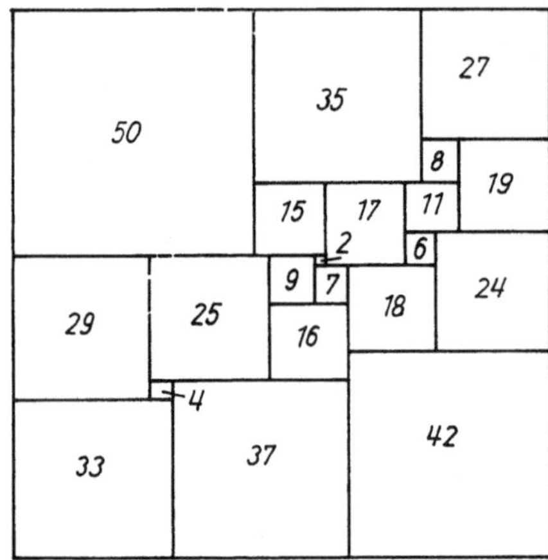

Abb. 3.2.6

3.3. Maximalstromproblem

3.3.1. Problemformulierung

Wenden wir uns dem in Beispiel 1 des Abschnittes 3.1. gestellten Problem zu.

Problem MAX 1

Gegeben sei ein gerichteter Graph $\mathfrak{G}(\mathfrak{X}, \mathfrak{U})$ mit zwei ausgezeichneten Punkten Q (Quelle) und S (Senke) sowie einem ausgezeichneten Bogen $u_0 = (S, Q)$, dem sog. *Rückkehrbogen*. Jedem Bogen $u = (X, Y) \in \mathfrak{U}$ sei eine nichtnegative Zahl $b(u)$ – seine *Kapazität* – zugeordnet, wobei wir $b(u_0) = \infty$ setzen. Gesucht wird auf $\mathfrak{G}$ ein Strom φ, der den Flußwert $\varphi(u_0)$ auf dem Rückkehrbogen maximiert und den Restriktionen

$$0 \leqq \varphi(u) \leqq b(u) \quad \text{für jeden Bogen} \quad u \in \mathfrak{U}$$

genügt.

Ein Strom, der obigen Restriktionen genügt und den Flußwert $\varphi(u_0)$ auf dem Rückkehrbogen maximiert, heißt *Maximalstrom* auf $\mathfrak{G}$. Im Hinblick auf das im nächsten Abschnitt zu behandelnde Zirkulationsproblem wollen wir eine etwas allgemeinere Maximalstromaufgabe formulieren, und zwar

Problem MAX 2

Gegeben sei ein gerichteter Graph $\mathfrak{G}(\mathfrak{X}, \mathfrak{U})$. Jedem Bogen $u \in \mathfrak{U}$ seien zwei reelle (in den meisten Anwendungsfällen ganze, aber nicht notwendig positive) Zahlen $a(u)$ und $b(u)$ mit $a(u) \leqq b(u)$ zugeordnet ($a(u) = -\infty$ und $b(u) = \infty$ sind zugelassen). Wir wählen einen beliebigen Bogen $u_0 = (X_v, X_w) \in \mathfrak{U}$. Gesucht wird ein Strom $\boldsymbol{\varphi}$ auf $\mathfrak{G}$, der den folgenden Bedingungen genügt:

$$a(u) \leqq \varphi(u) \leqq b(u) \quad \text{für alle} \quad u \in \mathfrak{U}$$

und der den Wert $\varphi(u_0) = \varphi(X_v, X_w)$ maximiert.

Bereits im Falle, daß auch nur ein Wert $a(u)$ positiv oder ein $b(u)$ negativ ist, kann nicht mehr gesichert werden, daß überhaupt ein *zulässiger Strom* auf $\mathfrak{G}$ existiert, also ein Strom, der mit allen Restriktionen auf den Bögen verträglich ist. Für **MAX 1** ist jedoch $\boldsymbol{\varphi} \equiv \mathbf{0}$, d.h., $\varphi(u) = 0$ für alle $u \in \mathfrak{U}$, stets ein zulässiger Strom. Dennoch müssen wir uns mit diesem Problem befassen, stets unter der stillschweigenden Voraussetzung, daß ein zulässiger Strom existiert. Im sog. *out-of-kilter-Algorithmus* im nächsten Abschnitt werden wir ein Verfahren kennenlernen, mit dessen Hilfe ein zulässiger und dann auch maximaler Strom gefunden werden kann, sofern die Restriktionen dieses nicht verhindern. Falls es keinen zulässigen Strom gibt, signalisiert der Algorithmus dieses auch.

Im Hinblick auf die Überlegungen zum Zirkulationsproblem wollen wir noch ein Minimalstromproblem formulieren. Ein direkter Anwendungsfall für diese Aufgabenstellung ist uns nicht bekannt.

Problem MIN

Gegeben sei ein gerichteter Graph $\mathfrak{G}(\mathfrak{X}, \mathfrak{U})$. Jedem Bogen $u = (X_i, X_j)$ von $\mathfrak{U}$ seien zwei reelle Zahlen $a(u)$ und $b(u)$ mit $a(u) \leqq b(u)$ zugeordnet. Wir wählen einen beliebigen Bogen $u_0 = (X_v, X_w) \in \mathfrak{U}$. Gesucht wird ein Strom $\boldsymbol{\varphi}$ auf $\mathfrak{G}$, der den Restriktionen $a(u) \leqq \varphi(u) \leqq b(u)$ für alle $u \in \mathfrak{U}$ genügt und der den Wert $\varphi(u_0)$ auf dem ausgezeichneten Bogen $u_0 = (X_v, X_w)$ minimiert.

Es ist nun unschwer zu sehen, daß das Minimierungsproblem **MIN** auf das Maximalstromproblem **MAX 2** zurückzuführen ist.

Am einfachsten erläutern wir das an Hand eines Beispieles. Betrachten wir den Graphen der Abb. 3.3.1a, und wählen wir $u_0 = (X_1, X_3)$. Die an die Bögen geschriebenen Zahlen sind – wie auch in der Legende angegeben – in der Reihenfolge $a(u)$, $\varphi(u)$, $b(u)$ für einen zulässigen Strom $\boldsymbol{\varphi}$ auf $\mathfrak{G}$. Für u_0 ist $\boldsymbol{\varphi}$ sogar ein Maximalstrom. Betrachten wir hingegen den Graphen der Abb. 3.3.1b. Bis auf den Bogen (X_1, X_3) ist er gleich dem der Abb. 3.3.1a. Den Bogen (X_1, X_3) haben wir *gedreht* (seine Orientierung umgekehrt) sowie die folgenden Festlegungen getroffen:

$$a(X_3, X_1) := -b(X_1, X_3),\ \varphi(X_3, X_1) := -\varphi(X_1, X_3),$$
$$b(X_3, X_1) := -a(X_1, X_3).$$

Es wurden also bei gleichzeitiger Umkehrung der Vorzeichen die untere Schranke mit der oberen vertauscht und umgekehrt sowie das Vorzeichen des Flusses auf dem ausgewählten Bogen verändert. Es ist offensichtlich, daß der Strom auf dem Graphen

a)
X_1
X_2
X_3
X_4
X_5
-3 3 6
2 6 8
-4 -4 0
-3 -3 -1
-3 -1 -1
0 2 6
-1 0 3
-4 -1 2
b)
X_1
X_2
X_3
X_4
X_5
-3 3 6
-8 -6 -2
-4 -4 0
-3 -3 -1
-3 -1 -1
0 2 6
-1 0 3
-4 -1 2
c)
X_1
X_2
X_3
X_4
X_5
-3 3 6
2 6 8
-4 -4 0
-3 -3 -1
-3 -1 -1
0 3 6
-1 -1 3
-4 0 2

X_1
X_2
X_3
X_4
X_5
6
3
4
4
2
2
2
4
3
1
3
3
d)
X_1
X_2
X_3
X_4
X_5
6
3
4
4
2
2
2
3
4
ω
2
4
e)

a_{ij}
φ_{ij}
b_{ij}
X_i
X_j

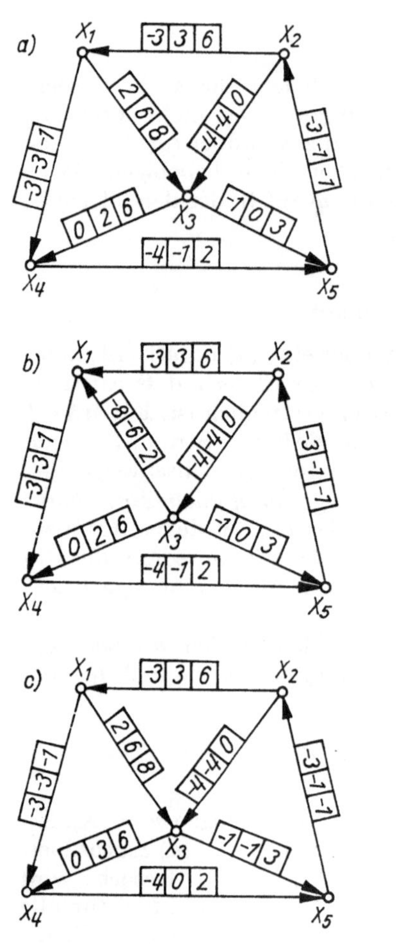

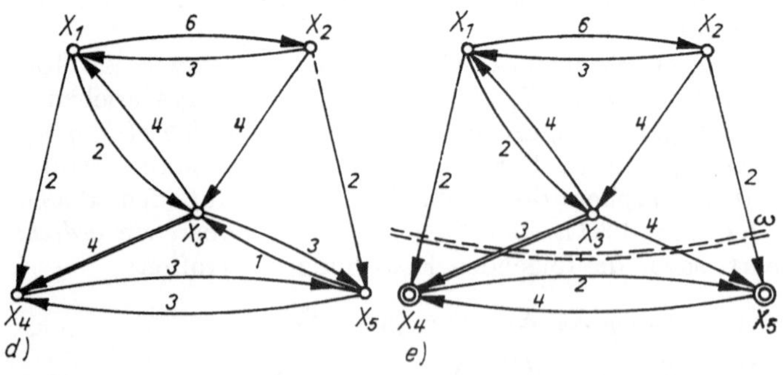

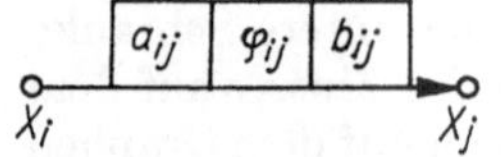

Abb. 3.3.1

$\mathbf{G}'$ der Abb. 3.3.1b zulässig ist und sogar ein Minimalstrom auf $\mathbf{G}'$ für den ausgezeichneten Bogen (X_3, X_1) liefert.
Wollen wir also ein Minimalstromproblem für einen Graphen $\mathbf{G}$ bez. des ausgezeichneten Bogens $u_0 = (X_v, X_w)$ lösen, so bilden wir einen Graphen $\mathbf{G}'$, der sich von $\mathbf{G}$ nur in einem Bogen unterscheidet – nämlich u_0. Wir streichen u_0, ersetzen ihn durch den Bogen $u_0' = (X_w, X_v)$, bilden $a(u_0') := -b(u_0)$ und $b(u_0') := -a(u_0)$ und lösen für $\mathbf{G}'$ das Maximalstromproblem bez. des Bogens u_0'. Falls $\varphi'(u_0')$ der Fluß auf $u_0' = (X_w, X_v)$ für einen Maximalstrom auf $\mathbf{G}'$ ist, so ist $-\varphi'(u_0') = \varphi(u_0)$. Die Flüsse auf allen anderen Bögen sind auf $\mathbf{G}$ und $\mathbf{G}'$ gleich.

3.3.2. Eine Ersatzaufgabe

Den in 3.3.3. zu behandelnden Algorithmus zur Ermittlung eines Maximalstromes bez. eines ausgezeichneten Bogens $u_0 = (X_v, X_w)$ wollen wir zunächst mittels eines Beispieles durchsichtig machen.
Betrachten wir nochmals den Graphen $\mathbf{G}$ der Abb. 3.3.1a, wählen jedoch als ausgezeichneten Bogen $u_0 = (X_3, X_4)$. Da $2 = \varphi(u_0) < b(u_0) = 6$ für den vorgegebenen zulässigen Strom ist, wäre es denkbar, daß der Fluß auf u_0 noch nicht maximal ist. Wir suchen einen den Bogen u_0 enthaltenden Zyklus $\boldsymbol{\mu}$, längs dessen eine Flußerhöhung möglich ist. (Dabei denken wir uns $\boldsymbol{\mu}$ so orientiert, daß die Orientierung von $\boldsymbol{\mu}$ und u_0 übereinstimmt.) In unserem Beispiel könnten wir längs des Bogens (X_4, X_5) noch bis zu drei Einheiten mehr transportieren, ohne die obere Schranke $b(X_4, X_5)$ zu überschreiten. Von X_5 aus kann auf dem einzigen von X_5 ausgehenden Bogen (X_5, X_2) nichts zusätzlich transportiert werden, da $\varphi(X_5, X_2) = b(X_5, X_2)$ ist. Aber es könnte (in einer Art Rückströmverfahren) von X_5 nach X_3 eine Einheit zusätzlich transportiert werden, genauer: Man könnte von X_3 nach X_5 eine Einheit weniger transportieren, ohne die Restriktionen zu verletzen. Das Ergebnis der Erhöhung des Flusses längs des Zyklus $\boldsymbol{\mu} = (X_3, X_4, X_5, X_3)$ um eine Einheit zeigt die Abb. 3.3.1c. Der Leser überzeuge sich selber davon, daß damit auf $\mathbf{G}$ bez. $u_0 = (X_3, X_4)$ ein Maximalstrom gefunden ist. Die beiden Möglichkeiten des Mehrtransportes

(a) auf einem Bogen $u = (X_i, X_j)$ mehr zu transportieren, sofern $\varphi(u) < b(u)$ ist, oder
(b) auf einem Bogen $u = (X_i, X_j)$ weniger zu transportieren, sofern $a(u) < \varphi(u)$ ist,

reichen bereits aus zum Auffinden eines Maximalstromes.
Nehmen wir an, wir hätten bereits einen zulässigen Strom auf $\mathbf{G}$ gefunden. Bei Vorgabe eines ausgezeichneten Bogens $u_0 = (X_v, X_w)$ besteht somit das Problem der Auffindung eines Maximalstromes auf $\mathbf{G}$ bez. u_0 nur darin, in einem Ersatzgraphen $\mathbf{H}$ zu entscheiden, ob der Knoten X_v vom Knoten X_w aus erreichbar ist oder nicht (zur Problematik der Erreichbarkeit siehe 2.2.). Falls

$$\varphi(u_0) = \varphi(X_v, X_w) = b(u_0) = b(X_v, X_w)$$

ist, so haben wir offenbar bereits einen Maximalstrom auf $\mathbf{G}$ bez. u_0 gefunden. Wir dürfen also im weiteren $\varphi(u_0) < b(u_0)$ voraussetzen.
Der Ersatz- oder Hilfsgraph $\mathbf{H}(\mathfrak{X}, \mathfrak{B})$ hat dieselben Knoten wie $\mathbf{G}$. Falls für einen Bogen $u = (X_i, X_j)$ in $\mathbf{G}$ die Beziehung $\varphi(u) < b(u)$ gilt, so fügen wir in $\mathbf{H}$ einen Bogen

(X_i, X_j) mit einer Bogenbewertung

$$h_{ij} := h(X_i, X_j) := b(X_i, X_j) - \varphi(X_i, X_j) = b(u) - \varphi(u)$$

ein. Falls für einen Bogen $u = (X_i, X_j)$ in $\mathbf{G}$ die Beziehung $a(u) < \varphi(u)$ gilt, so fügen wir in $\mathbf{H}$ einen Bogen (X_j, X_i) mit der Bogenbewertung

$$h_{ij} := h(X_j, X_i) := \varphi(X_i, X_j) - a(X_i, X_j) = \varphi(u) - a(u)$$

ein. Die Bogenbewertung $\mathbf{h}$ dient dazu, im Falle einer möglichen Stromerhöhung längs eines Zyklus dieselbe möglichst groß ausfallen zu lassen.
Falls die Eingangsdaten $a(u)$ und $b(u)$ ganzzahlig sind, so kann man auch dafür sorgen, daß die Flußwerte $\varphi(u)$ ganzzahlig sind und damit auch die Bogenbewertung h_{ij} in $\mathbf{H}$. Da nur Bögen in $\mathbf{H}$ vorhanden sind, für die $h_{ij} > 0$ ist, gilt damit sogar $h_{ij} \geqq 1$ für irgendeinen in $\mathbf{H}$ vorhandenen Bogen (X_i, X_j).
Nun suchen wir in $\mathbf{H}$ einen Weg von X_w nach X_v. Falls ein solcher Weg $\mathbf{W} = (X_w = X_{i_0}, X_{i_1}, \ldots, X_{i_r} = X_v)$ in $\mathbf{H}$ existiert, kann längs des Zyklus

$$\boldsymbol{\mu} = (X_v, X_w = X_{i_0}, X_{i_1}, \ldots, X_{i_r} = X_v)$$

eine Flußerhöhung erfolgen. Die maximal mögliche Flußerhöhung längs $\boldsymbol{\mu}$ beträgt

$$h := \min_{0 \leqq s \leqq r} (h_{i_s i_{s+1}}) \quad \text{mit} \quad X_{i_{r+1}} = X_{i_0} = X_w.$$

3.3.3. Verbalalgorithmus zur Lösung des Maximalstromproblems MAX 2 und PASCAL-procedure

Vorgaben: Gerichteter schlichter Graph $\mathbf{G}(\mathfrak{X}, \mathfrak{U})$ mit oberen und unteren Kapazitätsschranken $b(u)$ bzw. $a(u)$ für jeden Bogen $u \in \mathfrak{U}$ sowie ein mit den Kapazitätsschranken verträglicher Strom $\boldsymbol{\varphi}$ auf $\mathbf{G}$, für den also $a(u) \leqq \varphi(u) \leqq b(u)$ für alle $u \in \mathfrak{U}$ ist und der in jedem Knoten der Kirchhoffschen Knotenbedingung genügt.
Service: Zu beliebigem, aber fixiertem Bogen $u_0 = (X_v, X_w)$ $(\mathfrak{U} \ni (X_\omega, X_v))$ wird ein Strom $\boldsymbol{\varphi}_0$ auf $\mathbf{G}$ angegeben, der mit den Kapazitätsschranken verträglich ist, für den also $a(u) \leqq \varphi_0(u) \leqq b(u)$ für alle $u \in \mathfrak{U}$ gilt und für welchen $\varphi_0(u_0)$ maximal ist.

(i) Falls $\varphi(u_0) = b(u_0)$ ist, gehe nach **ENDE**

(ii) Bilde den Ersatzgraphen $\mathbf{H}(\mathfrak{X}, \mathfrak{V})$ wie folgt: Die Knoten von $\mathbf{H}$ sind dieselben wie die von $\mathbf{G}$. Ein Bogen $u = (X, Y) \neq (X_w, X_v)$ liegt genau dann in $\mathbf{H}$, wenn entweder $\varphi(X, Y) < b(X, Y)$ oder $a(Y, X) < \varphi(Y, X)$ in $\mathbf{G}$ gilt. Jedem Bogen $u = (X, Y)$ aus $\mathbf{H}$ wird eine natürliche Zahl $h(u)$ zugeordnet gemäß
$$\begin{cases} h(X, Y) := b(X, Y) - \varphi(X, Y), \text{ sofern } \varphi(X, Y) < b(X, Y) \text{ in } \mathbf{G} \text{ ist,} \\ h(X, Y) := \varphi(Y, X) - a(Y, X), \text{ sofern } a(Y, X) < \varphi(Y, X) \text{ in } \mathbf{G} \text{ ist.} \end{cases}$$

(iii) Gibt es in $\mathbf{H}$ einen Weg $\mathbf{W}$ von X_w nach X_v?
Falls ja, erhöhe längs $\mathbf{W} = (X_w = X_{i_0}, X_{i_1}, \ldots, X_{i_r} = X_v)$ sowie auf $u_0 = (X_v, X_w)$ den Fluß um den Wert h, wobei
$$h := \min_{0 \leqq s \leqq r} h(X_{i_s}, X_{i_{s+1}}) \quad \text{mit} \quad X_{i_{r+1}} = X_{i_0} = X_w \text{ ist,}$$
gehe nach **(i)**;
Falls nein,

ENDE: Der aktuelle Strom $\boldsymbol{\varphi}$ ist der gemäß Service versprochene Strom $\boldsymbol{\varphi}_0$, der den Fluß auf dem ausgezeichneten Bogen $u_0 = (X_v, X_w)$ maximiert.

Betrachten wir nochmals das Beispiel der Abb. 3.3.1a.

Wollen wir etwa einen solchen Strom finden, so daß der Fluß auf $u_0 = (X_3, X_4)$ maximal wird, so bilden wir zunächst den Ersatzgraphen **H**, er ist in Abb. 3.3.1d wiedergegeben. (Man beachte, daß der Bogen (X_4, X_3) nicht in **H** liegt, obwohl $a(X_3, X_4) < \varphi(X_3, X_4)$ ist; denn in Übereinstimmung mit (**ii**) wird (X_w, X_v) in keinem Fall zu **H** hinzugenommen.) Dabei haben wir den ausgezeichneten Bogen $u_0 = (X_v, X_w) = (X_3, X_4)$ doppelt gezeichnet. In **H** ist X_3 von X_4 auf dem Weg $\mathbf{W} = (X_4, X_5, X_3)$ erreichbar mit $h := \min(3,1) = 1$. (Die an die Bögen geschriebenen Zahlen sind die gemäß (**ii**) errechneten h-Werte.) Die Stromerhöhung auf u_0 und auf den Bögen von **W** sind in Abb. 3.3.1c angegeben. Bilden wir nochmals gemäß (**ii**) den Ersatzgraphen **H** (dabei ausgehend von der Stromverteilung der Abb. 3.3.1c), so entsteht der Graph der Abb. 3.3.1e.
Von X_4 aus ist nur noch X_5 erreichbar, der Algorithmus bricht also ab. Betrachten wir die Menge $\overline{\boldsymbol{\omega}}$ der Bögen in **H**, deren einer Endpunkt ein Knoten ist, der von X_4 aus erreichbar ist (also X_4 oder X_5) und deren anderer Endpunkt ein Knoten ist, der von X_4 aus nicht erreichbar ist (also einer der Knoten X_1, X_2, X_3). Es ist also $\overline{\boldsymbol{\omega}} = \{(X_1, X_4), (X_3, X_4), (X_3, X_5), (X_2, X_5)\}$. Diese Bögen bilden einen sog. *Cokreis*, d.h., sie sind alle einsinnig gerichtet, d.h., der Endpunkt eines solchen Bogens ist von X_4 aus erreichbar, der Anfangspunkt ist es nicht. Eine solche Situation ist charakteristisch für einen Graphen **H** nach Abbruch des Algorithmus. Es gilt nämlich der folgende grundlegende Satz:

Satz von Ford und Fulkerson

Wenn obiger Algorithmus abbricht, ist der aktuelle Strom φ derart, daß $\varphi(u_0)$ maximal ist.
Sei $\mathfrak{A}$ die Menge der vom Knoten X_w in **H** erreichbaren Knoten, nachdem der Algorithmus abgebrochen ist, und sei $\mathfrak{B} = \mathfrak{X} - \mathfrak{A}$ die Menge der von X_w nicht erreichbaren Knoten, ferner sei $\boldsymbol{\omega}$ die Menge der von $u_0 = (X_v, X_w)$ verschiedenen Bögen von $\mathfrak{G}$, deren einer Endpunkt zu $\mathfrak{A}$ und deren anderer Endpunkt zu $\mathfrak{B}$ gehört. Sei $\boldsymbol{\omega}^+$ die Menge der von $\mathfrak{A}$ nach $\mathfrak{B}$ gerichteten Bögen aus $\boldsymbol{\omega}$ und sei $\boldsymbol{\omega}^-$ die Menge der von $\mathfrak{B}$ nach $\mathfrak{A}$ gerichteten Bögen aus $\boldsymbol{\omega}$. Dann gilt

$$\varphi(u) = b(u) \quad \text{für} \quad u \in \boldsymbol{\omega}^+$$
$$\varphi(u) = a(u) \quad \text{für} \quad u \in \boldsymbol{\omega}^-$$
$$\varphi(u_0) = \sum_{u \in \omega^+} b(u) - \sum_{u \in \omega^-} a(u).$$

Die Bogenmenge $\boldsymbol{\omega}$ nennt man einen *Minimalschnitt* des Graphen bez. des Bogens u_0.
Basierend auf obigem Verbalalgorithmus, geben wir noch eine **PASCAL**-*procedure* an. Der erforderliche Rechenaufwand ist $\mathbf{O}(mK)$, wenn m die Bogenanzahl von $\mathfrak{G}$ und $K = b(u_0)$ ist; denn bei einmaligem Durchlauf von (**ii**), (**iii**) wird der Flußwert auf u_0 um wenigstens 1 erhöht (weshalb es höchstens $b(u_0)$ Durchläufe geben kann), der Aufbau des Ersatzgraphen **H** sowie der Test auf Erreichbarkeit des Knotens X_v von X_w in **H** sind beide vom Aufwand $\mathbf{O}(m)$.
Theoretisch (wenngleich nicht bei praktischen Anwendungen) kann es geschehen, daß kein Minimalschnitt existiert, dann endet der Algorithmus nie, und der Fluß auf u_0 kann beliebig groß werden.
Offen gelassen hatten wir zunächst noch die Frage, wie man einen zulässigen Strom

findet. Falls alle unteren Schranken $\leqq 0$ und alle oberen Schranken $\geqq 0$ sind, ist $\varphi(u) = 0$ für alle $u \in \mathfrak{U}$ gewiß ein zulässiger Strom, dabei ist der Fall, daß alle unteren Schranken gleich 0 sind, in den Anwendungen sehr häufig anzutreffen.

```
PROCEDURE MAXSTROM (N,KA:INTEGER; VAR IVL,INF,ANTE:KLISTE;
            VAR VL,NF,ABB,A,B,PHI:BLISTE; VAR INKILTER:BOOLEAN);
(*Vorgaben: Gerichteter Graph, der sowohl durch die Bogenliste VL als auch durch
      die Bogenliste NF und die zugehörigen Knotenlisten IVL bzw. INF beschrieben
      wird, sowie die Bogenlisten A,B,PHI mit A[K]<=PHI[K]<=B[K] für
      alle K - bezogen auf die Bogenfolge gemäß der Liste VL.
      Falls KS ein Index der Liste NF ist, so ist K = ABB[KS] der zugehörige
      Index der Liste VL. KA ist ein Index der Liste NF, der mit einem Vorzeichen
      versehen sein kann.
  Service: Falls KA>0 ist, so wird PHI[ABB[KA]] maximiert, andernfalls wird
      PHI[ABB[-KA]] minimiert, wobei die obigen Stromrestriktionen gültig
      bleiben. Falls der zu optimierende Fluß seine obere bzw. untere Schranke
      erreicht, so hat die logische Variable INKILTER den Wert TRUE, andern-
      falls erzeugen die Knoten X[I] mit ANTE[I]<>0 einen Schnitt minimaler
      Kapazität zum Bogen mit der Nummer KA bzw. -KA.*)
LABEL 1;
CONST UNEND:=10000000;
VAR I,J,K,T,Z,KS,START,ZIEL,KZIEL,MIN,KMIN: INTEGER;
      NUMMER: KLISTE;
      DURCHBR: BOOLEAN;
BEGIN
  INKILTER:=FALSE;
  IF KA>0
  THEN BEGIN KZIEL:=ABB[KA]; START:=NF[KA]; ZIEL:=VL[KZIEL]
  END
  ELSE BEGIN KZIEL:=ABB[-KA]; START:=VL[KZIEL];
  ZIEL:=NF [-KA] END;
1: (*Versuche nach dem BFS-Prinzip X[ZIEL] von X[START] aus auf einer Kette
zu erreichen, auf deren Bögen der Strom in Richtung X[START]→X[ZIEL]
wachsen kann: Wenn eine solche Kette existiert, so DURCHBR = TRUE*)
FOR I:=1 TO N DO BEGIN ANTE[I]:=0; NUMMER[I]:=0 END;
ANTE[START]:=KZIEL; NUMMER[1]:=START; Z:=1; T:=1;
DURCHBR:=FALSE;
WHILE (NUMMER[T]<>0) AND NOT DURCHBR DO
  BEGIN I:=NUMMER[T]; T:=T+1;
    FOR K:=IVL[I] TO IVL[I+1]-1 DO IF K<>KZIEL THEN
      BEGIN J:=VL[K];
        IF (ANTE[J]=0) AND (A[K]<PHI[K]) THEN
          BEGIN ANTE[J]:=-I; Z:=Z+1; NUMMER[Z]:=J;
            IF J=ZIEL THEN DURCHBR:=TRUE
          END
      END;
    FOR KS:=INF[I] TO INF[I+1]-1 DO IF ABB[KS]<>KZIEL THEN
      BEGIN J:=NF[KS]; K:=ABB[KS];
        IF (ANTE[J]=0) AND (PHI[K]<B[K]) THEN
          BEGIN ANTE[J]:=K; Z:=Z+1; NUMMER[Z]:=J;
```

```
            IF J=ZIEL THEN DURCHBR:=TRUE
          END
      END
  END; (*Kettensuche*)
  IF DURCHBR THEN (*Stromänderung*)
    BEGIN J:=START; MIN:=UNEND;
      REPEAT IF ANTE[J]>0 THEN
                    BEGIN K:=ANTE[J]; J:=VL[K];
                      IF MIN>B[K]-PHI[K] THEN
                        BEGIN MIN:=B[K]-PHI[K]; KMIN:=K END
                    END
                  ELSE BEGIN I:=-ANTE[J]; KS:=INF[J];
                            WHILE NF[KS]<>I DO KS:=KS+1;
                            K:=ABB[KS];
                            ANTE[J]:=-KS; J:=I;
                            IF MIN>PHI[K]-A[K] THEN
                              BEGIN MIN:=PHI[K]-A[K];
                              KMIN:=K END
                       END
      UNTIL J=START;
      REPEAT IF ANTE[J]>0 THEN
                      BEGIN K:=ANTE[J]; J:=VL[K]; PHI[K]:=
                      PHI[K]+MIN END
                    ELSE BEGIN KS:=-ANTE[J]; J:=NF[KS];
                    K:=ABB[KS];
                            PHI[K]:=PHI[K]-MIN
                         END
      UNTIL J=START; (*Ende der Stromänderung*)
      IF KMIN<>KZIEL THEN GOTO 1
      ELSE INKILTER:=TRUE
  END
END;
```

3.4. Zirkulationsproblem

3.4.1. Problemstellung und Beispiele

In diesem Abschnitt wollen wir ein Verfahren kennenlernen, mit dessen Hilfe das im folgenden zu behandelnde Zirkulationsproblem gelöst werden kann:

Problem

Gegeben sei ein gerichteter Graph $\mathfrak{G}(\mathfrak{X}, \mathfrak{U})$. Jedem Bogen $u \in \mathfrak{U}$ seien drei (der Einfachheit halber als ganz angenommene) Zahlen, $a(u)$, die *untere Kapazitätsschranke,* $b(u)$, *die obere Kapazitätsschranke,* und $c(u)$, die *Bogenkosten,* zugeordnet. Gesucht wird ein Strom φ, der mit allen Kapazitätsschranken verträglich ist und die Gesamtkosten minimiert.

Es handelt sich also um das folgende lineare Optimierungsproblem:

Minimiere $\sum_{u \in \mathfrak{U}} c(u)\,\varphi(u)$

unter den Nebenbedingungen

$$a(u) \leqq \varphi(u) \leqq b(u) \quad \text{für} \quad \text{alle } u \in \mathfrak{U},$$

$$\sum_{u \in \omega_i^+} \varphi(u) = \sum_{u \in \omega_i^-} \varphi(u) \quad \text{für} \quad i = 1, 2, \ldots, n,$$

dabei ist ω_i^+ die Menge der Bögen, die aus dem Knoten X_i herausführen, und ω_i^- die Menge der Bögen, die in den Knoten X_i hineinführen.

Wie wir sehen werden, erweist sich eine Reihe von bereits behandelten Problemen als spezielle Zirkulationsprobleme. Das soll natürlich nicht heißen, daß man jede der im folgenden genannten Aufgaben zweckmäßig mit dem sich anschließenden Algorithmus zur Lösung des Zirkulationsproblems zu lösen versuchen soll; denn spezielle Probleme erlauben i. allg. auch spezielle und vor allem effizientere Lösungsalgorithmen. Der zur Lösung des allgemeinen Zirkulationsproblems ersonnene sog. *out-of-kilter-Algorithmus* erweist sich als nicht ganz einfach. Der Leser wird zu seinem Verständnis wohl etwas mehr Zeit und Kraft aufwenden müssen, als es bei den bisherigen Algorithmen der Fall war.

1. *Das Problem des kürzesten Weges*

Sei $l_{ij} \geqq 0$ die Bogenlänge des Bogens $u = (X_i, X_j)$ in einem gerichteten Graphen $\mathfrak{G}(\mathfrak{X}, \mathfrak{U})$. Gesucht wird (falls X_v von X_w aus erreichbar ist) ein kürzester Weg sowie dessen Länge von einem fixierten Knoten X_w zu einem anderen Knoten X_v (vgl. 2.7.).
Aus $\mathfrak{G}$ bilden wir wie folgt den Zirkulationsgraphen $\mathfrak{G}'(\mathfrak{X}', \mathfrak{U}')$: $\mathfrak{G}'$ besitzt dieselben Knoten wie $\mathfrak{G}$ sowie alle Bögen, zusätzlich noch einen sog. *Rückkehrbogen* (X_v, X_w). Sollte in $\mathfrak{G}$ bereits ein Bogen (X_v, X_w) vorhanden sein, so lassen wir diesen originalen Bogen unberücksichtigt für das weitere, d.h., wir streichen ihn. Für jeden originalen Bogen (X_i, X_j) setzen wir

$$c_{ij} = c(X_i, X_j) := l_{ij} = l(X_i, X_j),$$

ferner $a_{ij} := 0$ und $b_{ij} := \infty$. Für den neu eingefügten Rückkehrbogen (X_v, X_w) setzen wir

$$c_{vw} := 0, \; a_{vw} := b_{vw} := 1.$$

Da wir alle Eingangsdaten a_{ij}, b_{ij}, c_{ij} als ganzzahlig (im Rechnerprogramm pflegen wir ∞ stets durch die Zahl 10000000 zu ersetzen) voraussetzen, kann man auch dafür sorgen, daß jeder der Flußwerte φ_{ij} ganzzahlig ist. Da auch alle Bogenlängen als nichtnegativ und ganzzahlig vorausgesetzt sind (und damit die Kosten im Zirkulationsproblem), kann man dafür sorgen, daß die Flußwerte φ_{ij} auf den Bögen nur die Werte 0 oder 1 annehmen. Ein Bogen $(X_i, X_j) \neq (X_v, X_w)$ gehört genau dann dem gefundenen kürzesten Weg von X_w nach X_v an, wenn $\varphi_{ij} = 1$ ist.

2. *Das Maximalstromproblem* (vgl. 3.3.)

Mit den originalen Schranken a_{ij} und b_{ij} sowie der Kostenfunktion $c_{vw} := -1$ und $c_{ij} := 0$ für alle anderen Bögen $(X_i, X_j) \neq (X_v, X_w)$ geht das Maximalstromproblem unmittelbar in ein spezielles Zirkulationsproblem über.

3. *Problem der zulässigen Zirkulation*

Gesucht wird in einem Graphen mit unteren und oberen Kapazitätsschranken a_{ij} bzw. b_{ij} ein Strom $\boldsymbol{\varphi}$, der keine der Schranken verletzt. Kosten mögen nicht entstehen, also $c_{ij} = 0$ für alle Bögen (X_i, X_j). Diese Aufgabe tritt häufig als Teilaufgabe anderer Aufgaben auf.

4. *Transportproblem* (vgl. 3.1., Beispiel 3)

Gegeben seien n Produzenten $X_1, X_2, \ldots, X_n$ eines Produktes, wobei X_i in der Lage ist, b_i Einheiten des Produktes zu liefern, sowie m Konsumenten $Y_1, Y_2, \ldots, Y_m$ des Produktes, wobei Y_j genau a_j Einheiten benötigt. Beim Transport von X_i nach Y_j entstehen pro Produkteinheit Kosten in Höhe von c_{ij} (falls die Kosten pro Längeneinheit für jeden Bogen denselben Wert haben, kann man c_{ij} schlicht als den Abstand von X_i zu Y_j interpretieren). Gesucht ist ein Lieferplan, der (sofern es überhaupt einen gibt) alle Bedürfnisse der Konsumenten befriedigt, ohne irgendeines Produzenten Lieferfähigkeit zu übersteigen, und überdies möglichst geringe Kosten verursacht. Übernimmt man das Strommodell des Verteilerproblems (3.1., Beispiel 2), fügt die Kosten gemäß Beispiel 3 des gleichen Abschnittes hinzu und setzt auf dem Rückkehrbogen (S, Q) die Schranken

$$b(S, Q) := \infty, a(S, Q) := -\infty \text{ sowie } c(S, Q) := 0,$$

so ergibt sich ein Zirkulationsproblem.
Das Transportproblem wird heute üblicherweise in Matrixform geschrieben, d.h., es werden alle c_{ij} für $i = 1, 2, \ldots, n$ und $j = 1, 2, \ldots, m$ angegeben. So stellt z.B. die Deutsche Reichsbahn ihren Kunden eine Entfernungsmatrix $\boldsymbol{E} = (e_{ij})$ zur Verfügung, wobei e_{ij} die Länge der kürzesten Strecke im Eisenbahnnetz vom Bahnhof X_i zum Bahnhof X_j ist. Allein aus Speicherplatzgründen wäre eine Arbeit mit dem tatsächlichen Streckennetz günstiger. Der entstehende Zirkulationsgraph wäre dann in seinem Kern (alle Verbindungen zwischen den X_i und den Y_j) nicht mehr ein vollständiger paarer Graph $\left(\text{mit } \binom{n}{2} \text{ oder gar } 2\binom{n}{2} \text{ Bögen}\right)$, sondern isomorph dem tatsächlichen Netz mit weit weniger Bögen.
Es zeigt sich nun, daß die eine Restriktionsgruppe – $a_j \leqq \varphi(Y_j, S) < \infty$ (für positives a_j) – für das Auffinden einer zulässigen Zirkulation sehr unangenehm sein kann. Die folgende Variante erlaubt es, auch ein evtl. Verletztsein der Hauptvoraussetzung

$$\sum_{j=1}^{m} a_j \leqq \sum_{i=1}^{n} b_i \quad \text{(Es wird nicht mehr benötigt als produziert.)}$$

zu berücksichtigen, wobei dann natürlich nicht jeder Verbraucher ausreichend versorgt werden kann. Das Modell sorgt ebenfalls dafür, daß eine evtl. Nichtzulässigkeit

der Flüsse auf einen einzigen Bogen beschränkt wird, nämlich auf den Rückkehrbogen (S, Q).
Minimiere

$$\sum_{\substack{i=1\\j=1}}^{n,m} c_{ij}\,\varphi_{ij}$$

unter den Restriktionen

$$0 \leqq \varphi(Q, X_i) \leqq b_i, \qquad i = 1, 2, \ldots, n$$

$$0 \leqq \varphi(Y_j, S) \leqq a_j, \qquad j = 1, 2, \ldots, m$$

$$0 \leqq \varphi(X_i, Y_j) < \infty \qquad \text{für jede real vorhandene Liefermöglichkeit von } X_i \text{ nach } Y_j$$

$$\min\left\{\sum_{i=1}^{n} b_i, \sum_{j=1}^{m} a_j\right\} \leqq \varphi(S, Q) \leqq \infty.$$

Die anfallenden Kosten sind $c(S, Q) := -M$ (mit einer hinreichend großen Zahl M) sowie c_{ij} auf den Bögen (X_i, Y_j). Auf den anderen Hilfsbögen (Q, X_i) und (Y_j, S) entstehen keine Kosten.

5. *Mehrgütertransport*

Die Produzenten $X_1, X_2, \ldots, X_n$ stellen mehrere Güter $G_1, G_2, \ldots, G_r$ her, dabei sei b_{ik} die mögliche Produktionsmenge des Gutes G_k durch X_i. (Dabei setzen wir $b_{ik} = 0$, falls X_i das Gut G_k nicht herstellen kann.) Die von X_i herstellbare Gesamtmenge sei b_i. Die Konsumenten $Y_1, Y_2, \ldots, Y_m$ verbrauchen diese Güter, wobei Y_j wenigstens a_{jk} Einheiten des Gutes G_k benötigen möge. Beim Transport des Gutes G_k von X_i nach Y_j mögen Kosten in Höhe von c_{ij}^k entstehen. Wie ist der Transport zu organisieren, damit die Gesamtkosten möglichst klein bleiben?

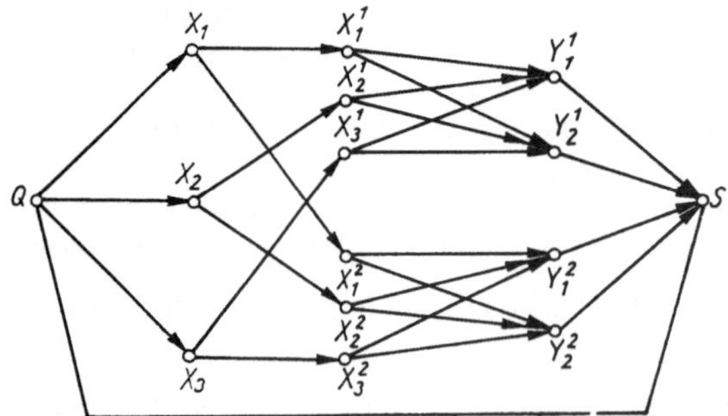

Abb. 3.4.1

Abb. 3.4.1 zeigt den entstehenden Zirkulationsgraphen. Dabei werden außer den in gewissem Sinne originalen Knoten X_i sowie den üblichen zwei Hilfsknoten Q und S noch weitere Hilfsknoten X_i^k und Y_j^k eingeführt, wobei X_i^k die Produktion des Gutes G_k durch X_i symbolisiert und Y_j^k den Konsum des Gutes G_k durch Y_j. Dabei treten die folgenden Restriktionen auf, wobei wir uns dasselbe Modell wie im vorangehenden Beispiel zunutze machen, um das evtl. Verletztsein der Restriktionen auf einen Bogen zu beschränken:

$$0 \leqq \varphi(Q, X_i) \leqq b_i, \qquad i = 1, 2, \ldots, n \text{ mit } b_i \leqq \sum_{k=1}^{r} b_{ik},$$
$$0 \leqq \varphi(X_i, X_i^k) \leqq b_{ik}, \qquad i = 1, 2, \ldots, n;\ k = 1, 2, \ldots, r,$$
$$0 \leqq \varphi(Y_j^k, S) \leqq a_{jk}, \qquad j = 1, 2, \ldots, m;\ k = 1, 2, \ldots, r.$$

Es entstehen die folgenden Kosten:

c_{ij}^k für den Transport einer Einheit des Gutes G_k von X_i nach Y_j auf dem Bogen (X_i^k, Y_j^k),
$c(S, Q) := -M$, wobei M eine hinreichend große Zahl ist.

Unterschiede in den Produktionskosten des Gutes G_k bei den verschiedenen Produzenten X_i könnte man durch entsprechende Kosten c_i^k an den Bögen (X_i, X_i^k) berücksichtigen.

6. *Transport mit Zwischenlager*

Der Produzent X_i, $i = 1, 2, \ldots, n$, produziert b_i Einheiten eines Gutes. Das Gut wird in Zwischenlagern $Z_1, Z_2, \ldots, Z_r$ aufgenommen und von dort an Verbraucher Y_j, $j = 1, 2, \ldots, m$, mit einem Bedarf a_j ausgeliefert. Die Aufnahmefähigkeit des Lagers Z_k sei d_k. Beim Transport einer Einheit von X_i nach Z_k entstehen Kosten c_{ik}^1, beim Lagern einer Einheit im Lager Z_k entstehen Kosten c_k^2, beim Transport einer Einheit von Z_k nach Y_j entstehen Kosten c_{kj}^3. Wie sind die Güterströme zu organisieren sowie die Lagerhaltung, damit ohne Überschreitung irgendwelcher Produktions- oder Lagerkapazitäten und Unterschreiten irgendwelcher Bedürfnisse die Gesamtkosten minimal werden?

Die Überführung dieser Aufgabe in ein Zirkulationsproblem erfolgt gemäß Abb. 3.4.2. Jedem Produzenten X_i und jedem Verbraucher Y_j wird ein Knoten zugeordnet, jedem Zwischenlager Z_k werden zwei Knoten Z_k^e (Eingangsknoten) und Z_k^a (Ausgangsknoten) zugeordnet. Zwei Hilfsknoten Q und S, der Rückkehrbogen (S, Q) sowie alle Bögen (Q, X_i), (Y_j, S), (Z_k^e, Z_k^a), (Z_k^a, Y_j), (X_i, Z_k^e), $i = 1, 2, \ldots, n$; $j = 1, 2, \ldots, m$; $k = 1, 2, \ldots, r$, werden eingefügt.

Als Restriktionen werden eingeführt:

$$0 \leqq \varphi(Q, X_i) \leqq b_i;\ 0 \leqq \varphi(Z_k^e, Z_k^a) \leqq d_k;\ 0 \leqq \varphi(Y_j, S) \leqq a_j.$$

Die übrigen Bögen unterliegen keinen Flußrestriktionen. Für die Kosten setzen wir:

$$c(X_i, Z_k^e) = c_{ik}^1;\ c(Z_k^e, Z_k^a) = c_k^2;\ c(Z_k^a, Y_j) = c_{kj}^3;\ c(S, Q) = -M,$$

wobei M wiederum eine genügend große Zahl ist. Weitere Kosten treten nicht auf.

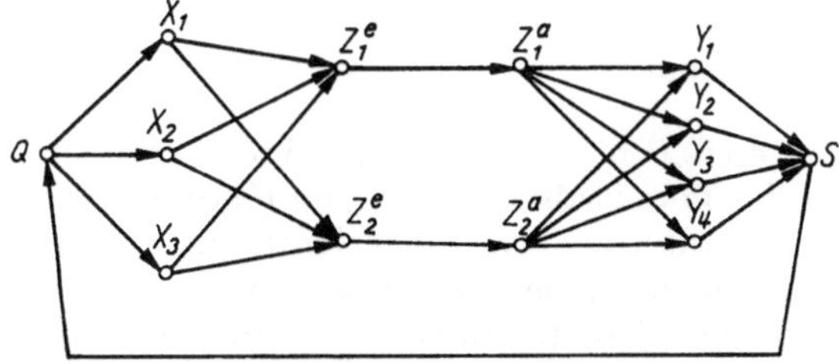

Abb. 3.4.2

3.4.2. Das Optimalitätskriterium

Das Zirkulationsproblem ist eine lineare Optimierungsaufgabe, da sowohl die Zielfunktion als auch sämtliche Restriktionen linear sind. Damit kann man die Dualitätstheorie der Linearen Optimierung ausnutzen, und es gilt der folgende Satz.

Optimalitätssatz

Eine Zirkulation $\boldsymbol{\varphi} = \{\varphi_{ij}\}$ auf den Bögen des Graphen $\mathbf{G}$ ist genau dann optimal, wenn ein Potential $\mathbf{t} = \{t_i\}$ auf den Knoten von $\mathbf{G}$ existiert, so daß für jeden Bogen $u_{ij} = (X_i, X_j)$ die folgende Bedingung erfüllt ist:

Falls $a_{ij} = \varphi_{ij}$ ist, so gilt $t_j - t_i - c_{ij} \leqq 0$,

falls $a_{ij} < \varphi_{ij} < b_{ij}$ ist, so gilt $t_j - t_i - c_{ij} = 0$,

falls $\varphi_{ij} = b_{ij}$ ist, so gilt $t_j - t_i - c_{ij} \geqq 0$.

Es existiert genau dann keine zulässige Zirkulation, wenn man zu irgendeiner unzulässigen Zirkulation $\boldsymbol{\varphi}$ für beliebige Zahl M Potentiale t_i auf den Knoten von $\mathbf{G}$ so angeben kann, daß gilt:

falls $\varphi_{ij} < a_{ij}$ ist, so gilt $t_j - t_i < -M$,

falls $b_{ij} < \varphi_{ij}$ ist, so gilt $t_j - t_i > M$.

Zum Verständnis dieses Satzes wenden wir uns zunächst dem Fall zu, daß es überhaupt eine zulässige Zirkulation $\boldsymbol{\varphi}$ gibt, aus der dann mittels des noch zu erläuternden out-of-kilter-Algorithmus eine optimale, d.h. kostenminimale, Zirkulation konstruiert wird.

Nehmen wir an, daß auf dem Graphen ein (mit den Restriktionen verträglicher oder unverträglicher) Strom (Zirkulation) $\boldsymbol{\varphi}$ gegeben sei sowie irgendeine Knotenbewertung (Potential) $\mathbf{t}$. Jedem der m Bögen (X_i, X_j) von $\mathbf{G}$ ist damit in der (x, y)-Ebene mit $x = \varphi_{ij}$ und $y = t_j - t_i$ ein Punkt P_{ij} zugeordnet. Betrachten wir die Abb. 3.4.3a. Falls P_{ij} auf der dick gezeichneten Treppenkurve, der sog. *Kilterkurve*, liegt, so erfüllt der Bogen (X_i, X_j) die im Optimalitätssatz genannten Bedingungen, und er wird als *in-kilter*-[kilter (engl.) Ordnung] Bogen bezeichnet. Liegt P_{ij} jedoch nicht auf der Kilterkurve, erfüllt der Bogen (X_i, X_j) damit nicht die im Optimalitätssatz genannten Bedingungen, so nennt man ihn *out-of-kilter*-Bogen.

Das Ziel des im nächsten Abschnitt zu beschreibenden Algorithmus ist es, schrittweise jeden der out-of-kilter-Bögen in einen in-kilter-Bogen umzuwandeln, ohne dabei irgendeinen Bogen, der sich bereits in-kilter befindet, zu einem out-of-kilter-Bogen zu verschlechtern.

3.4.3. Die Idee des out-of-kilter-Algorithmus

Wählen wir einen beliebigen out-of-kilter-Bogen $u_{ij} = (X_i, X_j)$. Wir versuchen – durch Veränderung des Stromes $\boldsymbol{\varphi}$ oder des Potentials $\boldsymbol{t}$ – den u_{ij} im Kilterdiagramm entsprechenden Punkt P_{ij} so zu bewegen, daß er sich seiner Kilterkurve nähert. (Jedoch für keinen anderen Punkt P_{kl}, der zu einem Bogen u_{kl} gehört, darf eine Entfernung von dessen Kilterkurve geschehen!) Um die Annäherung oder Verschlech-

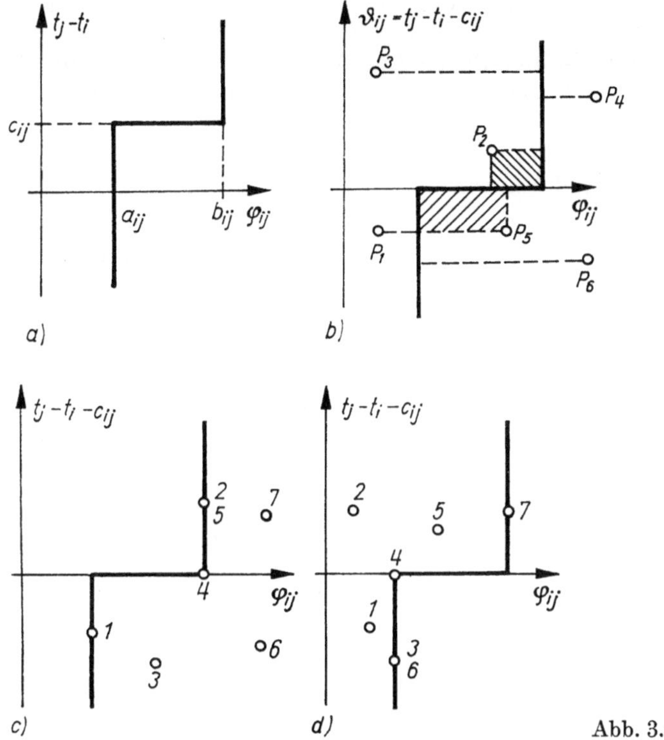

Abb. 3.4.3

terung beurteilen zu können, benötigen wir ein Maß für die Abweichung des Punktes P_{ij} von seiner Kilterkurve. Dieses Maß (das wir als eine zu zahlende »Strafe« für Abweichung auffassen) nennen wir K_{ij}, und zwar sei:

$$K_{ij} = \begin{cases} M(a_{ij} - \varphi_{ij}), & \text{sofern } \varphi_{ij} < a_{ij}, \\ (t_j - t_i - c_{ij})\,(b_{ij} - \varphi_{ij}), & \text{sofern } a_{ij} \leqq \varphi_{ij} \leqq b_{ij} \text{ und } \\ & t_j - t_i - c_{ij} \geqq 0, \\ (t_j - t_i - c_{ij})\,(a_{ij} - \varphi_{ij}), & \text{sofern } a_{ij} \leqq \varphi_{ij} \leqq b_{ij} \text{ und } \\ & t_j - t_i - c_{ij} < 0, \\ M(\varphi_{ij} - b_{ij}), & \text{sofern } b_{ij} < \varphi_{ij}. \end{cases}$$

Es bedeutet dabei M eine hinreichend große positive Zahl.
Man sieht bereits, daß eine Verletzung der Zulässigkeit des Stromes $\boldsymbol{\varphi}$ (1. und 4. Fall) weit stärker bestraft wird als eine Verletzung der Forderungen an die Potentiale (die ja nur Hilfsgrößen zur Lösung des Problems sind).
Die Endlichkeit des im folgenden zu beschreibenden Algorithmus wird durch die Voraussetzung der Ganzzahligkeit der a_{ij}, b_{ij} und c_{ij} erreicht.
Das Vorgehen im Algorithmus ist stets das folgende:
Befindet sich P_{ij} außerhalb seiner Kilterkurve, so versuchen wir, ihn

> nach links zu verschieben, wenn er rechts der Kurve liegt,
> nach rechts zu verschieben, wenn er links der Kurve liegt.

Gelingt dieses, so wird K_{ij} in jedem Falle kleiner, wie sich der Leser selber leicht überlegen kann.
Angenommen, es gibt einen out-of-kilter-Bogen $(X_v, X_w) = u_{vw}$. Je nachdem, ob P_{vw} links oder rechts seiner Kilterkurve liegt, sind die folgenden beiden Fälle zu unterscheiden:

1. *Fall:* P_{vw} liegt links von seiner Kilterkurve.

In Abb. 3.4.3b entspricht P_{vw} dann schematisch einem der Punkte P_1, P_2 oder P_3. Wir versuchen, P_{vw} näher an seine Kilterkurve heranzubringen (nach rechts zu verschieben). Indem wir das Maximalstromproblem **MAX 2** (vgl. 3.3.)
maximiere φ_{vw} unter den Restriktionen $\alpha_{ij} \leqq \varphi_{ij} \leqq \beta_{ij}$, wobei die α_{ij} und β_{ij} der nachfolgenden Tabelle zu entnehmen sind!
lösen, sorgen wir dafür, daß sich für keinen Bogen das Kiltermaß verschlechtert.

2. *Fall:* P_{vw} liegt rechts von seiner Kilterkurve.

In Abb. 3.4.3b entspricht P_{vw} dann schematisch einem der Punkte P_4, P_5 oder P_6. Wir versuchen, P_{vw} näher an seine Kilterkurve zu bringen. Indem wir das Minimalstromproblem **MIN 1** (vgl. 3.3.)
minimiere φ_{vw} unter den Restriktionen $\alpha_{ij} \leqq \varphi_{ij} \leqq \beta_{ij}$, wobei die Schranken α_{ij} und β_{ij} der nachfolgenden Tabelle zu entnehmen sind!
lösen, sorgen wir dafür, daß sich für keinen Bogen das Kiltermaß verschlechtert.

Bedingungen für φ_{ij} aktuell	für $\vartheta_{ij} = t_j - t_i - c_{ij}$	α_{ij}	β_{ij}
1. $\varphi_{ij} < a_{ij}$	$\vartheta_{ij} < 0$	φ_{ij}-aktuell	a_{ij}
2. $\varphi_{ij} < a_{ij}$	$\vartheta_{ij} \geqq 0$	φ_{ij}-aktuell	b_{ij}
3. $a_{ij} \leqq \varphi_{ij} \leqq b_{ij}$	$\vartheta_{ij} < 0$	a_{ij}	φ_{ij}-aktuell
4. $a_{ij} \leqq \varphi_{ij} \leqq b_{ij}$	$\vartheta_{ij} = 0$	a_{ij}	b_{ij}
5. $a_{ij} \leqq \varphi_{ij} \leqq b_{ij}$	$\vartheta_{ij} > 0$	φ_{ij}-aktuell	b_{ij}
6. $\varphi_{ij} > b_{ij}$	$\vartheta_{ij} \leqq 0$	a_{ij}	φ_{ij}-aktuell
7. $\varphi_{ij} > b_{ij}$	$\vartheta_{ij} > 0$	b_{ij}	φ_{ij}-aktuell

Der Leser überzeuge sich selber davon, daß weder bei Anwendung des Maximalstromalgorithmus (1. Fall) noch des Minimalstromalgorithmus (2. Fall) für irgendeinen Bogen eine Kiltermaßvergrößerung (-verschlechterung) eintritt. Ist jedoch nach Abbruch des Maximalstromalgorithmus (1. Fall) oder des Minimalstromalgorithmus (2. Fall) der Fluß φ_{vw} größer bzw. kleiner als zu Beginn, so verringert sich zumindest K_{vw}, und zwar wegen der Ganzzahligkeit aller Eingangsdaten um wenigstens den Wert 1 (denn auch die α_{ij} und β_{ij} sind ganzzahlig).
Sollte nach Anwendung des Algorithmus der Bogen (X_v, X_w) in-kilter sein, so wählen wir – sofern vorhanden – einen anderen out-of-kilter-Bogen und setzen das Verfahren mit diesem Bogen fort.

Ist jedoch der Algorithmus abgebrochen und der Bogen (X_v, X_w) weiterhin out-of-kilter, so gehen wir (unter Verwendung des Satzes von FORD und FULKERSON aus 3.3.) wie folgt vor:
Angenommen, P_{vw} lag links der Kilterkurve, wir haben also auf dem Graphen mit den Schranken α_{ij} und β_{ij} ein Maximalstromproblem zu lösen versucht, und nach Abbruch des Maximalstromalgorithmus befindet sich (X_v, X_w) immer noch out-of-kilter. Dann zerfällt die Knotenmenge $\mathfrak{X}$ des Ersatzgraphen **H** (vgl. Maximalstromalgorithmus in 3.3.) in zwei Klassen $\mathfrak{A}$ und $\mathfrak{B} = \mathfrak{X} - \mathfrak{A}$, wobei $\mathfrak{A}$ diejenigen Knoten aus $\mathfrak{X}$ enthält, die im Ersatzgraphen **H** von X_w aus erreichbar sind. Im Graphen (mit den Schranken α_{ij} und β_{ij}) liegt dann die folgende Situation vor:

- $X_w \in \mathfrak{A}$, $X_v \in \mathfrak{B}$,
- für jeden Bogen (X_i, X_j) mit $X_i \in \mathfrak{A}$ und $X_j \in \mathfrak{B}$ gilt $\varphi_{ij} = \beta_{ij}$,
- für jeden Bogen $(X_i, X_j) \neq (X_v, X_w)$ mit $X_j \in \mathfrak{A}$ und $X_i \in \mathfrak{B}$ gilt $\varphi_{ij} = \alpha_{ij}$.

Die mögliche Lage eines Punktes P_{ij} im Falle $X_i \in \mathfrak{A}$ und $X_j \in \mathfrak{B}$ ist in Abb. 3.4.3c schematisch wiedergegeben, wobei die Zahlen an den Punkten der Situation gemäß Tabelle auf S. 122 entsprechen. Man sieht, daß in jedem der 7 Fälle der Wert $t_j - t_i - c_{ij}$ erhöht werden kann, ohne dabei die Kilterzahl K_{ij} zu erhöhen. Im Falle $X_i \in \mathfrak{B}$ und $X_j \in \mathfrak{A}$ sind die möglichen Lagen des Punktes P_{ij} im Kilterdiagramm der Abb. 3.4.3d schematisch wiedergegeben. In diesem Falle kann $t_j - t_i - c_{ij}$ verringert werden, ohne in irgendeinem der 7 Fälle die Kilterzahl K_{ij} zu erhöhen. Die maximal mögliche Erhöhung oder Verringerung von $t_j - t_i - c_{ij}$ richtet sich ersichtlich danach, welcher der Fälle 1 und 3 bzw. 5 und 7 vorliegt. Im ersten Fall z.B. kann der Punkt 1 nur soweit nach oben verschoben werden, bis er im linken Eckpunkt der Kilterkurve angekommen ist, entsprechend in den anderen Fällen.
Der Fall, daß wir P_{vw} mittels des Minimalstromalgorithmus nach links auf seine Kilterkurve zu verschieben müssen, kann in entsprechender Weise behandelt werden, der Leser mache sich die im einzelnen möglichen Situationen selber klar.
Wir bleiben weiterhin bei dem Fall, daß wir zur Verschiebung von P_{vw} ein Maximalstromproblem zu lösen haben (daß also P_{vw} links der Kilterkurve liegt): Bei Abbruch des Algorithmus möge also (X_v, X_w) weiterhin ein out-of-kilter-Bogen sein. Zwei wesentlich verschiedene Fälle sind möglich:
Entweder gibt es für keinen der Minimalschnittbögen (deren einer Endpunkt in $\mathfrak{A}$ und deren anderer in $\mathfrak{B}$ liegt) irgendwelche Beschränkungen (Punkte vom Typ 2, 4, 5, 6, 7 für $X_i \in \mathfrak{A}$ und $X_j \in \mathfrak{B}$ bzw. Punkte vom Typ 1, 2, 3, 4, 6 für $X_j \in \mathfrak{A}$ und $X_i \in \mathfrak{B}$). Dann tritt der zweite Fall des Optimalitätssatzes ein, daß nämlich der Strom nicht zulässig ist – denn (X_v, X_w) ist gewiß von einem unzulässigen Strom durchflossen – und die Potentialerhöhung bzw. -verringerung beliebig groß werden kann. In diesem Fall gibt es überhaupt keinen zulässigen Strom auf **G**, der Algorithmus bricht ab.
Oder für wenigstens einen dieser Schnittbögen tritt eine Beschränkung der Erhöhung (Punkte vom Typ 1 oder 3 für $X_i \in \mathfrak{A}$ und $X_j \in \mathfrak{B}$) oder Verringerung (Punkte vom Typ 5 oder 7 für $X_j \in \mathfrak{A}$ und $X_i \in \mathfrak{B}$) für die Potentiale auf. Dann suchen wir unter allen diesen Schnittbögen einen solchen, für den die größtmögliche Erhöhung bzw. Verringerung minimal ausfällt. Dann vergrößern wir den Potentialwert $\boldsymbol{t}$ für alle Knoten aus $\mathfrak{B}$ um diesen Wert und setzen unseren Algorithmus mit einem anderen (oder auch demselben) out-of-kilter-Bogen fort.
Bevor wir dieses recht aufwendige Verfahren in einem Verbalalgorithmus formulieren, wollen wir ein kleines Beispiel rechnen.

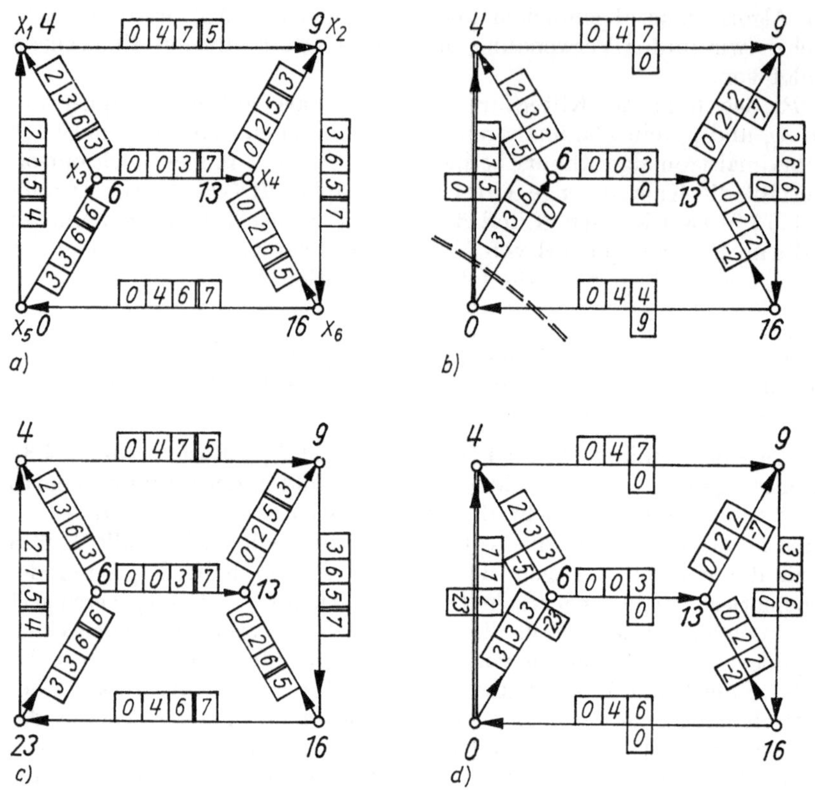

Abb. 3.4.4 a–d

Beispiel. Betrachten wir den Graphen der Abb. 3.4.4a. An jeden der Bögen haben wir 4 Zahlen geschrieben, und zwar gemäß der Legende von links nach rechts a_{ij}, φ_{ij}, $b_{i,}$, c_{ij}, dabei ist $\boldsymbol{\varphi}$ ein Strom (genügt also den KIRCHHOFFschen Knotenbedingungen), der aber unzulässig ist, wie die Bögen (X_5, X_1) und (X_2, X_6) zeigen. Die an die Knoten geschriebenen Zahlen sind die Potentiale t_i, die wir willkürlich vorgegeben haben. Bei der vorgegebenen Strom- und Potentialverteilung sind die folgenden drei Bögen in-kilter: (X_5, X_3), (X_3, X_4), (X_1, X_2). Nun suchen wir einen out-of-kilter-Bogen, wobei es zweckmäßig ist, einen solchen zu wählen, bei dem der Fluß den Restriktionen nicht genügt (sofern es einen solchen gibt), wir wählen etwa $u_0 = (X_5, X_1)$. Gemäß der Tabelle auf S. 122 errechnen wir nun die Kapazitätsschranken α_{ij} und β_{ij} für jeden Bogen (X_i, X_j) sowie die Größen $\vartheta_{ij} = t_j - t_i - c_{ij}$. Diese Größen sind an die Bögen der Abb. 3.4.4b geschrieben, und zwar in der Dreierreihe die Werte α_{ij}, φ_{ij}, β_{ij} und im daruntergesetzten Fach ϑ_{ij}. Da der Punkt P_{51} im Kilterdiagramm links von der Kilterkurve liegt (denn es ist $1 = \varphi_{51} < a_{51} = 2$), suchen wir im Ersatzgraphen der Abb. 3.4.4b einen Maximalstrom durch (X_5, X_1). Wenden wir den Maximalstromalgorithmus des vorangehenden Abschnittes an, so stellt sich heraus, daß der angegebene Strom bereits den Fluß auf (X_5, X_1) maximiert. In dem Ersatzgraphen $\mathbf{H}$, den wir im Verlauf des Maximalstromalgorithmus aufbauten, sind mit Ausnahme des Knotens X_5 alle anderen von X_1 aus erreichbar. Damit ist ein Minimalschnitt $\boldsymbol{\omega}$ gefunden, der aus den beiden Bögen (X_5, X_3) und (X_6, X_5)

4
9
6
13
23
16
e)
f)
g)
9
14
6
13
28
21
h)
a_{ij} φ_{ij} b_{ij} c_{ij}
α_{ij} φ_{ij} β_{ij}
ϑ_{ij}
i)

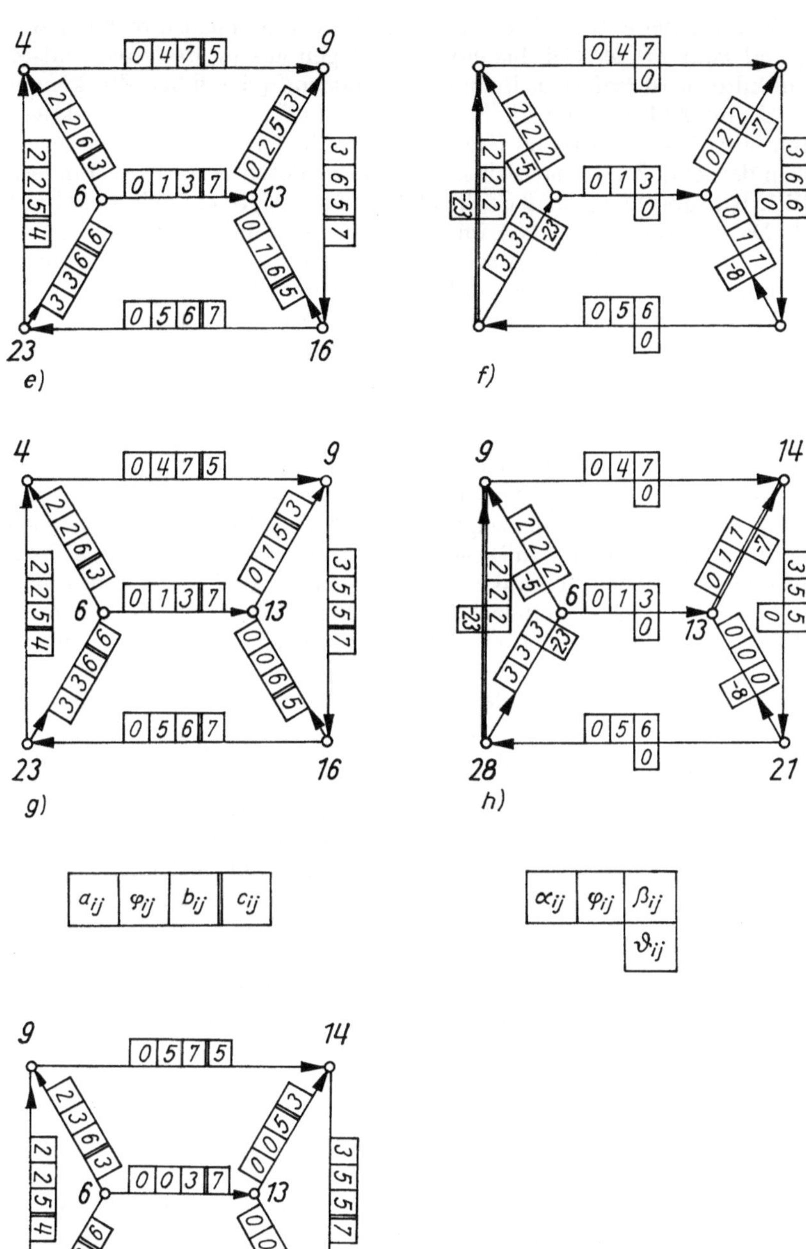

Abb. 3.4.4 e–i

besteht. Nun erhöhen wir die Potentiale der Knoten, die von X_1 nicht erreichbar sind (es ist nur X_5), und zwar um so viel, bis einer der Bögen aus $\boldsymbol{\omega}$, der zuvor out-of-kilter war, nun in-kilter wird (sofern sich ein solcher Bogen finden läßt). Wir können das Potential von X_5 um 23 Einheiten erhöhen; dann wird (X_6, X_5) zu einem in-kilter-Bogen. Die Potentialveränderung ist im Graphen der Abb. 3.4.4c angegeben, gegenüber dem Graphen der Abb. 3.4.4a hat sich somit nur der Potentialwert t_5 verändert. Bilden wir nun den Hilfsgraphen gemäß der Tabelle von S. 122, so entsteht der Graph der Abb. 3.4.4d. Da der Bogen (X_5, X_1) immer noch out-of-kilter ist, wählen wir abermals $u_0 = (X_v, X_w) = (X_5, X_1)$ und suchen, da P_{51} links der Kilterkurve liegt, einen Maximalstrom durch u_0. Man sieht, daß nunmehr der Strom längs des Zyklus $(X_5, X_1, X_3, X_4, X_6, X_5)$ um 1 erhöht werden kann (jedoch nicht um mehr!). Das Resultat dieser Veränderung zeigt Abb. 3.4.4e. Nunmehr sind nur noch die drei Bögen (X_6, X_4), (X_4, X_2), (X_2, X_6) out-of-kilter und nur der letzte von unzulässigem Fluß durchströmt. Nach Ermittlung der neuen Schranken α_{ij} und β_{ij} wählen wir $u_0 = (X_2, X_6)$, siehe auch Abb. 3.4.4f. Da P_{26} in seinem Kilterdiagramm rechts der Kilterkurve liegt, müssen wir einen Minimalstrom durch u_0 suchen. Ersichtlich kann man längs des Zyklus (X_2, X_6, X_4, X_2) den Strom um 1 verringern, jedoch nicht um mehr. Das Resultat dieser Verringerung zeigt die Abb. 3.4.4g. Nunmehr ist nur noch (X_4, X_2) out-of-kilter, jedoch bereits zulässig. Da P_{42} rechts der Kilterkurve liegt, müssen wir – nachdem die neuen Schranken α_{ij}, β_{ij} gebildet sind – einen Minimalstrom durch $u_0 = (X_4, X_2)$ suchen. Man sieht unmittelbar, daß die gegebene Stromverteilung den Fluß auf u_0 minimiert. Im Ersatzgraphen $\mathbf{H}$ sind von X_2 die Knoten X_2, X_1, X_6, X_5 erreichbar. Wir können die Potentiale dieser Knoten erhöhen, und zwar maximal um den Betrag 5, da andernfalls der Bogen (X_3, X_1) des Minimalschnittes zu einem out-of-kilter-Bogen würde. Die Potentialerhöhung dieser 4 Knoten haben wir in der Abb. 3.4.4h angebracht. Der Bogen $u_0 = (X_4, X_2)$ bleibt out-of-kilter. (Man vermerke, daß die Werte ϑ_{ij} der Abb. 3.4.4h noch denjenigen vor der letzten Potentialerhöhung entsprechen!) Da sich an den Stromverhältnissen nichts geändert hat, haben wir keine Graphen mit den neuen t_i- und ϑ_{ij}-Werten angegeben. Bildet man nochmals die Kapazitätsschranken α_{ij} und β_{ij} und bedenkt, daß der letzte out-of-kilter-Bogen (X_4, X_2) rechts von seiner Kilterkurve liegt, man also ein Minimalstromproblem zu lösen hat, so findet man den Zyklus $(X_4, X_2, X_1, X_3, X_4)$, längs dessen der Strom um 1 verringert werden kann. Im Resultat dieser Stromänderung entsteht der Graph der Abb. 3.4.4i, in welchem alle Bögen in-kilter sind. Damit ist gemäß dem Optimalitätssatz eine Optimalstromverteilung, also eine kostenminimale zulässige Stromverteilung gefunden.

3.4.4. Verbalalgorithmus und PASCAL-procedure TRANSPORT

Vorgaben: Gerichteter Graph $\mathfrak{G}(\mathfrak{X}, \mathfrak{U})$ mit unteren und oberen Kapazitätsschranken a_{ij} bzw. b_{ij} sowie Einheitskosten c_{ij} für jeden Bogen $(X_i, X_j) \in \mathfrak{U}$.
Service: Entscheidung, ob ein zulässiger Strom $\boldsymbol{\varphi}$ auf den Bögen $(X_i, X_j) \in \mathfrak{U}$ existiert, ob also $a_{ij} \leqq \varphi_{ij} \leqq b_{ij}$ für alle $(X_i, X_j) \in \mathfrak{U}$ erfüllbar ist. Falls es einen zulässigen Strom gibt, wird ein optimaler Strom $\boldsymbol{\varphi}^0$ ermittelt, der den Restriktionen $a_{ij} \leqq \varphi_{ij}^0 \leqq b_{ij}$ für alle $(X_i, X_j) \in \mathfrak{U}$ genügt und für den $\sum\limits_{(X_i, X_j) \in \mathfrak{U}} c_{ij}\varphi_{ij}^0$ minimal ist.

(i) Ermittele auf den Bögen von $\mathfrak{G}$ einen beliebigen Strom (der also der KIRCHHOFFschen Knotenbedingung genügt, jedoch nicht unbedingt zulässig sein muß), z.B. $\varphi_{ij} = 0$ für alle Bögen $(X_i, X_j) \in \mathfrak{U}$, sowie ein Potential $\mathbf{t}$ auf den Knoten von $\mathbf{G}$, z.B. $t_i = 0$ für $i = 1, 2, \ldots, n$.

(ii) Falls es keinen out-of-kilter-Bogen gibt, gehe nach **ENDE**.

(iii) Ermittele für jeden Bogen (X_i, X_j) die Flußschranken α_{ij} und β_{ij} gemäß der Tabelle auf S. 122; bestimme einen out-of-kilter-Bogen (X_v, X_w), etwa einen solchen, für den K_{ij} maximal ist; setze $R = 1$, falls P_{vw} links von seiner Kilterkurve liegt, und $R = -1$, falls P_{vw} rechts von seiner Kilterkurve liegt.

(iv) Maximiere $\{R\,\varphi_{vw}\colon \alpha_{ij} \leqq \varphi_{ij} \leqq \beta_{ij}$ für alle $(X_i, X_j) \in \mathfrak{U}\}$.

(v) Falls (X_v, X_w) in-kilter ist, gehe nach (**ii**).

(vi) Bestimme die Menge $\mathfrak{A}$ der im Hilfsgraphen **H** (entspr. dem Maximalstromlogarithmus von 3.3.) von X_w aus erreichbaren Knoten sowie $\mathfrak{B} = \mathfrak{X} - \mathfrak{A}$.

(vii) Falls man im Falle $R = 1$ (oder $R = -1$) die Potentiale der Knoten aus $\mathfrak{B}$ (bzw. aus $\mathfrak{A}$) beliebig erhöhen kann, ohne daß ein vormaliger out-of-kilter-Bogen zu einem in-kilter-Bogen wird, ist das Zirkulationsproblem lösbar.

(viii) Erhöhe die Potentialwerte von $\mathfrak{B}$ (im Falle $R = 1$) oder die von $\mathfrak{A}$ (im Falle $R = -1$) um einen solchen Betrag Δt, daß ein bisheriger out-of-kilter-Bogen zu einem in-kilter-Bogen wird, ohne daß ein bisheriger in-kilter-Bogen zu einem out-of-kilter-Bogen wird; gehe nach (**ii**).

ENDE: Der aktuelle Strom ist zulässig und kostenoptimal.

```
PROCEDURE TRANSPORT (N: INTEGER; VAR IVL,INF,ANTE:KLISTE;
                               VAR VL,NF,ABB,A,B,C,
                               PHI:BLISTE; VAR MAXUNZ,
                               KA,KOSTEN:INTEGER);
(*Vorgaben: Gerichteter Graph, der sowohl durch die Bogenliste VL als auch durch
   die Bogenliste NF und die zugehörigen Indexlisten IVL bzw. INF beschrieben
   wird, sowie die Bogenlisten A, B und C, deren Indizierung auf die Liste VL abge-
   stimmt ist. Falls KS ein Index der Bogenliste NF ist, so ist K=ABB[KS] der
   zugehörige Index der Liste VL.
  Service: Lösung des folgenden Zirkulationsproblems:
   • PHI ist die Zirkulation auf dem Graphen
   • A[K] <= PHI[K] <= B[K] für alle Bögen
   • Summe aller C[K]*PHI[K] ist minimal.
   Falls MAXUNZ = 0 ist, so ist die Aufgabe ordnungsgemäß gelöst, und
   KOSTEN gibt den minimalen Zielfunktionswert an.
   Falls MAXUNZ > 0 ist, so ist die Aufgabe nicht lösbar; KA ist der Index der
   NF-Liste für denjenigen Bogen, für den A[ABB[KA]] – PHI[ABB[KA]]
   maximal (unzuläss.)=MAXUNZ ist. In diesem Fall erzeugen die Knoten X[I]
   mit ANTE[I] <> 0 einen Schnitt minimaler Kapazität zu diesem Bogen*)
(*Die Procedure MAXSTROM gilt als bekannt.*)
LABEL 1;
CONST UNEND = 10000000;
VAR I,J,K,KS,UNZUL,H,MAXWERT,M,MIN: INTEGER;
    ALPHA,BETA,THETA: BLISTE;
    INKILTER: BOOLEAN;
BEGIN
  M:=IVL[N+1]-1;
```

```
   (*Anfangsstrom PHI und Anfangsspannung
      THETA[K]=T[J]-T[I]-C[K]*)
   FOR K:=1 TO M DO BEGIN PHI[K]:=0; THETA[K]:=-C[K] END;
1: (*Suche einen Bogen KA im out-of-kilter-Zustand und lege für alle Bögen
      aktuelle Stromschranken ALPHA und BETA so fest, daß deren Kilter-
      zustand ohne THETA-Änderung nicht schlechter werden kann.*)
   MAXUNZ:=0; MAXWERT:=0;
   FOR KS:=1 TO M DO
     BEGIN K:=ABB[KS]; UNZUL:=A[K]-PHI[K];
       IF UNZUL>0 THEN
         BEGIN ALPHA[K]:=PHI[K];
           IF THETA[K]>0 THEN BETA[K]:=B[K] ELSE BETA[K]:=A[K];
           IF UNZUL>MAXUNZ THEN BEGIN MAXUNZ:=UNZUL;
           KA:=KS END
         END
       ELSE BEGIN
             IF THETA[K]>0 THEN
               BEGIN ALPHA[K]:=PHI[K]; BETA[K]:=B[K];
                 IF MAXUNZ=0 THEN
                     BEGIN H:=(B[K]-PHI[K])*THETA[K];
                       IF H>MAXWERT THEN
                         BEGIN MAXWERT:=H; KA:=KS END
                     END
               END
             ELSE IF THETA[K]<0 THEN
                     BEGIN ALPHA[K]:=A[K]; BETA[K]:=PHI[K];
                       IF MAXUNZ=0 THEN
                         BEGIN H:=(A[K]-PHI[K])*THETA[K];
                           IF H>MAXWERT THEN
                             BEGIN MAXWERT:=H; KA:=-KS END
                         END
                     END
                     ELSE BEGIN ALPHA[K]:=A[K];
                         BETA[K]:=B[K] END
             END
     END; (*Ende der out-of-kilter-Suche*)
     IF (MAXUNZ>0) OR (MAXWERT>0) THEN
       BEGIN
         MAXSTROM(N,KA,IVL,INF,ANTE,VL,NF,ABB,ALPHA,BETA,
         PHI,INKILTER);
         IF INKILTER THEN GOTO 1
         ELSE (*Potentialänderung*)
           BEGIN MIN:=UNEND;
             FOR KS:=1 TO M DO
               BEGIN K:=ABB[KS]; I:=VL[K]; J:=NF[KS];
                 IF ((ANTE[I]=0) AND (ANTE[J]<>0)) AND
                   ((THETA[K]>0) AND (THETA[K]<MIN))
                   THEN MIN:=THETA[K];
                 IF ((ANTE[I]<>0) AND (ANTE[J]=0)) AND
                   ((THETA[K]<0) AND (-THETA[K]<MIN))
```

```
            THEN MIN:=-THETA[K]
          END;
        IF MIN<UNEND THEN
          BEGIN FOR KS:=1 TO M DO
            BEGIN K:=ABB[KS]; I:=VL[K]; J:=NF[KS];
              IF (ANTE[I]=0) AND (ANTE[J]<>0) THEN
                THETA[K]:=THETA[K]-MIN;
              IF (ANTE[J]=0) AND (ANTE[I]<>0) THEN
                THETA[K]:=THETA[K]+MIN
            END;
            GOTO 1
          END
      END
    END;
  KOSTEN:=0;
  FOR K:=1 TO M DO KOSTEN:=KOSTEN+PHI[K]*C[K];
  IF MAXUNZ>0 THEN MAXUNZ:=A[ABB[KA]] - PHI[ABB[KA]]
END;
```

3.5. Das Zuordnungsproblem

3.5.1. Aufgabenstellung

Gegeben seien n Maschinen $M_1, M_2, \ldots, M_n$ sowie eine Menge von n Arbeitern $A_1, A_2, \ldots, A_n$. Jede der Maschinen soll von einem Arbeiter bedient werden, und jeder Arbeiter soll eine Maschine bedienen. Die Bedienung der Maschine M_j durch den Arbeiter A_i lasse Kosten c_{ij} entstehen. Falls ein Arbeiter A_i die Maschine M_j nicht bedienen kann, so wird diesem durch $c_{ij} = \infty$ Rechnung getragen. Gesucht wird eine Zuordnung $\mathfrak{P} = (i_1, i_2, \ldots, i_n)$ oder *Paarung*, die dem Arbeiter A_j die Maschine M_{i_j}, $j = 1, 2, \ldots, n$, zuordnet ($\mathfrak{P}$ ist somit eine Permutation der Zahlen $1, 2, \ldots, n$), so daß die entstehenden Gesamtkosten minimal werden.
Als lineares Optimierungsproblem hat das Zuordnungsproblem die folgende Gestalt: Minimiere

$$\sum_{\substack{i=1\\j=1}}^{n,n} c_{ij}\, x_{ij} \quad \text{unter den Nebenbedingungen}$$

$$\sum_{i=1}^{n} x_{ij} = 1 \text{ für } j = 1, 2, \ldots, n; \quad \sum_{j=1}^{n} x_{ij} = 1 \text{ für } i = 1, 2, \ldots, n;$$

$$x_{ij} \in \{0, 1\} \text{ für } i, j = 1, 2, \ldots, n.$$

Fassen wir die Kosten c_{ij} in einer Kostenmatrix $\boldsymbol{C} = (c_{ij})$ zusammen, so suchen wir eine Kollektion von n Elementen in $\boldsymbol{C}$, so daß aus jeder Zeile und aus jeder Spalte von $\boldsymbol{C}$ genau ein Element dieser Kollektion angehört. Unter allen $n!$ Kollektionen wird nun eine solche gesucht, die in der Summe möglichst klein ist.
Das in 3.1. formulierte Problem der Tanzpaarung ist ein spezielles Zuordnungsproblem, wenn man $c_{ij} = 0$ setzt, sofern sich der Junge J_i und das Mädchen M_j mögen, und im anderen Fall $c_{ij} = \infty$ setzt.

Der Leser überlege sich selber, ob das folgende Problem auch als Zuordnungsproblem gedeutet werden kann:
Gesucht wird in C eine solche Kollektion von n Elementen, daß pro Zeile und pro Spalte genau ein Element gewählt wird, jedoch die Summe der n Elemente maximal wird.

3.5.2. Der Satz von König

Definition

Wir nennen eine Menge von Kanten eines ungerichteten Graphen *disjunkt,* sofern keine zwei Kanten dieser Menge einen gemeinsamen Endknoten besitzen. Eine Menge disjunkter Kanten heißt *Maximumpaarung* (oder *maximum matching*), sofern die Elementeanzahl maximal ist (im Vergleich zu anderen Mengen disjunkter Kanten).

Denken wir uns einen paaren Graphen $\mathfrak{G}[\mathfrak{X}, \mathfrak{U}]$ gegeben. Die Menge $\mathfrak{X}$ der Knoten zerfällt also in zwei Klassen $\mathfrak{Y}, \mathfrak{Z}$, d.h., $\mathfrak{X} = \mathfrak{Y} \cup \mathfrak{Z}$ mit $\mathfrak{Y} \cap \mathfrak{Z} = \emptyset$, wobei eine beliebige Kante $u \in \mathfrak{U}$ einen Endpunkt in $\mathfrak{Y}$ und den anderen in $\mathfrak{Z}$ hat.

Für die weiteren Überlegungen ist der folgende Satz von entscheidender Bedeutung.

Satz

Die Maximalzahl disjunkter Kanten eines paaren Graphen ist gleich der Minimalzahl von Knoten, nach deren Entfernung der Restgraph kantenlos ist.

Zum Verständnis dieses Satzes betrachten wir den Graphen der Abb. 3.5.1. Wir haben eine Menge von vier disjunkten Kanten (dick gezeichnet) angegeben. Entfernen wir die vier voll ausgezeichneten Knoten aus $\mathfrak{G}$ sowie die mit ihnen inzidenten Kanten, so enthält der Restgraph ersichtlich keine Kante mehr, also ist die ausgewählte Menge disjunkter Kanten eine Maximummenge disjunkter Kanten. Bei der Lösung des Zuordnungsproblems müssen wir wiederholt in einem (sich ständig verändernden) Graphen eine Maximumpaarung suchen sowie eine Minimummenge von Knoten,

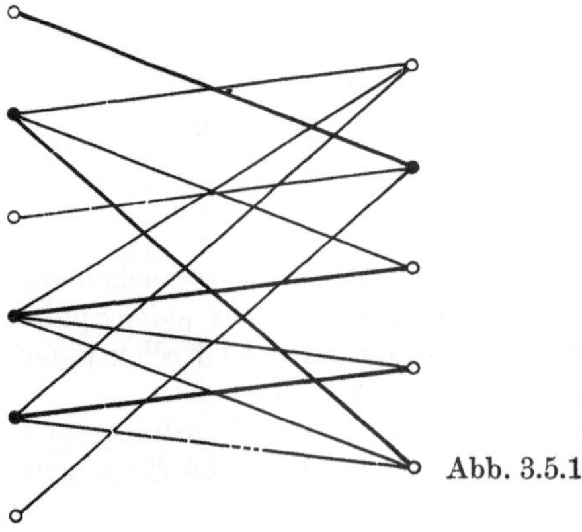

Abb. 3.5.1

die alle Kanten fassen, nach deren Entfernung also keine Kante mehr verbleibt. Diese Teilaufgabe werden wir mittels des Maximalstromalgorithmus von FORD und FULKERSON lösen, wobei der zugrunde liegende Graph relativ einfach ist.

3.5.3. Verbalalgorithmus zur Lösung des Zuordnungsproblems

Vorgaben: Eine quadratische Zuordnungsmatrix $C = (c_{ij})_{i,j=1,2,\ldots,n}$ mit $c_{ij} \geqq 0$.

Service: Eine Kollektion $\mathfrak{R} = \{c_{1,i_1}, c_{2,i_2}, \ldots, c_{n,i_n}\}$ von n Elementen aus C, wobei aus jeder Zeile und aus jeder Spalte genau ein Element ausgewählt wird, mit minimaler Summe $\sum_{j=1}^{n} c_{j,i_j}$.

(i) Bilde einen Hilfsgraphen $\mathbf{H} = \mathbf{H}(\mathfrak{X}, \mathfrak{U})$, dabei besteht $\mathfrak{X}$ aus einer Menge $\mathfrak{Z} = \{Z_1, Z_2, \ldots, Z_n\}$ von n sog. *Zeilenknoten* und einer Menge $\mathfrak{S} = \{S_1, S_2, \ldots, S_n\}$ von n sog. *Spaltenknoten* sowie zwei Hilfsknoten Q und S. $\mathfrak{U}$ besteht aus den n Bögen (Q, Z_i), den n Bögen (S_i, S) $(i = 1, 2, \ldots, n)$ sowie allen Bögen (Z_i, S_j), sofern $c_{ij} = 0$ in $\mathbf{C}$ gilt.

(ii) Falls S von Q aus erreichbar ist, gehe nach **(vi)**.

(iii) Bilde die Menge $\mathfrak{M} = \{(S_j, Z_i)\}$ aller von $\mathfrak{S}$ nach $\mathfrak{Z}$ gerichteten Bögen.

(iv) Falls $|\mathfrak{M}| = n$ ist, gehe nach **ENDE**.

(v) Sei $\mathfrak{Z}' \subsetneqq \mathfrak{Z}$ und $\mathfrak{S}' \subsetneqq \mathfrak{S}$ die Menge der von Q aus erreichbaren Zeilen- bzw. Spaltenknoten. Bilde

$$c := \min\{c_{ij} \in \mathbf{C}\colon Z_i \in \mathfrak{Z}' \quad \text{und} \quad S_j \notin \mathfrak{S}'\} \quad \text{sowie}$$

$$c_{ij} := \begin{cases} c_{ij} - c, & \text{sofern } Z_i \in \mathfrak{Z}' \quad \text{und} \quad S_j \notin \mathfrak{S}' \\ c_{ij} + c, & \text{sofern } Z_i \notin \mathfrak{Z}' \quad \text{und} \quad S_j \in \mathfrak{S}' \\ c_{ij} \text{ sonst} \end{cases}$$

Gehe nach **(i)**.

(vi) Sei $\mathbf{W} = (Q, X_{i_1}, Y_{j_1}, X_{i_2}, Y_{j_2}, \ldots, X_{i_r}, Y_{j_r}, S)$ ein Weg von Q nach S. Orientiere alle Bögen von $\mathbf{W}$ um; gehe nach **(ii)**.

ENDE: Die Bögen der Menge $\mathfrak{M}$ repräsentieren eine optimale Zuordnung.

3.5.4. Ein Beispiel

Betrachten wir die folgende Zuordnungsmatrix

$$C = \begin{pmatrix} 9 & 12 & 10 & 5 & 8 \\ 9 & 4 & 10 & 10 & 12 \\ 10 & 9 & 13 & 6 & 11 \\ 10 & 16 & 12 & 13 & 11 \\ 12 & 9 & 12 & 5 & 13 \end{pmatrix}.$$

Da sämtliche Elemente von C positiv sind, besteht der Hilfsgraph $\mathbf{H}$ gemäß **(i)** nur aus den 10 in Abb. 3.5.2a gezeichneten Bögen. Es gibt also keinen Weg von Q nach S, die von Q aus erreichbaren Knoten sind voll ausgezeichnet, die Menge $\mathfrak{M}$ ist leer **(iii)**. Gemäß **(v)** werden alle 25 Elemente der Matrix C zur Minimumbildung herangezogen, es ergibt sich $c = c_{22} = 4$. Nach Reduktion der Elemente gemäß **(v)**

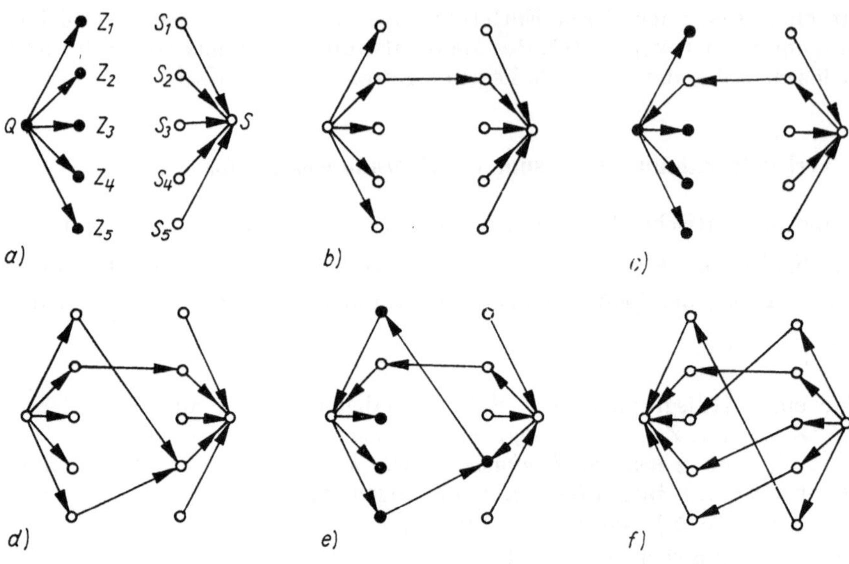

Abb. 3.5.2

ergibt sich die neue Matrix

$$C = \begin{pmatrix} 5 & 8 & 6 & 1 & 4 \\ 5 & 0 & 6 & 6 & 8 \\ 6 & 5 & 9 & 2 & 7 \\ 6 & 12 & 8 & 9 & 7 \\ 8 & 5 & 8 & 1 & 9 \end{pmatrix}.$$

Der neue Hilfsgraph **H** ist in Abb. 3.5.2b zu sehen. S ist von Q aus erreichbar auf dem Weg $\mathbf{W} = (Q, X_2, Y_2, S)$. Wir orientieren die Bögen von **W** um und erhalten den Graphen der Abb. 3.5.2c. Nunmehr ist S nicht von Q aus erreichbar, die erreichbaren Knoten sind wieder voll ausgezeichnet. Die Minimumbildung erfolgt gemäß (**v**) über alle Elemente der ersten, dritten, vierten und fünften Zeile. Es ergibt sich $c = 1$, die neue Matrix $\boldsymbol{C}$ erhält die Gestalt

$$C = \begin{pmatrix} 4 & 7 & 5 & 0 & 3 \\ 5 & 0 & 6 & 6 & 8 \\ 5 & 4 & 8 & 1 & 6 \\ 5 & 11 & 7 & 8 & 6 \\ 7 & 4 & 7 & 0 & 8 \end{pmatrix}.$$

Der Graph **H** ist in Abb. 3.5.2d zu sehen. Man findet nacheinander zwei Wege von Q nach S. Wenn dann der Test (**ii**) negativ ausfällt, ist die Situation der Abb. 3.5.2e erreicht. Der Leser setze das Beispiel selber fort. Am Ende erhält man als (eindeutige) optimale Paarung $\mathfrak{M} = \{c_{15}, c_{22}, c_{31}, c_{43}, c_{54}\}$ mit Kosten 39.

Man kann Realisierungen dieses Verbalalgorithmus angeben, deren Aufwand $\mathbf{O}(m\, n\, c')$ ist, wobei m die Anzahl der Elemente von $\boldsymbol{C}$ ist, deren Werte $< \infty$ sind und $c' := \max c_{ij}$ ist, wenn man Ganzzahligkeit der Eingangsdaten c_{ij} voraussetzt, denn in jedem Durchlauf (**i**) ... (**v**) erzielt man einen Kostenzuwachs von wenigstens 1, die Gesamtkosten können aber $n \max c_{ij}$ nicht übersteigen.

Wir geben noch eine **PASCAL**-*procedure* zur Lösung des Zuordnungsproblems an, da wir die Lösung des Zuordnungsproblems als Basis für die Lösung des im folgenden Abschnitt 3.6. zu behandelnden Rundreiseproblems nehmen werden.

3.5.5. PASCAL-procedure ZUORDNUNG

```
PROCEDURE ZUORDNUNG (N: INTEGER; C: QMATRIX;
                     VAR ZUORD: KLISTE; VAR KOSTEN: INTEGER);
(*Vorgaben: Quadratische [N,N]-Matrix C
   Service: Lösung der Zuordnungsaufgabe:
      Für i = 1, 2, ..., N ist ZUORD[I]=[J] mit 1 ≦ J ≦ N und für I ≠ IS ist
      ZUORD[I] ≠ ZUORD[IS].
      Die Summe aller C[I,ZUORD[I]] ist minimal und ist gleich dem Wert von
      KOSTEN.*)
LABEL 1;
CONST UNEND = 10000000;
VAR I,J,K,MIN,T,Z,ZIEL: INTEGER;
    ZANTE,SPANTE,SPZUORD: KLISTE;
    NUMMER: ARRAY[1 ... 200] OF INTEGER;
    DURCHBR: BOOLEAN;
BEGIN
  KOSTEN:=0;
  FOR I:=1 TO N DO BEGIN ZUORD[I]:=0; SPZUORD[I]:=0 END;
1: (*Ermittle die Anzahl Z von Zeilen ohne Zuordnung und bereite
      BFS vor*)
  Z:=0;
  FOR I:=1 TO N DO
    BEGIN ZANTE[I]:=0; SPANTE[I]:=0; NUMMER[2*I-1]:=0;
    NUMMER[2*I]:=0;
      IF ZUORD[I]=0 THEN BEGIN Z:=Z+1; NUMMER[Z]:=I;
      ZANTE[I]:=N+1 END
    END;
  IF Z>0 THEN (*Versuche eine noch nicht zugeordnete Spalte auf
      einer geeigneten Kette zu erreichen.-Bei Erfolg: DURCHBR = TRUE*)
    BEGIN DURCHBR:=FALSE; T:=1;
      WHILE(NUMMER[T]<>0) AND NOT DURCHBR DO
        BEGIN J:=NUMMER[T]; T:=T+1;
          IF J>0 (*J ist der Zeilenindex*) THEN
            FOR K:=1 TO N DO
              BEGIN IF(C[J,K]=0) AND (SPANTE[K]=0) THEN
                BEGIN SPANTE[K]:=J; Z:=Z+1; NUMMER[Z]:=-K;
                  IF SPZUORD[K]=0 THEN BEGIN DURCHBR:=TRUE;
                  ZIEL:=K END
                END
              END
          ELSE (*J ist Spaltenindex*)
            BEGIN J:=-J; I:=SPZUORD[J];
              IF(C[I,J]=0) AND (ZANTE[I]=0) THEN
                BEGIN ZANTE[I]:=J; Z:=Z+1; NUMMER[Z]:=I END
```

```
        END
      END;
    IF DURCHBR THEN (*Zuordnungsänderung längs ANTE-Kette*)
      BEGIN J:=ZIEL; I:=SPANTE[J]; SPZUORD[J]:=I; ZUORD[I]:=J;
        WHILE ZANTE[I]<>N+1 DO
          BEGIN J:=ZANTE[I]; I:=SPANTE[J]; ZUORD[I]:=J;
          SPZUORD[J]:=I
          END;
        GOTO 1
      END
    ELSE (*Reduktion der Matrix C, der eine Potentialänderung
            entspricht*)
      BEGIN MIN:=UNEND;
        FOR I:=1 TO N DO
          FOR J:=1 TO N DO
            IF((ZANTE[I]>0) AND (SPANTE[J]=0)) AND
            (C[I,J]<MIN) THEN
              MIN:=C[I,J];
        FOR I:=1 TO N DO
          IF ZANTE[I]<>0 THEN
            BEGIN KOSTEN:=KOSTEN+MIN;
              FOR J:=1 TO N DO C[I,J]:=C[I,J]-MIN
            END;
      FOR J:=1 TO N DO
        IF SPANTE[J]<>0 THEN
          BEGIN KOSTEN:=KOSTEN-MIN;
            FOR I:=1 TO N DO C[I,J]:=C[I,J]+MIN
          END;
      GOTO 1
    END
  END
END;
```

3.6. Das Rundreiseproblem

3.6.1. Aufgabenstellung

Aus der Fülle praktischer Aufgaben, die auf das Rundreiseproblem führen, wollen wir zwei Beispiele herausgreifen.

Beispiel 1. Vorgegeben seien ein Straßennetz sowie die Abstände je zweier benachbarter Kreuzungen. Ein Reisender soll, beginnend an einem festen Punkt, alle Kreuzungspunkte aufsuchen – und zwar jeden genau einmal –, an seinen Ausgangspunkt zurückkehren und dabei die Reise so durchführen, daß er insgesamt eine möglichst kurze Wegstrecke zurücklegt.

Beispiel 2. Auf einer Maschine sind n verschiedene Arbeitsgänge durchzuführen. Das Ausführen des Arbeitsganges A_j im Anschluß an den Arbeitsgang A_i verursachte

Umrüstkosten in Höhe von c_{ij}. Falls eine Umrüstung von A_i nach A_j unmöglich oder völlig unzweckmäßig ist, setze man $c_{ij} = \infty$. In welcher Reihenfolge sind die Arbeitsgänge auszuführen, damit die Gesamtumrüstkosten minimal werden?

Wie lautet die mathematische Formulierung des Problems?

Gegeben sei ein zusammenhängender, gerichteter (ggf. auch ungerichteter) Graph $\mathfrak{G}(\mathfrak{X}, \mathfrak{U})$ mit Bogenbewertungen $c_{ij} \geqq 0$. Falls der Bogen (X_i, X_j) nicht in $\mathfrak{U}$ liegt, setze man $c_{ij} = \infty$. Gesucht wird in $\mathfrak{G}$ ein Kreis, der jeden Knoten von $\mathfrak{G}$ enthält (ein solcher Kreis heißt nach dem englischen Physiker und Mathematiker William Rowan Hamilton (1805–1865) ein Hamilton-Kreis) und dessen Gesamtlänge minimal ist.

Das Rundreiseproblem gehört zu den schweren Problemen, also zu denen, für die es vermutlich keinen Algorithmus gibt, der das Problem auch im ungünstigsten Fall in Polynomzeit löst.

Das Rundreiseproblem zeigt eine große Ähnlichkeit mit dem Zuordnungsproblem, wie wir es im vorangehenden Abschnitt 3.5. behandelt haben. Wiederum ist aus der Kostenmatrix $\boldsymbol{C} = (c_{ij})$ eine Kollektion von n Elementen $c_{1,i_1}, c_{2,i_2}, \ldots, c_{n,i_n}$ zu ermitteln, so daß aus jeder Zeile und jeder Spalte genau ein Element der Kollektion angehört, wobei die Summe $\sum_{j=1}^{n} c_{j,i_j}$ möglichst klein werden soll, jedoch kommt eine weitere ganz wesentliche Zusatzforderung hinzu: Es dürfen keine sog. *Kurzzyklen* auftreten. So wäre z.B. eine Kollektion $\{c_{14}, c_{25}, c_{32}, c_{46}, c_{57}, c_{61}, c_{73}\}$ für einen Graphen mit 7 Knoten unzulässig, da dieser Kollektion keine Rundreise entspricht. Die Menge dieser 7 Bögen zerfällt in zwei Zyklen, nämlich (X_1, X_4, X_6, X_1) und $(X_2, X_5, X_7, X_3, X_2)$. Obige Kollektion wäre also als Rundreise unbrauchbar, als Zuordnung jedoch gut zu gebrauchen. Die Zusatzforderung, daß keine Kurzzyklen auftreten dürfen, macht das Rundreiseproblem ungleich schwieriger als das Zuordnungsproblem.

Bei der Behandlung des Rundreiseproblems wollen wir einerseits ein exaktes Lösungsverfahren angeben, das auf dem sog. *branch-and-bound*-Prinzip beruht, und andererseits einige Näherungsverfahren behandeln, die zwar i. allg. nicht eine optimale Rundreise liefern, die aber wesentlich schneller auf sog. *suboptimale Lösungen* führen. In vielen praktischen Fällen ist es gar nicht erforderlich, eine optimale Lösung zu finden. Häufig reicht es aus, eine nicht zu schlechte Lösung aus einer Reihe nicht zu schlechter Lösungen herauszugreifen. So werden wir auch Verfahren vorstellen, die eine ganze Reihe von Rundreisen liefern. Eine exakte Abschätzung (ohne die optimale Lösung selber zu ermitteln), ob wir mit einer Näherungslösung sehr dicht an einer optimalen liegen, ist i. allg. nicht möglich. Den Vergleich werden wir stets am zugehörigen Zuordnungsproblem vornehmen.

3.6.2. Ein Verfahren, basierend auf dem Prinzip branch-and-bound

Bevor wir einen Verbalalgorithmus angeben, wollen wir das Vorgehen an Hand eines kleinen Beispiels erläutern. Doch zunächst konstatieren wir die Gültigkeit des folgenden Satzes.

Satz

> Sei $\{c_{1,i_1}, c_{2,i_2}, \ldots, c_{n,i_n}\}$ eine optimale Zuordnung der Matrix $\boldsymbol{C}$. Falls diese Zuordnung keine Kurzzyklen besitzt, ist sie sogar eine optimale Rundreise.

Diesen Satz werden wir wiederholt ausnutzen, indem wir von gewissen Matrizen stets eine optimale Zuordnung ermitteln und prüfen, ob diese frei von Kurzzyklen ist oder nicht.

Betrachten wir die folgende Rundreisematrix

$$\boldsymbol{C} = \begin{pmatrix} \infty & 14 & 12 & 0 & 10 \\ 5 & \infty & 4 & 12 & 0 \\ 0 & 7 & \infty & 11 & 9 \\ 8 & 0 & 0 & \infty & 14 \\ 8 & 0 & 16 & 1 & \infty \end{pmatrix}.$$

(Da Kurzzyklen ausgeschlossen werden, setzt man zweckmäßig $c_{ii} = \infty$ für $i = 1, 2, \ldots, n$.)

Berechnen wir mittels der Matrix $\boldsymbol{C}$ eine optimale Zuordnung, so erhalten wir als einzige Lösung $\{c_{14}, c_{25}, c_{31}, c_{43}, c_{52}\}$. Diese Zuordnung besteht aus zwei Kurzzyklen, ist also als Rundreise nicht geeignet. Die Kosten der Zuordnung sind ersichtlich 0. Nunmehr teilen wir die Menge $\mathfrak{R}_0$ aller $(n-1)!$ Rundreisen (im Beispiel: 24) in zwei Klassen (*branch*) $\mathfrak{R}_0'$ und $\mathfrak{R}_0''$. Dazu wählen wir einen (prinzipiell beliebigen) Bogen (X_i, X_j) aus. Die Klasse $\mathfrak{R}_0'$ bestehe aus allen Rundreisen, die den Bogen (X_i, X_j) enthalten. Das sind genau $(n-2)!$ (im Beispiel: 6) Rundreisen. Die Klasse $\mathfrak{R}_0''$ bestehe aus den verbleibenden $(n-2)\,(n-2)!$ (im Beispiel: 18) Rundreisen (die also den Bogen (X_i, X_j) nicht enthalten). Für jede dieser beiden Klassen ermitteln wir eine untere Schranke (*bound*) für die Länge der Rundreisen dieser Klassen. Diese Schranken bezeichnen wir mit $a(\mathfrak{R}_i')$ bzw. $a(\mathfrak{R}_i'')$ (gegenwärtig ist $i = 0$ aktuell).

Wählen wir etwa in unserem Beispiel $(X_i, X_j) = (X_2, X_5)$. Da in $\mathfrak{R}_0'$ alle den Bogen (X_2, X_5) enthaltenden Rundreisen liegen, kann der Bogen (X_5, X_2) gewiß nicht in einem HAMILTON-Kreis von $\mathfrak{R}_0'$ liegen. Damit können wir in der Matrix $\boldsymbol{C}_0'$, die wir der Klasse $\mathfrak{R}_0'$ zuordnen, das Element c_{52}' durch $c_{52}' = \infty$ fixieren. In entsprechender Weise sind in der Matrix $\boldsymbol{C}_0'$ – mit Ausnahme von c_{25}' – alle Elemente der zweiten Zeile und fünften Spalte gleich ∞. In der $\mathfrak{R}_0''$ zugeordneten Matrix $\boldsymbol{C}_0''$ wird $c_{25}'' = \infty$, da der Bogen (X_2, X_5) in keiner Rundreise aus $\mathfrak{R}_0''$ liegt. Damit haben die beiden Matrizen $\boldsymbol{C}_0''$ und $\boldsymbol{C}_0'$ das folgende Aussehen:

$$\boldsymbol{C}_0' = \begin{pmatrix} \infty & 14 & 12 & 0 & \infty \\ \infty & \infty & \infty & \infty & 0 \\ 0 & 7 & \infty & 11 & \infty \\ 8 & 0 & 0 & \infty & \infty \\ 8 & \infty & 16 & 1 & \infty \end{pmatrix}; \quad \boldsymbol{C}_0'' = \begin{pmatrix} \infty & 14 & 12 & 0 & 10 \\ 5 & \infty & 4 & 12 & \infty \\ 0 & 7 & \infty & 11 & 9 \\ 8 & 0 & 0 & \infty & 14 \\ 8 & 0 & 16 & 1 & \infty \end{pmatrix}.$$

Um nun untere Schranken $a(\mathfrak{R}_0')$ und $a(\mathfrak{R}_0'')$ für eine Rundreise aus $\mathfrak{R}_0'$ bzw. $\mathfrak{R}_0''$ zu gewinnen, fassen wir die Matrizen $\boldsymbol{C}_0'$ und $\boldsymbol{C}_0''$ als Zuordnungsmatrizen auf und lösen das jeweilige zugehörige Zuordnungsproblem. Verwenden wir das im vorangehenden Abschnitt beschriebene Verfahren zur Lösung des Zuordnungsproblems, so erhält man für $\boldsymbol{C}_0'$ als einzige optimale Zuordnung $\{c_{13}', c_{25}', c_{31}', c_{42}', c_{54}'\}$ bestehend aus zwei Kurzzyklen. Die entstehenden Kosten ergeben sich zu 13, also haben wir als untere Schranke $a(\mathfrak{R}_0')$ für die Rundreisenlängen aus $\mathfrak{R}_0'$ die Beziehung $a(\mathfrak{R}_0') = 13$ (natürlich könnte man auch $a(\mathfrak{R}_0') = 13 + 1 = 14$ wählen, da ja die einzige Zuordnung mit

Kosten 13 keine Rundreise ist). In entsprechender Weise erhalten wir als optimale Zuordnung, die zur Matrix C_0'' gehört: $\{c_{14}'', c_{21}'', c_{35}'', c_{43}'', c_{52}''\}$. Diese Zuordnung ist sogar eine Rundreise und kostet 14. Damit ist eine optimale Rundreise gefunden. Wollten wir jedoch alle optimalen Rundreisen ermitteln, müßten wir die Klasse $\mathfrak{R}_0'$ weiter aufspalten, da es ja denkbar wäre, daß es auch Rundreisen gibt, die den Bogen (X_2, X_5) enthalten und ebenfalls 14 Einheiten kosten. Es stellt sich jedoch heraus, daß in der Klasse $\mathfrak{R}_0'$ die billigsten Rundreisen (und davon gibt es zwei, nämlich $\{c_{12}', c_{25}', c_{31}', c_{43}', c_{54}'\}$ und $\{c_{14}', c_{25}', c_{32}', c_{43}', c_{51}'\}$) Kosten in Höhe von 15 verursachen. Damit ist die optimale Zuordnung eindeutig fixiert.
Dieses kleine Beispiel müßte zum Verständnis des Prinzips branch-and-bound zur Lösung des Rundreiseproblems ausreichend sein. Solange man noch keine optimale Rundreise gefunden hat, verzweige man stets diejenige Klasse von Rundreisen, für die die untere Schranke für die Kosten möglichst klein ist.

3.6.3. Verbalalgorithmus zur exakten Lösung des Rundreiseproblems

Basierend auf dem Prinzip branch-and-bound wollen wir nunmehr einen exakten Algorithmus formulieren, mit dessen Hilfe das Rundreiseproblem gelöst werden kann.

Vorgaben: Gerichteter Graph $\mathfrak{G}(\mathfrak{X}, \mathfrak{U})$ mit Bogenbewertungen $c_{ij} \geqq 0$

Service: Rundreise $\{c_{1,i_1}, c_{2,i_2}, \ldots, c_{n,i_n}\}$ minimaler Kosten

(i) Sei $\mathfrak{R}$ die Menge aller zur Matrix $\boldsymbol{C}$ gehörigen Rundreisen. Bilde $\mathfrak{Q} := \{\mathfrak{R}\}$, und löse das zur Matrix $\boldsymbol{C}$ gehörige Zuordnungsproblem. Sei $\mathfrak{Z}$ optimale Lösung des Zuordnungsproblems mit Kosten $c(\mathfrak{Z})$. Setze $a(\mathfrak{R}) := c(\mathfrak{Z})$.

(ii) Wähle $\mathfrak{R} \in \mathfrak{Q}$ mit minimalem $a(\mathfrak{R})$. Sei $\mathfrak{Z}$ die zu $\mathfrak{R}$ gehörige optimale Zuordnung mit Kosten $c(\mathfrak{Z}) = a(\mathfrak{R})$.

(iii) Falls $\mathfrak{Z}$ eine Rundreise ist, gehe nach **ENDE**.

(iv) Wähle einen (prinzipiell beliebigen) Bogen $u \in \mathfrak{U}$, und zerlege $\mathfrak{R}$ in zwei Teilmengen $\mathfrak{R}'$ und $\mathfrak{R}''$, wobei $\mathfrak{R}'$ bzw. $\mathfrak{R}''$ alle diejenigen Rundreisen enthält, die durch den Bogen u verlaufen bzw. nicht verlaufen. Ermittle die zu $\mathfrak{R}'$ bzw. $\mathfrak{R}''$ gehörigen Matrizen $\boldsymbol{C}'$ und $\boldsymbol{C}''$ (vgl. dazu das vorangehende Beispiel) sowie Lösungen $\mathfrak{Z}'$ bzw. $\mathfrak{Z}''$ des zu $\boldsymbol{C}'$ bzw. $\boldsymbol{C}''$ gehörigen Zuordnungsproblems sowie dessen Kosten $c(\mathfrak{Z}')$ bzw. $c(\mathfrak{Z}'')$.
Setze $a(\mathfrak{R}') := c(\mathfrak{Z}')$; $a(\mathfrak{R}'') := c(\mathfrak{Z}'')$; $\mathfrak{Q} := (\mathfrak{Q} - \{\mathfrak{R}\}) \cup \{\mathfrak{R}', \mathfrak{R}''\}$; gehe nach (ii).

ENDE: $\mathfrak{Z} = \{c_{1,i_1}, c_{2,i_2}, \ldots, c_{n,i_n}\}$ ist eine optimale Rundreise.

3.6.4. Näherungsverfahren zur Lösung des Rundreiseproblems und PASCAL-procedures

Mittels des in Polynomzeit arbeitenden Algorithmus zur Lösung des Zuordnungsproblems konnte man sich eine untere Schranke für die Länge einer optimalen Rundreise beschaffen. In vielen Fällen ist es aus Zeitgründen nicht möglich, eine optimale Rundreise zu ermitteln, jedoch erforderlich, eine oder mehrere Rundreisen anzugeben, selbst auf die Gefahr hin, nicht eine optimale zur Verfügung zu stellen. Weicht dann die Länge einer solchen Rundreise »nicht allzu sehr« von dem Wert der optimalen Zuordnung ab, so spricht man oft von einer suboptimalen Lösung. Die Beurteilung,

ob die Kosten einer Rundreise »nicht allzu viel« größer als die der optimalen Rundreise oder Zuordnung sind, entzieht sich dem Mathematiker. Dieses Urteil ist von demjenigen zu fällen, der praktisch mit dieser Rundreise zu rechnen hat.
Wir wollen uns nun der Aufgabe zuwenden, wie man »ohne große Mühe«, d. h. möglichst in linearer Zeit – höchstens aber in polynomialer Zeit –, brauchbare Rundreisen finden kann.
Das wohl einfachste Verfahren, ein sog. *Greedyverfahren* (vgl. auch 2.10.3.), ist das folgende:

> Ausgehend von irgendeinem Knoten X_{i_1}, suche man einen Knoten X_{i_2}, der X_{i_1} am nächsten liegt (wenn man die Knoten wieder als Längen interpretiert), von diesem Knoten X_{i_2} ausgehend, suche man einen dritten Knoten X_{i_3}, der X_{i_2} am nächsten liegt, usw. Dabei ist darauf zu achten, daß der ausgewählte Knoten X_{i_r} keiner der Knoten $X_{i_1}, X_{i_2}, \ldots, X_{i_{r-1}}$ ist.

Zweckmäßig fassen wir eine Rundreise als einen Kreis **R** des Graphen auf, der alle n Knoten enthält.

Verbalalgorithmus *zum Auffinden einer Rundreise*

Vorgaben: Vollständiger gerichteter Graph $\mathfrak{G}(\mathfrak{X}, \mathfrak{U})$ (d.h., zu jedem Paar i, j verschiedener Zahlen aus $\{1, 2, \ldots, n\}$ existiert ein Bogen $u_{ij} = (X_i, X_j)$) mit Bogenbewertungen $c_{ij} \geqq 0$.
Service: Rundreise $\mathbf{R} = (X_{i_1}, X_{i_2}, \ldots, X_{i_n}, X_{i_{n+1}} = X_{i_1})$ einer Länge

$c_{i_1 i_2} + c_{i_2 i_3} + \ldots + c_{i_{n-1} i_n} + c_{i_n i_1}$

(i) $k := 1$; $\mathfrak{N} := \{1, 2, \ldots, n\}$. Wähle $i = i_k \in \mathfrak{N}$ beliebig.
(ii) $\mathfrak{N} := \mathfrak{N} - \{i_k\}$; Falls $\mathfrak{N} = \emptyset$ ist, gehe nach **ENDE**.
Wähle $j \in \mathfrak{N}$ mit c_{ij} minimal; $k := k + 1$; $i_k := j$; $i := j$; gehe nach (**ii**).
ENDE: $(X_{i_1}, X_{i_2}, \ldots, X_{i_n}, X_{i_{n+1}} = X_{i_1})$ ist die gesuchte Rundreise.

Beispiel zum Verbalalgorithmus 1
Vorgegeben sei die folgende Kostenmatrix eines Rundreiseproblems

$$C = \begin{array}{c} \begin{matrix} 1 & 2 & 3 & 4 & 5 & 6 & 7 & 8 \end{matrix} \\ \begin{bmatrix} \infty & 12 & 34 & 26 & 18 & 30 & 42 & 19 \\ 34 & \infty & 32 & 37 & 42 & 28 & 24 & 42 \\ 32 & 31 & \infty & 27 & 48 & 19 & 24 & 37 \\ 19 & 26 & 27 & \infty & 34 & 17 & 8 & 23 \\ 36 & 14 & 19 & 24 & \infty & 42 & 18 & 32 \\ 18 & 33 & 26 & 21 & 34 & \infty & 12 & 33 \\ 23 & 40 & 22 & 17 & 20 & 31 & \infty & 22 \\ 31 & 37 & 26 & 28 & 44 & 16 & 19 & \infty \end{bmatrix} \end{array} \begin{matrix} \\ 1 \\ 2 \\ 3 \\ 4 \\ 5 \\ 6 \\ 7 \\ 8 \end{matrix}.$$

Beginnen wir mit $i_1 = 1$, so ergibt sich als billigster von X_{i_1} ausgehender Bogen der zum Knoten $X_{i_2} = X_2$ mit $c_{12} = 12$. Als nächster Knoten wird $X_{i_3} = X_7$ mit $c_{27} = 24$ gewählt usw. Es ergibt sich die Rundreise $\mathbf{R}_1 = (X_1, X_2, X_7, X_4, X_6, X_3, X_8, X_5, X_1)$ mit Kosten 213.

Beginnen wir mit $i_1 = 2$, so ergibt sich die Rundreise $\mathbf{R}_2 = (X_2, X_7, X_4, X_6, X_1, X_5, X_3, X_8, X_2)$ mit Kosten 187.
Wählen wir auf diese Weise nacheinander $i_1 = 1, 2, \ldots, n$, so ergeben sich in unserem Beispiel 8 verschiedene Rundreisen. Die billigste dieser 8 wäre $\mathbf{R}_4 = (X_4, X_7, X_5, X_2, X_6, X_1, X_8, X_3, X_4)$ mit Kosten 160.
Um nun eine Vorstellung davon zu erhalten, wie gut wir mit dieser Rundreise liegen, lösen wir das zur Matrix C gehörige Zuordnungsproblem. Als optimale erhalten wir die aus zwei Kurzzyklen bestehende Zuordnung $\mathbf{Z} = \{(X_1, X_8, X_6, X_1), (X_4, X_7, X_5, X_2, X_3, X_4)\}$ mit Kosten 154. Da $\mathbf{Z}$ eindeutig bestimmt ist, verursacht eine optimale Rundreise Kosten in Höhe von mindestens 155. Damit könnte man sich evtl. bereits mit der Rundreise $\mathbf{R}_4$ zufrieden geben.
Kommen wir zu einem zweiten Näherungsverfahren.
Zunächst lösen wir das zur Matrix C gehörige Zuordnungsproblem. Falls $\mathbf{Z}$ eine optimale Zuordnung ist und nur aus einem Zyklus besteht, so ist $\mathbf{Z}$ bereits eine optimale Rundreise.
Nehmen wir an, $\mathbf{Z}$ bestünde aus mehreren Kurzzyklen, in unserem Beispiel aus den beiden Kurzzyklen (X_1, X_8, X_6, X_1) und $(X_4, X_7, X_5, X_2, X_3, X_4)$. Ersetzen wir (vgl. Abb. 3.6.1) die zwei Bögen (X_8, X_6) und (X_2, X_3) durch die zwei Bögen (X_8, X_3) und (X_2, X_6), so erhalten wir die Rundreise $(X_1, X_8, X_3, X_4, X_7, X_5, X_2, X_6, X_1)$ mit Kosten 160. Das ist gerade die zuvor gefundene Rundreise $\mathbf{R}_4$. Hätten wir jedoch die beiden Bögen (X_6, X_1) und (X_3, X_4) durch die beiden Bögen (X_6, X_4) und (X_3, X_1) ersetzt, so hätten wir die Rundreise $(X_1, X_8, X_6, X_4, X_7, X_5, X_2, X_3, X_1)$ mit Kosten 162 erhalten. In unserem kleinen Beispiel ergeben sich $3 \cdot 5 = 15$ Möglichkeiten des Aufbrechens der Kurzzyklen. Probiert man alle 15 Fälle durch, so erhält man als billigste der Rundreisen $(X_1, X_5, X_2, X_3, X_4, X_7, X_8, X_6, X_1)$ mit Kosten in Höhe von 155. Mit unserer Überlegung, daß eine Rundreise mindestens Kosten in Höhe von 155 verursacht, haben wir bereits eine optimale Rundreise gefunden.

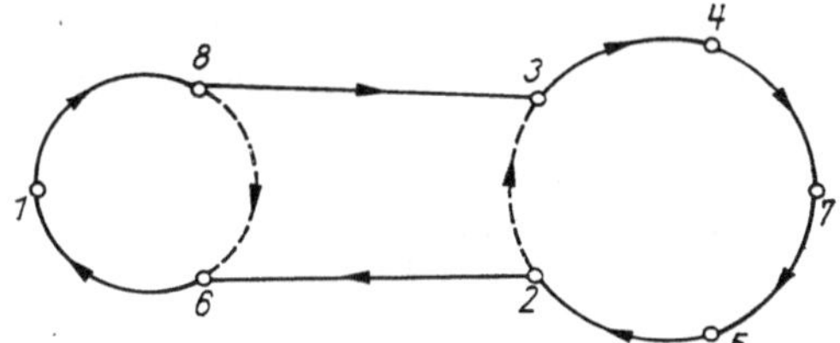

Abb. 3.6.1

Im allgemeinen wird man auf diese einfache Weise natürlich nicht zu einer optimalen Rundreise gelangen.
Welche vernünftige Möglichkeit gibt es nun, im Falle von mehr als zwei Kurzzyklen das Auseinanderbrechen derselben vorzunehmen?
In Abb. 3.6.2 haben wir das Vorgehen im Falle dreier Kurzzyklen veranschaulicht. Hat man allgemein r Kurzzyklen, muß man genau r originale Bögen der optimalen Zuordnung entfernen. Man sieht leicht, daß es bereits im Falle dreier Kurzzyklen zwei grundsätzlich verschiedene Möglichkeiten gibt, denn man hätte im Gegensatz zur Abbildung die Kurzzyklen in der Reihenfolge $\mu_1 - \mu_3 - \mu_2 - \mu_1$ aufbrechen können (bei r Kurzzyklen gibt es genau $(r-1)!$ grundsätzlich verschiedene Möglichkeiten).

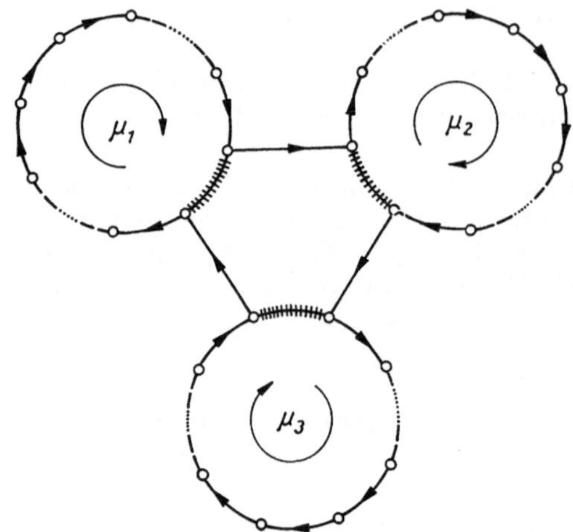

Abb. 3.6.2

Betrachten wir das folgende kleine **Beispiel**:

$$\begin{array}{ccccccc} 1 & 2 & 3 & 4 & 5 & 6 & 7 \\ \end{array}$$
$$\begin{bmatrix} \infty & 4 & 4 & 9 & 0 & 4 & 3 \\ 2 & \infty & 0 & 8 & 7 & 9 & 5 \\ 5 & 2 & \infty & 5 & 4 & 10 & 0 \\ 8 & 6 & 6 & \infty & 3 & 0 & 9 \\ 0 & 3 & 4 & 6 & \infty & 8 & 10 \\ 5 & 2 & 6 & 0 & 4 & \infty & 6 \\ 3 & 0 & 9 & 5 & 3 & 1 & \infty \end{bmatrix} \begin{array}{c} 1 \\ 2 \\ 3 \\ 4 \\ 5 \\ 6 \\ 7 \end{array} .$$

Die optimale Zuordnung ist eindeutig bestimmt und besteht aus den drei Kurzzyklen (X_1, X_5, X_1), (X_2, X_3, X_7, X_2), (X_4, X_6, X_4) und verursacht keine Kosten. Wir geben nun alle $2!3!2! = 24$ Möglichkeiten des Zusammenfügens dieser drei Kurzzyklen zu einer Rundreise an. Die verkürzte Schreibweise dürfte unmittelbar einleuchtend sein.

(15 237 46) einer Länge 13	(15 46 237) einer Länge 11
(15 237 64) einer Länge 12	(15 46 372) einer Länge 14
(15 372 46) einer Länge 17	(15 46 723) einer Länge 17
(15 372 64) einer Länge 21	(15 64 237) einer Länge 17
(15 723 46) einer Länge 20	(15 64 372) einer Länge 16
(15 723 64) einer Länge 28	(15 64 723) einer Länge 22
(51 237 46) einer Länge 13	(51 46 237) einer Länge 14
(51 237 64) einer Länge 8	(51 46 372) einer Länge 22
(51 372 46) einer Länge 16	(51 46 723) einer Länge 19
(51 372 64) einer Länge 16	(51 64 237) einer Länge 13
(51 723 46) einer Länge 12	(51 64 372) einer Länge 17
(51 723 64) einer Länge 23	(51 64 723) einer Länge 17 .

Das Minimum aller Kosten dieser Rundreisen wird für die Rundreise $(X_5, X_1, X_2, X_3, X_7, X_6, X_4, X_5)$ mit Kosten in Höhe von 8 angenommen. Berechnet man eine optimale Rundreise exakt, so zeigt es sich, daß die im Näherungsverfahren gefundene bereits eine solche ist. Auch in diesem Falle ist es keineswegs allgemein möglich, eine optimale Rundreise auf derartig einfache Weise zu erhalten.

Anstatt alle r Kurzzyklen auf einmal aufzubrechen, könnte man natürlich auch jeweils zwei Kurzzyklen zu einem neuen Zyklus zusammenfassen. Praktische Erfahrungen lehren jedoch, daß ein derartiges Vorgehen i. allg. keine besseren Näherungen liefert, was insofern einleuchtend ist, als man mehr Bögen der optimalen Zuordnung aufbrechen muß und durch andere Bögen zu ersetzen hat.
Wir wollen noch die Anzahl der Möglichkeiten berechnen, durch gleichzeitiges Aufbrechen aller Kurzzyklen von einer optimalen Zuordnung zu einer Rundreise zu gelangen.
Angenommen, es gibt r Kurzzyklen der Längen $l_1, l_2, \ldots, l_r$, resp. (Es ist also $l_1 + l_2 + \ldots + l_r = n$.) Es gibt genau $(r-1)!$ Möglichkeiten, die r Kurzzyklen zyklisch anzuordnen. Aus dem Kurzzyklus mit l_i Bögen kann man jeden der l_i Bögen aufbrechen, somit gibt es insgesamt $(r-1)!\; l_1\, l_2 \ldots l_r$ Möglichkeiten des gleichzeitigen Aufbrechens aller r Kurzzyklen. Denken wir uns etwa $n = 50$ Orte vorgegeben, und denken wir uns etwa die optimale Zuordnung aus 7 Kurzzyklen der Längen 4, 4, 5, 7, 9, 10, 11, resp. bestehend, so gibt es insgesamt $49! \approx 6 \cdot 10^{62}$ Rundreisen, wohingegen $6! \cdot 4 \cdot 4 \cdot 5 \cdot 7 \cdot 9 \cdot 10 \cdot 11 \approx 4 \cdot 10^8$ ist, was also wesentlich geringer als 49! ist. Leider liefert ein solches Näherungsverfahren i. allg. nicht eine optimale Rundreise.
Das zuletzt beschriebene Verfahren ist unmittelbar einzusehen. Wir verzichten auf eine verbale Algorithmusbeschreibung, da das genaue Aufschreiben doch recht aufwendig und wenig übersichtlich ist.
Zum Schluß wollen wir noch ein Näherungsverfahren kennenlernen, das bei symmetrischen Rundreiseproblemen verwendbar ist, bei denen die Kostenmatrix also die Eigenschaft $c_{ij} = c_{ji}$ für alle i und j besitzt.
Vorgegeben sei eine beliebige Rundreise (die wir uns nach irgendeinem Näherungsverfahren ermittelt denken)

$$\mathbf{R} = (X_{i_1}, X_{i_2}, \ldots, X_{i_j}, \ldots, X_{i_k}, \ldots, X_{i_n}, X_{i_{n+1}} = X_{i_1}),$$

vgl. dazu Abb. 3.6.3.
Ersetzen wir die beiden Bögen $(X_{i_j}, X_{i_{j+1}})$ und $(X_{i_k}, X_{i_{k+1}})$ durch die beiden Bögen (X_{i_j}, X_{i_k}) und $(X_{i_{j+1}}, X_{i_{k+1}})$, so ergibt sich wegen der Symmetrie die folgende Rundreise

$$\mathbf{R}' = (X_{i_1}, X_{i_2}, \ldots, X_{i_j}, X_{i_k}, X_{i_{k-1}}, \ldots, X_{i_{j+1}}, X_{i_{k+1}}, X_{i_{k+2}}, \ldots, X_{i_n}, X_{i_{n+1}} = X_{i_1}).$$

Dabei ist zu beachten, daß die Knoten $X_{i_j}, X_{i_{j+1}}, X_{i_k}, X_{i_{k+1}}$ tatsächlich vier verschiedene Knoten sind, denn im Falle $i_k = i_{j+1}$ z.B. wäre $\mathbf{R} = \mathbf{R}'$.
Die Kosten der beiden Rundreisen $\mathbf{R}$ und $\mathbf{R}'$ unterscheiden sich offenbar um

$$c = c_{i_j, i_{j+1}} + c_{i_k, i_{k+1}} - c_{i_j, i_k} - c_{i_{j+1}, i_{k+1}}.$$

Falls $c > 0$ ist, sind die Kosten für $\mathbf{R}'$ geringer als die für $\mathbf{R}$, und $\mathbf{R}'$ ist eine bessere Rundreise als $\mathbf{R}$.
Ist für jedes Indexpaar i_j, i_k der Wert $c \leqq 0$, so belassen wir es bei der gefundenen Rundreise $\mathbf{R}$, andernfalls suchen wir dasjenige Indexpaar i_j, i_k, für welches c maximal wird, und nehmen den Tausch der Bögen vor. Anschließend wiederholen wir die Prozedur.

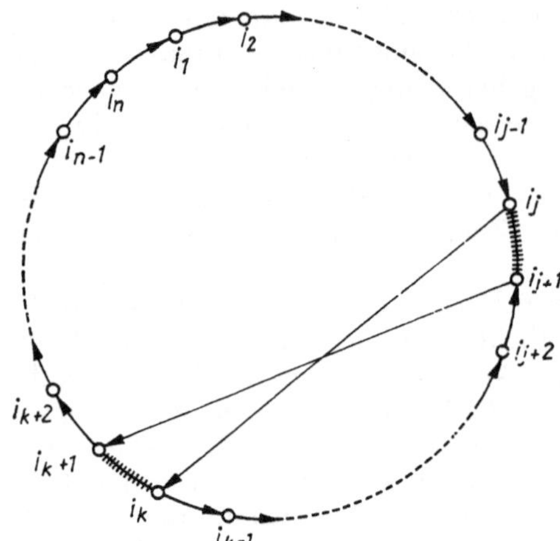

Abb. 3.6.3

Verbalalgorithmus 2 *zur Auffindung einer Rundreise*

Vorgaben: Symmetrisches Rundreiseproblem, also $c_{ij} = c_{ji}$ für $i, j = 1, 2, \ldots, n$ sowie eine Rundreise $\mathbf{R} = (X_{i_1}, X_{i_2}, \ldots, X_{i_n}, X_{i_{n+1}} = X_{i_1})$

Service: Rundreise $\mathbf{R}'$, deren Kosten nicht höher sind als die der ursprünglich vorgegebenen Rundreise.

(i) Setze $c_{\max} := 0$;

(ii) Für $j = 1, 2, \ldots, n - 2$ tue $u := i_j$; $v := i_{j+1}$; $r := j + 2$; $s := n$; falls $(j = 1)$ tue $s := n - 1$; für $k = r, r + 1, \ldots, s$ tue $x := i_k$; $y := i_1$; falls $(k < n)$ tue $y := i_{k+1}$; $c := c_{uv} + c_{xy} - c_{ux} - c_{vy}$; falls $(c > c_{\max})$ tue $(c_{\max} := c; j' := j; k' := k)$

(iii) Falls $(c_{\max} = 0)$ gehe nach **ENDE**

(iv) Für $l = 1, 2, \ldots, \dfrac{k' - j'}{2}$ tue
$(hilfs := i_{l+j'}; i_{l+j'} := i_{k'-l+1}; i_{k'-l+1} := hilfs)$;
gehe nach (i)

ENDE: $\mathbf{R}' = (X_{i_1}, X_{i_2}, \ldots, X_{i_n}, X_{i_{n+1}} = X_{i_1})$ ist eine Rundreise.

Betrachten wir das folgende kleine Beispiel:

$$C = \begin{array}{c} \begin{array}{ccccccc} 1 & 2 & 3 & 4 & 5 & 6 & 7 \end{array} \\ \begin{bmatrix} \infty & 12 & 32 & 17 & 26 & 30 & 15 \\ 12 & \infty & 23 & 20 & 18 & 36 & 31 \\ 32 & 23 & \infty & 24 & 17 & 13 & 10 \\ 17 & 20 & 24 & \infty & 22 & 14 & 30 \\ 26 & 18 & 17 & 22 & \infty & 18 & 21 \\ 30 & 36 & 13 & 14 & 18 & \infty & 12 \\ 15 & 31 & 10 & 30 & 21 & 12 & \infty \end{bmatrix} \end{array} \begin{array}{c} \\ 1 \\ 2 \\ 3 \\ 4 \\ 5 \\ 6 \\ 7 \end{array}$$

Die Kostenmatrix C ist symmetrisch, also können wir den zuletzt genannten Näherungsalgorithmus anwenden.

Gehen wir z.B. von der Rundreise
$\mathbf{R} = (X_1, X_2, X_3, X_4, X_5, X_6, X_7, X_1)$ mit Kosten 126 aus. Nacheinander erhält man

j	k	$c_{i_j i_{j+1}} + c_{i_k i_{k+1}} - c_{i_j i_k} - c_{i_{j+1} i_{k+1}}$	c	$c_{\max}$
1	3	12 + 24 − 32 − 20	<0	0
1	4	12 + 22 − 17 − 18	<0	0
1	5	12 + 18 − 26 − 36	<0	0
1	6	12 + 12 − 30 − 31	<0	0
2	4	23 + 22 − 20 − 17	+8	8
2	5	23 + 18 − 18 − 13	+10	10
2	6	23 + 12 − 36 − 10	<0	10
2	7	23 + 15 − 31 − 32	<0	10
3	5	24 + 18 − 17 − 14	+11	11
3	6	24 + 12 − 13 − 30	<0	11
3	7	24 + 15 − 10 − 17	+12	12
4	6	22 + 12 − 14 − 21	<0	12
4	7	22 + 15 − 30 − 26	<0	12
5	7	18 + 15 − 21 − 30	<0	12

$c_{\max}$ ist also 12 und wird für $j' = 3$ und $k' = 7$ angenommen. Vertauschen wir die Kanten der Rundreise, so entsteht die neue Rundreise $\mathbf{R}' = (X_1, X_2, X_3, X_7, X_6, X_5, X_4, X_1)$ mit Kosten $126 - 12 = 114$.
Wendet man den Algorithmus nochmals an, so ergibt sich für $j' = 2$, $i_{j'} = i_2 = 2$ und $k' = 6$, $i_{k'} = i_6 = 3$ der Maximalwert $c_{\max} = 3$, dabei ist dann $j' + 1 = 3$, $i_3 = 3$ und $k' + 1 = 7$, $i_7 = 4$. Die verbesserte Rundreise ist dann $\mathbf{R}' = (X_1, X_2, X_5, X_6, X_7, X_3, X_4, X_1)$ mit Kosten 111. Der Leser setze selber dieses Beispiel fort. Die nächste Kostenverringerung ist 11 und liefert als neue Rundreise $\mathbf{R}' = (X_1, X_2, X_5, X_3, X_7, X_6, X_4, X_1)$ mit Kosten 100. Nunmehr bricht der Algorithmus ab, weitere Verbesserungen sind auf diese Weise nicht möglich. Mittels eines exakten Verfahrens hätte man errechnen können, daß die zuletzt angegebene Rundreise bereits eine optimale ist.
Eine Reihe weiterer Näherungsverfahren zur Errechnung sog. suboptimaler Rundreisen ist ersonnen worden, wir wollen an dieser Stelle nicht darauf eingehen, sondern nur noch einige Subroutinen bereitstellen, die auf der Basis der angegebenen Verbalalgorithmen arbeiten.

PROCEDURE RUNDRSAP (N: INTEGER; C: QMATRIX; VAR REIHE: KLISTE;
VAR KOSTEN: INTEGER);

(* *Vorgaben:* (n mal n) – Matrix **C** mit beliebigen Hauptdiagonalelementen
Service: Rundreise $(X_{i_1}, X_{i_2}, \ldots, X_{i_n}, X_{i_1})$ mit $i_j = REIHE[j]$ einer Länge *KOSTEN*, wobei unter den n Greedylösungen die mit geringsten Kosten gewählt wird. *)

```
CONST UNEND=10000000;
VAR P,HKOSTEN,R: INTEGER;
    HREIHE: KLISTE;
```

```
PROCEDURE RUNDREISE (N,START: INTEGER; C: QMATRIX;
          VAR REIHE: KLISTE; VAR KOSTEN: INTEGER);
```

(**Vorgaben:* (n mal n)-Matrix **C**, Hauptdiagonalelemente belanglos. *START* ist ein Index zwischen 1 und n.

Service: Greedylösung des Rundreiseproblems. Die gefundene Rundreise beginnt bei X_{i_1} mit $i_1 = START$ und setzt fort mit $X_{i_2}, X_{i_3}, \ldots$, usw., wobei $i_j = REIHE[j]$ ist. *KOSTEN* gibt die Länge der gefundenen Rundreise an. *)

```
CONST UNEND=10000000;
VAR I,J,JMIN,MIN,R: INTEGER;
      MARKE: ARRAY[1 ... 100] OF BOOLEAN;
BEGIN
  FOR I:=1 TO N DO MARKE[I]:=FALSE;
  MARKE[START]:=TRUE; REIHE[1]:=START; KOSTEN:=0;
  FOR R:=1 TO N-1 DO
    BEGIN I:=REIHE[R]; MIN:=UNEND;
      FOR J:=1 TO N DO
        IF((J<>I) AND NOT MARKE[J]) AND (C[I,J]<MIN) THEN
          BEGIN MIN:=C[I,J]; JMIN:=J END;
      REIHE[R+1]:=JMIN; MARKE[JMIN]:=TRUE;
      KOSTEN:=KOSTEN+C[I,JMIN]
    END;
KOSTEN:=KOSTEN+C[JMIN,START]
END;

BEGIN (*Hier beginnt die Prozedur RUNDRSAP) *)
  KOSTEN:=UNEND;
    FOR P:=1 TO N DO
      BEGIN RUNDREISE(N,P,C,HREIHE,HKOSTEN);
        IF HKOSTEN<KOSTEN THEN
          BEGIN KOSTEN:=HKOSTEN; FOR R:=1 TO N DO
          REIHE[R]:=HREIHE[R]
          END
      END
END;

PROCEDURE RUNDRSSY (N: INTEGER; C: QMATRIX; VAR REIHE: KLISTE;
                                          VAR KOSTEN: INTEGER);
```

(**Vorgaben:* Symmetrische (n mal n)-Matrix **C** mit beliebiger Hauptdiagonale sowie eine Rundreise $(X_{i_1}, X_{i_2}, \ldots, X_{i_n}, X_{i_1})$ mit $i_j = REIHE[j]$, die eine Länge *KOSTEN* hat

Service: Es wird versucht, eine Rundreise mit geringeren *KOSTEN* zu ermitteln. *)

```
LABEL 1,
VAR CMAX,H,J,JS,K,KE,KS,U,V,X,Y: INTEGER;
BEGIN
  1: CMAX:=0;
    FOR J:=1 TO N-2 DO
      BEGIN U:=REIHE[J]; V:=REIHE[J+1];
        IF J=1 THEN KE:=N-1 ELSE KE:=N;
```

```
    FOR K:=J+2 TO KE DO
      BEGIN X:=REIHE[K];
        IF K<N THEN Y:=REIHE[K+1] ELSE Y:=REIHE[1];
        H:=C[U,V]+C[X,Y]-C[U,X]-C[V,Y];
        IF H>CMAX THEN BEGIN CMAX:=H; JS:=J; KS:=K
        END
      END
  END;
  IF CMAX>0 THEN
    BEGIN FOR K:=1 TO (KS-JS) DIV 2 DO
                BEGIN H:=REIHE[K+JS];
                REIHE[K+JS]:=REIHE[KS-K+1];
                  REIHE[KS-K+1]:=H
                END;
              KOSTEN:=KOSTEN-CMAX; GOTO 1
    END
END;
```

4. Parameterprobleme

4.1. Innere Stabilitätszahl

4.1.1. Beispiele und Probleme

1. Aufgabe

Im Zusammenhang mit einem Bauvorhaben möge eine Menge $\mathfrak{X}$ von n Teilprojekten $X_1, X_2, \ldots, X_n$ anfallen. Aus einer vorgegebenen Menge $\mathfrak{R} = \{R_1, R_2, \ldots, R_p\}$ von Ressourcen (Maschinen, Arbeiter, Materialien, ...) wird bei der Bearbeitung des Einzelprojektes X_i eine gewisse Teilmenge $\mathfrak{R}_i \subseteqq \mathfrak{R}$ der Ressourcenmenge $\mathfrak{R}$ benötigt. Falls es eine Ressource gibt, die sowohl zur Bearbeitung von X_i als auch von X_j benötigt wird ($i \neq j$), also $\mathfrak{R}_i \cap \mathfrak{R}_j \neq \emptyset$, so dürfen die Projekte X_i und X_j nicht gleichzeitig bearbeitet werden. Welche der Einzelprojekte können nun gleichzeitig bearbeitet werden?
Zur Lösung dieses Problems betrachten wir den folgenden Graphen. Die Knotenmenge $\mathfrak{X}$ des Graphen $\mathfrak{G}[\mathfrak{X}, \mathfrak{U}]$ identifizieren wir mit der Menge der Teilprojekte, also $\mathfrak{X} = \{X_1, X_2, \ldots, X_n\}$. Eine Kante $u = [X_i, X_j]$ wird eingezogen, sofern $\mathfrak{R}_i \cap \mathfrak{R}_j \neq \emptyset$ ist. Gesucht wird nunmehr in $\mathfrak{G}$ eine Menge $\mathfrak{S} \subseteqq \mathfrak{X}$ von Knoten, wobei keine zwei Knoten aus $\mathfrak{S}$ durch eine Kante verbunden sind. Jede solche Menge $\mathfrak{S}$ besitzt offenbar die Eigenschaft, daß die den Knoten aus $\mathfrak{S}$ entsprechenden Teilprojekte gleichzeitig ausgeführt werden können. Erweitern wir unser Modell noch ein wenig in folgender Weise: Nehmen wir an, daß zur Bearbeitung eines beliebigen Teilprojektes X_i eine gewisse Zeit $t_i = t = const.$ erforderlich ist. Gesucht wird eine Minimalzahl von Zeiteinheiten, so daß alle Teilprojekte abgearbeitet werden können (dabei beachtend, daß zwei Teilprojekte, die ein und dieselbe Ressource benötigen, nicht in derselben Zeiteinheit bearbeitet werden dürfen). In dieser Erweiterung werden wir auf das im nächsten Abschnitt zu behandelnde Problem der Bestimmung der *chromatischen Zahl* eines Graphen geführt.

2. Aufgabe

Betrachten wir die Abbildung 4.1.1a. Es wird eine (reale) Straßenkreuzung wiedergegeben. Jede der vier Straßen hat drei Fahrbahnen, deren Richtungen durch Pfeile auf den Fahrbahnen angegeben sind. Jede der vier Straßen wird von einem Fußgängerübergang geschnitten, diese Übergänge werden durch die Ampeln 1, 2, 3, 4, resp. geregelt. Jede der auf die Kreuzung führenden Fahrbahnen (es sind 7 Stück) wird durch eine Ampel geregelt, welche die Nummern 5, 6, ..., 11, resp. erhalten. Damit keine Unfälle geschehen können, dürfen ersichtlich gewisse der 11 Ampeln nicht gleichzeitig auf GRÜN geschaltet werden, so können etwa 8 und 10 nicht gleichzeitig GRÜN bekommen. Aber auch 6 und 9 können nicht gleichzeitig GRÜN bekommen, weil für beide Richtungen nur eine Fahrbahn zur Aufnahme zur Verfügung steht.

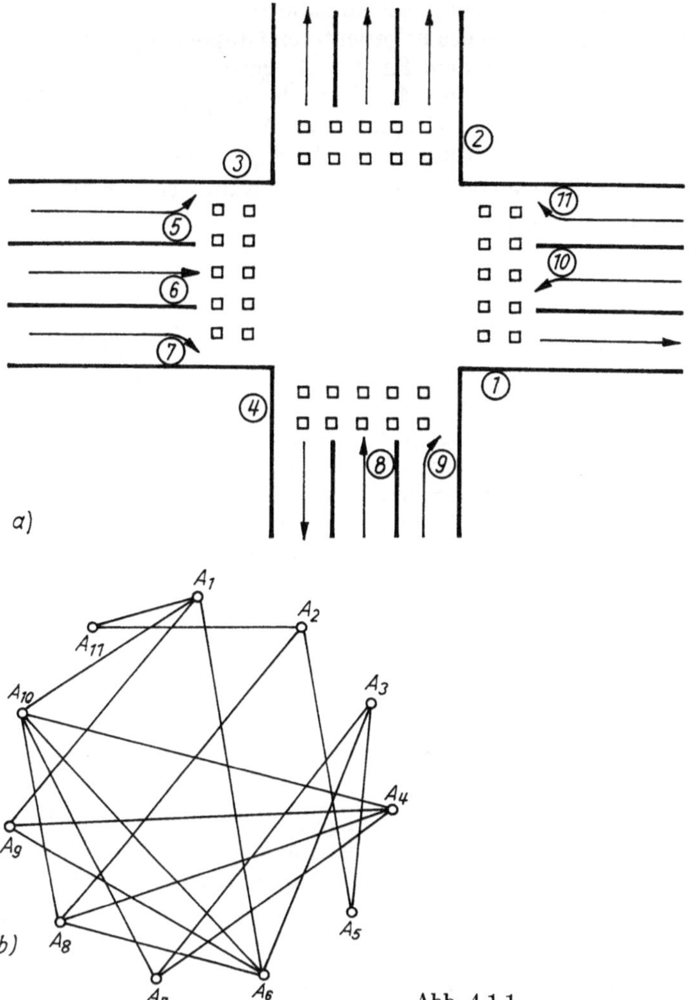

Abb. 4.1.1

Aber gewisse der Ampeln können gleichzeitig auf GRÜN geschaltet werden, etwa 1, 2, 7. Sei $\mathfrak{A} = \{A_1, A_2, \ldots, A_n\}$ die Menge der n (=11) Ampeln A_i. Unter einer zulässigen Schaltung verstehen wir eine Teilmenge $\mathfrak{A}_i$ der Ampelmenge $\mathfrak{A}$, wobei alle Elemente aus $\mathfrak{A}_i$ gleichzeitig auf GRÜN geschaltet werden dürfen. Gesucht wird die Minimalzahl k von zulässigen Schaltungen $\mathfrak{A}_{i_1}, \mathfrak{A}_{i_2}, \ldots, \mathfrak{A}_{i_k}$, so daß

$$\bigcup_{j=1}^{k} \mathfrak{A}_{i_j} = \mathfrak{A}$$

gilt.

Werden also in der ersten GRÜNphase alle Ampeln von $\mathfrak{A}_{i_1}$ auf GRÜN geschaltet, in der zweiten GRÜNphase alle Ampeln aus $\mathfrak{A}_{i_2}, \ldots$, in der k-ten GRÜNphase alle Ampeln aus $\mathfrak{A}_{i_k}$, so ist nach k GRÜNphasen jede der Ampeln wenigstens einmal auf GRÜN geschaltet worden.

Wie sieht die graphentheoretische Modellierung der Aufgabe aus?
Jeder der Ampeln A_i wird ein Knoten A_i eines ungerichteten Graphen $\mathfrak{G}[\mathfrak{X}, \mathfrak{U}]$ zugeordnet. Wir verbinden den Knoten A_i mit dem Knoten A_j genau dann durch eine Kante $u = [A_i, A_j]$, sofern die Ampeln A_i und A_j nicht gleichzeitig GRÜN haben dürfen. Der zu unserer Kreuzung gehörige Graph ist in Abb. 4.1.1b gezeichnet. Gesucht wird nun die Minimalzahl k von Teilmengen $\mathfrak{A}_{i_1}, \mathfrak{A}_{i_2}, \ldots \mathfrak{A}_{i_k}$, wobei keine zwei Knoten aus irgendeiner der Teilmengen $\mathfrak{A}_{i_j}$ durch eine Kante verbunden sein dürfen und die Vereinigung aller k Mengen $\mathfrak{A}_{i_j}$ gleich $\mathfrak{A}$ ist.

3. Aufgabe

Sei $\mathfrak{X} = \{X_1, X_2, \ldots, X_n\}$ die Menge von Signalen X_i, die ein Sender abstrahlen kann. Gewisse der Signale mögen so beschaffen sein, daß sie bei Störungen im Übertragungskanal beim Empfänger nicht (oder doch nicht mit Sicherheit) unterschieden werden können. Man gebe eine möglichst große Menge von abstrahlbaren Signalen an, die unverwechselbar sind, die also abgestrahlt werden können, ohne beim Empfänger zu Verwechslungen zu führen. Ordnet man jedem Signal X_i einen Knoten X_i eines ungerichteten Graphen $\mathfrak{G}[\mathfrak{X}, \mathfrak{U}]$ zu und verbindet die Knoten X_i und X_j genau dann durch eine Kante $u = [X_i, X_j] \in \mathfrak{U}$, sofern die den Knoten entsprechenden Signale verwechselt werden können, so wird, wie in der ersten Aufgabe, wiederum eine (möglichst große) Menge $\mathfrak{S}$ von Knoten gesucht, von denen keine zwei durch eine Kante verbunden sind.
Kommen wir zur graphentheoretischen Formulierung der zu lösenden Aufgabe sowie zu einigen erforderlichen Definitionen.

Definition

Eine Menge $\mathfrak{S} \subseteq \mathfrak{X}$ von Knoten eines ungerichteten Graphen $\mathfrak{G}[\mathfrak{X}, \mathfrak{U}]$ heißt *unabhängig,* sofern keine zwei Knoten aus $\mathfrak{S}$ durch eine Kante verbunden sind. Falls $\mathfrak{S}$ eine Menge unabhängiger Knoten ist, so heißt $\mathfrak{S}$ *innerlich stabil,* oder auch nur *stabil,* sofern es keine unabhängige Menge $\mathfrak{S}' \subseteq \mathfrak{X}$ gibt, die $\mathfrak{S}$ echt umfaßt.

Man nennt also eine Knotenmenge innerlich stabil, wenn sie maximal unabhängig ist, und umgekehrt. Die Anzahl der Elemente einer unabhängigen Menge mit maximaler Knotenanzahl heißt *innere Stabilitätszahl* (*STABZAHL*) des Graphen und wird mit $\sigma(\mathfrak{G})$ bezeichnet.
Wir geben im weiteren einen exakten Algorithmus zur Bestimmung aller innerlich stabilen Mengen an. Die gestellte Aufgabe ist nicht in polynomialer Zeit lösbar. Der Lösungsalgorithmus läuft auf eine vollständige Enumeration aller innerlich stabilen Mengen hinaus.

4.1.2. Verbalalgorithmus zur Ermittlung innerlich stabiler Mengen und PASCAL-procedure

Das geplante Vorgehen wollen wir an Hand eines kleinen Beispiels erläutern. Betrachten wir den Graphen der Abb. 4.1.2. Zunächst nehmen wir irgendeinen Knoten – etwa X_1 – in die Menge $\mathfrak{S}$ unabhängiger Knoten auf. Die Nachbarn X_2, X_3 und X_6 von

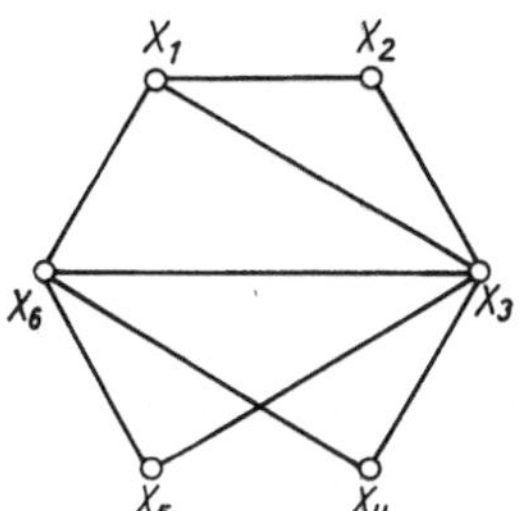

Abb. 4.1.2

X_1 können wegen der geforderten Unabhängigkeit nicht in $\mathfrak{S}$ liegen. Nun nehmen wir irgendeinen der noch zur Verfügung stehenden Knoten – etwa X_4 – in $\mathfrak{S}$ auf. Weitere Knoten werden von einer evtl. Aufnahme in $\mathfrak{S}$ nicht ausgeschlossen, da bereits alle Nachbarn von X_4 aus $\mathfrak{S}$ ausgeschlossen sind. Es verbleibt der Knoten X_5, wir nehmen ihn in $\mathfrak{S}$ auf und haben eine erste innerlich stabile Menge gefunden, nämlich $\mathfrak{S} = \{X_1, X_4, X_5\}$. Weitere innerlich stabile Mengen, die X_1 enthalten, gibt es offenbar nicht. Bauen wir nunmehr eine andere Menge $\mathfrak{S}$ – etwa mit X_2 beginnend – auf. Die Nachbarn X_1 und X_3 von X_2 kommen für eine Mitgliedschaft in $\mathfrak{S}$ nicht in Frage, jedoch X_4. Damit wird X_6 ausgeschlossen, es verbleibt X_5, womit eine neue innerlich stabile Menge $\{X_2, X_4, X_5\}$ gefunden ist. Der Leser setze selber die Suche nach innerlich stabilen Mengen fort, insgesamt gibt es deren vier.

Das algorithmische Vorgehen ist durch das Beispiel vorgezeichnet, dabei wollen wir die innerlich stabilen Mengen in lexikographischer Reihenfolge ermitteln, d.h. zunächst alle, die den Knoten X_1 enthalten, anschließend alle (sofern es solche gibt), die X_2, aber nicht X_1 enthalten, anschließend alle die, welche X_3, aber weder X_1 noch X_2 enthalten (sofern es solche gibt), usw.

Wir führen mittels **MARKE** eine Markierung der Knoten ein, wobei zu Beginn alle MARKEn gleich 0 gesetzt sind. Sofern ein Knoten X_i zur Menge $\mathfrak{S}$ unabhängiger Knoten hinzugenommen wird, bekommt er die $MARKE[i] := i$. Wird durch die Hinzunahme von X_i zu $\mathfrak{S}$ ein Knoten X_j von evtl. späterer Hinzunahme zu $\mathfrak{S}$ ausgeschlossen (weil er zu X_i benachbart ist, jedoch zu keinem zuvor in $\mathfrak{S}$ aufgenommenen Knoten), so setzen wir $MARKE[j] := i$. Zwei Zählungen werden durchgeführt: Einerseits gibt r die aktuelle Anzahl von Knoten aus $\mathfrak{S}$ an, andererseits gibt z (die explizit nur in der PASCAL-procedure auftaucht) die aktuelle Anzahl der Knoten an, die für eine Aufnahme in $\mathfrak{S}$ nicht mehr in Frage kommen.

Einen Knoten, der für die Aufnahme in $\mathfrak{S}$ nicht mehr in Frage kommt (das ist entweder ein Knoten, der bereits in $\mathfrak{S}$ liegt, oder ein Knoten, der zu einem Knoten von $\mathfrak{S}$ benachbart ist), nennen wir von $\mathfrak{S}$ *überdeckt*. Ein Vektor **NUMMER** enthält aktuell in den ersten r Komponenten die Indizes (monoton wachsend) der in $\mathfrak{S}$ aufgenommenen Knoten in der Reihenfolge ihrer Hinzunahme, wohingegen die Komponenten mit den NUMMERn $r + 1, r + 2, \ldots, n$ gleich 0 sind.

Verbalalgorithmus *zur Ermittlung aller innerlich stabilen Mengen sowie der inneren Stabilitätszahl eines ungerichteten Graphen*

Vorgaben: Ungerichteter Graph $\mathbf{G}[\mathfrak{X}, \mathfrak{U}]$
Service: Ausdruck aller innerlich stabilen Mengen sowie der Stabilitätszahl *STABZAHL*

Beginnend mit $\mathfrak{S} = \emptyset$ und $a = 0$ für alle auftretenden Variablen und Vektorkomponenten a tue:

(i) Sei $\mathfrak{S} = \{X_{i_1}, X_{i_2}, \ldots, X_{i_r}\}$ mit $i_j = NUMMER[j]$ eine aktuelle Menge unabhängiger Knoten.

(ii) Falls alle Knoten X_t mit $i_r < t \leq n$ markiert sind (d.h. $MARKE[t] \neq 0$ für $i_r < t \leq n$ oder $i_r = n$), gehe nach (iv).

(iii) Sei i die kleinste aller Zahlen t mit $i_r < t \leq n$ und $MARKE[t] = 0$. Nimm X_i in $\mathfrak{S}$ auf (d.h. $r := r + 1$; $NUMMER[r] := i$; $MARKE[i] := i$) sowie in die überdeckte Menge $\mathfrak{T}$ (d.h., $z := z + 1$). Nimm alle noch nicht überdeckten Nachbarn X_j von X_i (für die also $MARKE[j] = 0$ gilt) in $\mathfrak{T}$ auf (d.h., $MARKE[j] := i$; $z := z + 1$), und setze bei (ii) fort ($i_r := i$).

(iv) Falls $\mathfrak{S}$ alle Knoten des Graphen überdeckt (d.h. falls $z = n$ ist), drucke $\mathfrak{S}$ als innerlich stabile Menge aus und setze $STABZAHL := \max(STABZAHL, r)$.

(v) Falls $\mathfrak{S}$ leer ist (d.h. $r = 0$ ist), drucke $STABZAHL$ aus, und gehe nach **ENDE**.

(vi) $i := NUMMER[r]$; entferne X_i und jeden durch X_i überdeckten Nachbarn X_j von X_i (für den also $MARKE[j] = i$ gilt) aus $\mathfrak{T}$ (d.h., $MARKE[j] := 0$; $z := z - 1$). Entferne X_i aus $\mathfrak{S}$ (d.h., $NUMMER[r] := 0$; $r := r - 1$); $i_r := NUMMER[r]$; setze bei (ii) fort.

ENDE: Siehe Service

```
PROCEDURE STABIL (N,KZ: INTEGER; VAR IU,NR: KLISTE;
          VAR BEZ: ALPHALIST; VAR U: ULISTE; VAR ISTABZ:
          INTEGER);
(*Vorgaben: Ungerichteter Graph, beschrieben durch die doppelte Kantenliste U
    und die zugehörige Knotenliste IU, ferner ein Kennzeichen KZ = 0, 1, 2 zur
    Information über gewünschte Zwischendrucke, dabei ist BEZ die Liste der zu
    druckenden Knotenbezeichnungen.
  Service: Bestimmung der inneren Stabilitätszahl ISTABZ (durch Enumeration
    aller stabilen Knotenmengen) und einer Maximummenge unabhängiger Knoten,
    beschrieben durch eine Liste NR[I], I = 1, 2, ..., ISTABZ. Im Falle KZ = 1
    werden alle stabilen Mengen der gerade aktuellen Maximaldimension ISTABZ
    ausgegeben, im Falle KZ = 2 werden alle stabilen Mengen ausgegeben. *)
LABEL 1;
VAR I,J,K,R,Z: INTEGER;
    MARKE, NUMMER: KLISTE;
    KNOTEN: BOOLEAN;
PROCEDURE DRUCK;
VAR I,Z: INTEGER;
BEGIN (*DRUCK*)
  I:=0;
  WHILE I<R DO
    BEGIN Z:=0;
      WHILE (I<R) AND (Z<10) DO
        BEGIN I:=I+1; Z:=Z+1; WRITE(BEZ[NUMMER[I]]) END;
      WRITELN(OUTPUT)
    END
END; (*DRUCK*)
```

```
BEGIN (*STABIL*)
  ISTABZ:=0;
  IF KZ>0 THEN BEGIN WRITELN(' '); WRITELN
  ('BEGINN STABIL');
                          WRITELN(' ')
                    END;
  FOR I:=1 TO N DO BEGIN MARKE[I]:=0; NUMMER[I]:=0 END;
  Z:=0; R:=0; I:= 0;
1: (*Bestimmung des nächsten noch nicht markierten Knotens*)
  KNOTEN:=FALSE;
  WHILE(I<N) AND NOT KNOTEN DO
    BEGIN I:=I+1; IF MARKE[I]=0 THEN KNOTEN:=TRUE END;
  IF KNOTEN THEN (*Markierung des neuen Knotens und seiner noch nicht
                          markierten Nachbarn*)
     BEGIN MARKE[I]:=I; R:=R+1; NUMMER[R]:=I; Z:=Z+1;
       FOR K:=IU[I] TO IU[I+1]-1 DO BEGIN J:=U[K];
                                  IF MARKE[J]=0 THEN
                                    BEGIN MARKE[J]:=I; Z:=Z+1 END
                                  END;
       GOTO 1
     END
  ELSE (*Es wurde kein unmarkierter Knoten gefunden: falls alle Knoten überdeckt
          sind (Z = N), so liegt eine stabile Menge vor, es erfolgt eine Auswertung*)
  BEGIN IF Z=N THEN BEGIN IF KZ=2 THEN DRUCK;
                          IF R>=ISTABZ THEN IF KZ=1 THEN DRUCK;
                          IF R > ISTABZ THEN
                            BEGIN ISTABZ:=R;
                              FOR I:=1 TO R DO NR[I]:=NUMMER[I]
                            END
                    END
   END;
    (*Reduktion der aktuellen Markierung*)
    IF R>0 THEN BEGIN I:=NUMMER[R]; NUMMER[R]:=0; R:=R-1;
                      MARKE[I]:=0; Z:=Z-1;
                      FOR K:=IU[I] TO IU[I+1]-1 DO
                        BEGIN J:=U[K];
                          IF MARKE[J]=I THEN BEGIN MARKE[J]:=0;
                          Z:=Z-1 END
                        END;
       GOTO 1
     END;
  IF KZ<>0 THEN WRITELN ('ENDE STABIL')
END; (*STABIL*)
```

4.2. Chromatische Zahl

4.2.1. Problemstellung

Einer der fundamentalen Begriffe in der Graphentheorie ist der der *chromatischen Zahl* eines Graphen. Wie man auch die Bedeutung der inzwischen zahlreichen Teilgebiete der Graphentheorie persönlich einschätzt, man kommt nicht umhin zuzugeben, daß sich die Majorität der graphentheoretischen Publikationen mit Färbungen im allgemeinen und mit der chromatischen Zahl im besonderen befaßt.
Vorgegeben sei ein ungerichteter Graph $\mathfrak{G}[\mathfrak{X}, \mathfrak{U}]$. Wir nennen die Knotenpunkte von $\mathfrak{G}$ *zulässig gefärbt* (kurz: $\mathfrak{G}$ *ist zulässig gefärbt*), wenn jedem Knoten von $\mathfrak{G}$ eine Farbe zugeordnet ist, wobei irgend zwei durch eine Kante verbundene Knoten verschiedene Farben besitzen. Trivial kann man $\mathfrak{G}$ dadurch zulässig färben, daß jeder Knoten verschieden von jedem anderen gefärbt wird. Dabei benötigt man aber $n = |\mathfrak{X}|$ verschiedene Farben. Von besonderem Interesse sind solche zulässigen Färbungen von $\mathfrak{G}$, bei denen die Anzahl der verwendeten Farben möglichst klein ist. Das Minimum der zu einer zulässigen Färbung von $\mathfrak{G}$ erforderlichen Farben heißt die *chromatische Zahl* $\chi(\mathfrak{G})$ von $\mathfrak{G}$.
Wir werden die Farben nicht etwa mit grün, gelb, rot, ... bezeichnen, sondern mit $F_1, F_2, \ldots$ oder, wenn keine Verwechslungen möglich sind, mit 1, 2, ...
Ein praktisches Problem, das auf die Ermittlung der chromatischen Zahl hinausläuft, haben wir bereits im vorangehenden Abschnitt – bei der Ampelregelung einer Straßenkreuzung – kennengelernt.
Abb. 4.2.1 zeigt einen mit 4 Farben zulässig gefärbten Graphen, wobei wir die Farbnummern in die Knoten hineingeschrieben haben. Der Leser bemühe sich nicht, den Graphen mit 3 Farben zulässig färben zu wollen!

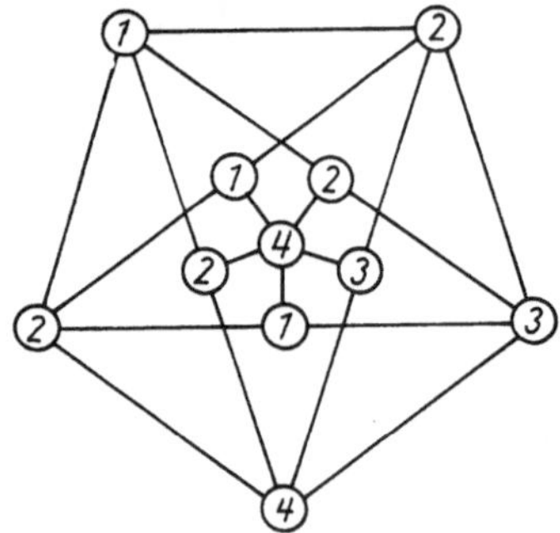

Abb. 4.2.1

4.2.2. Definitionen und Sätze

Betrachten wir den Graphen der Abb. 4.2.2a. Wenn wir diesen Graphen zulässig färben wollen, so müssen z.B. die drei Knoten X_2, X_4, X_7 paarweise verschiedene Farben erhalten, da jeder von ihnen mit jedem anderen von ihnen durch eine Kante verbunden ist. Somit benötigt man bereits zur Färbung allein dieser drei Knoten drei Farben. Darüber hinaus bilden die vier Knoten X_3, X_4, X_6, X_7 ein sogenanntes vollständiges Viereck (auch 4-Clique genannt), zu dessen Färbung vier Farben benötigt werden.

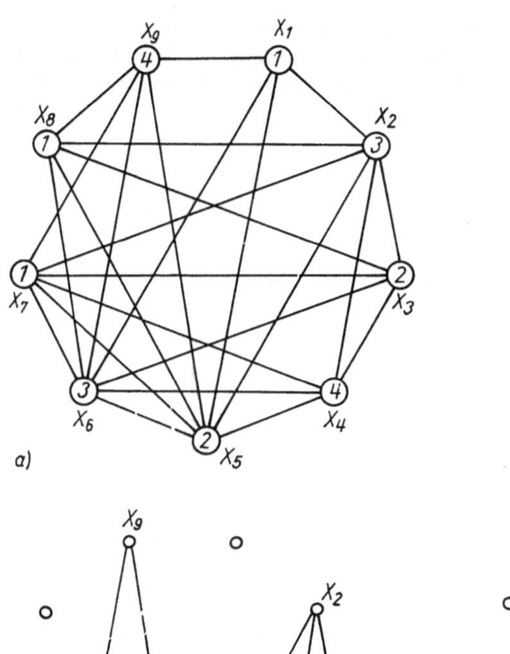

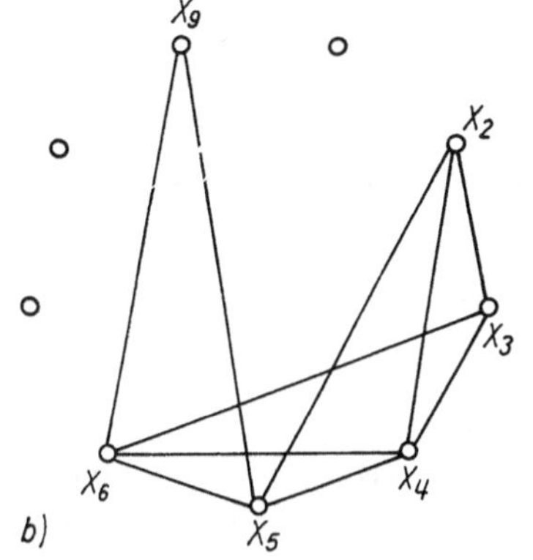

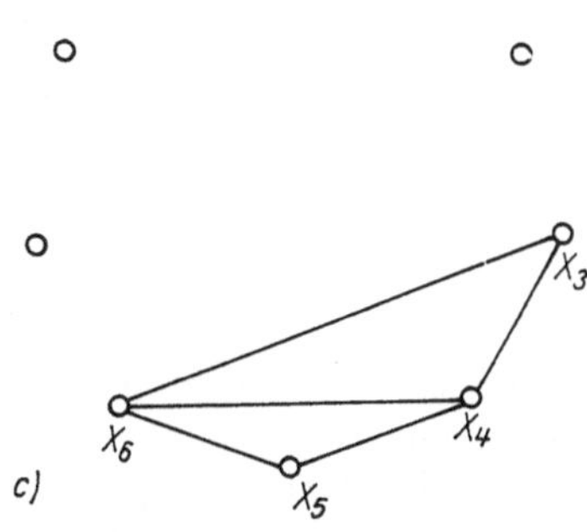

Abb. 4.2.2

Definition

Ein aus k Knoten $X_{i_1}, X_{i_2}, \ldots, X_{i_k}$ aufgespannter Untergraph $\mathbf{U}$ eines Graphen $\mathfrak{G}$ heißt *k-Clique* oder *vollständiges k-Eck,* sofern X_{i_r} und X_{i_s} für $i_r \neq i_s$ in $\mathfrak{G}$ durch eine Kante verbunden sind. Die größte natürliche Zahl γ, für die es in $\mathfrak{G}$ eine γ-Clique gibt, heißt die *Cliquenzahl* $\gamma(\mathfrak{G})$ von $\mathfrak{G}$.

Im Sinne dieser Definition spannen die zwei Endpunkte einer Kante eine 2-Clique auf. Der Leser prüfe nach, ob der Graph der Abb. 4.2.2a eine 5-Clique besitzt. Entsprechend den bisherigen Überlegungen gilt der

Satz

Zwischen der chromatischen Zahl $\chi(\mathfrak{G})$ und der Cliquenzahl $\gamma(\mathfrak{G})$ eines Graphen $\mathfrak{G}$ besteht die Relation $\gamma(\mathfrak{G}) \leqq \chi(\mathfrak{G})$.

Wie der Graph in Abb. 4.2.1 zeigt, gibt es Graphen, für die $\gamma(\mathfrak{G}) < \chi(\mathfrak{G})$ gilt. Da die algorithmische Ermittlung der Cliquenzahl eines Graphen nicht einfacher ist als die der chromatischen Zahl selber, kann der angegebene Satz kaum zur Ermittlung einer unteren Schranke für die chromatische Zahl verwendet werden.

Bessere Dienste leistet dabei der folgende

Satz

Sei $\delta(\mathfrak{G})$ das Maximum der Valenzen eines ungerichteten Graphen $\mathfrak{G}$. Dann gilt $\chi(\mathfrak{G}) \leqq \delta(\mathfrak{G}) + 1$.

Da die Zahl $\delta(\mathfrak{G})$ sehr schnell ermittelt werden kann, gewinnt man mit Hilfe dieses Satzes sehr schnell eine obere Schranke für die chromatische Zahl, und, was für den Praktiker gewiß wichtiger ist, es läßt sich ein schneller Algorithmus angeben, mit dessen Hilfe man eine zulässige Färbung mit $\leqq \delta(\mathfrak{G}) + 1$ Farben von $\mathfrak{G}$ gewinnen kann.

4.2.3. Verbalalgorithmen zur zulässigen Färbung eines Graphen

Zunächst geben wir einen Algorithmus an, mit dessen Hilfe die Knoten eines Graphen $\mathfrak{G}$ mit höchstens $\delta(\mathfrak{G}) + 1$ Farben zulässig gefärbt werden können.

Verbalalgorithmus 1 *zur zulässigen Färbung eines Graphen*

Vorgaben: Ungerichteter Graph $\mathfrak{G}[\mathfrak{X}, \mathfrak{U}]$ einer Maximalvalenz $\delta(\mathfrak{G})$
Service: Zulässige Färbung der Knoten von $\mathfrak{G}$ mit höchstens $\delta(\mathfrak{G}) + 1$ Farben, dabei erhält der Knoten X_i die Farbe $F(X_i)$. Die Menge der zur Färbung zur Verfügung stehenden Farben sei $\mathfrak{F} = \{1, 2, \ldots, \delta(\mathfrak{G}), \delta(\mathfrak{G}) + 1\}$.

(i) Gib X_1 die Farbe $F(X_1) := 1$, und setze $i := 2$.

(ii) Seien $X_1, X_2, \ldots, X_{i-1}$ bereits mit einer Farbe versehen, und sei $\mathfrak{N}_i \subseteqq \{X_1, X_2, \ldots, X_{i-1}\}$ die Menge der Nachbarn von X_i, die bereits eine Farbe erhalten haben, ferner sei $\mathfrak{F}_i \subseteqq \mathfrak{F}$ die Menge der bei der Färbung der Knoten aus $\mathfrak{N}_i$ verwendeten Farben. Gib X_i die *kleinste* Farbe aus $\mathfrak{F} - \mathfrak{F}_i$, also $F(X_i) := \min\{j : j \in \mathfrak{F} - \mathfrak{F}_i\}$; setze $i := i + 1$.

(iii) Solange $i < n$ ist, setze bei (ii) fort.

ENDE: Siehe Service

Betrachten wir ein kleines Beispiel, etwa das der Abb. 4.2.3. Den obigen Algorithmus anwendend, kann man sehen, daß den Knoten X_i wie folgt die Farben $F(X_i)$ zugeordnet werden:

$i =$	1	2	3	4	5	6	7	8	9	10	11	12
$F(X_i) =$	1	2	1	2	1	2	1	2	3	3	4	5

Der Leser überzeuge sich selber davon, daß dieser Graph die chromatische Zahl $\chi(\mathfrak{G}) = 3$ besitzt, daß also der angegebene Algorithmus i. allg. nicht eine zulässige Färbung mit $\chi(\mathfrak{G})$ Farben liefert.

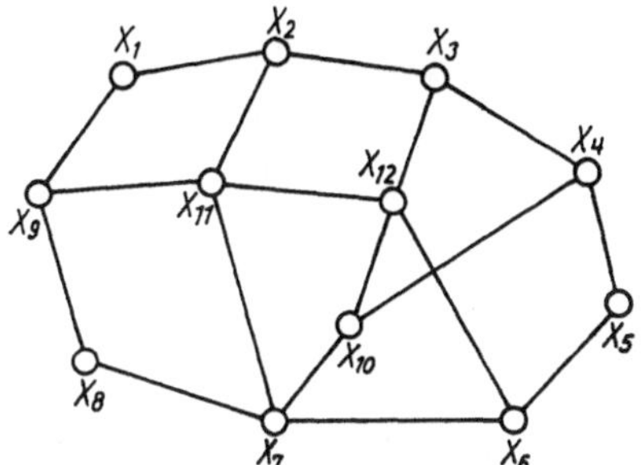

Abb. 4.2.3

Die Anzahl der bei Anwendung obigen Algorithmus erforderlichen Farben hängt ganz wesentlich von der vorgegebenen Numerierung der Knoten ab. Hätten wir eine geringfügige Änderung der Numerierung vorgenommen, etwa $X_{10} \leftrightarrow X_{12}$, so wären wir bei Anwendung des Algorithmus mit 4 Farben ausgekommen.
Der Leser suche eine Knotennumerierung, so daß man bei Anwendung des obigen Algorithmus nur 3 Farben benötigt.
Wir wollen uns nun der Aufgabe zuwenden, wie man eine günstige Knotennumerierung gewinnen kann. Die im Verlaufe des folgenden Algorithmus gefundene Knotennumerierung nennt man eine *Minimalgradfolge* des vorgegebenen Graphen.
Wir wollen zunächst das Vorgehen an Hand eines Beispieles erläutern. Unter allen Knoten des Ausgangsgraphen $\mathfrak{G}$ wählen wir einen minimaler Valenz und nennen ihn Y_1. Für den Graphen der Abb. 4.2.3 könnte z.B. $Y_1 = X_1$ sein. Nunmehr entfernen wir Y_1 sowie alle mit Y_1 inzidenten Kanten aus $\mathfrak{G} = \mathfrak{G}_1$, nennen den entstehenden Graphen $\mathfrak{G}_2$ und wählen einen Knoten Y_2 minimaler Valenz in $\mathfrak{G}_2$. Im Beispiel könnten wir etwa $Y_2 = X_8$ wählen. Nunmehr entfernen wir Y_2 und alle mit Y_2 inzidenten Kanten aus $\mathfrak{G}_2$, nennen den entstehenden Graphen $\mathfrak{G}_3$ und wählen in $\mathfrak{G}_3$ einen Knoten Y_3 minimaler Valenz usw. Bezeichnen wir mit $v(Y_i:\mathfrak{G}_i)$ die Valenz des Knoten Y_i in $\mathfrak{G}_i$, so könnte sich etwa in unserem Beispiel die folgende Knotenreihenfolge ergeben:

$i =$	1	2	3	4	5	6	7	8	9	10	11	12
$Y_i =$	X_1	X_8	X_9	X_2	X_{11}	X_3	X_{12}	X_4	X_5	X_6	X_7	X_{10}
$v(Y_i:G_i) =$	2	2	1	2	2	2	2	2	1	1	1	0

Nunmehr färben wir die Knoten von $\mathfrak{G}$ zulässig, indem wir – beginnend mit Y_{12}, dem wir die Farbe 1 geben – nacheinander die Knoten $Y_{12}, Y_{11}, \ldots, Y_2, Y_1$ und die mit den entsprechenden Knoten inzidenten Kanten hinzufügen (sofern für den anderen Endpunkt Y_j einer mit Y_i inzidenten Kante $[Y_i, Y_j]$ die Beziehung $i < j$ gilt) und dem jeweils zuletzt hinzugefügten Knoten eine möglichst kleine Farbnummer geben. Es ist nunmehr leicht einzusehen, daß der folgende Satz gilt.

Satz

Sei $d := \max\limits_{1 \leq i \leq n} v(Y_i:G_i)$, dann ist $\mathfrak{G}$ mit $d + 1$ Farben zulässig färbbar.

Obwohl die Minimalgradfolge selbst i. allg. nicht eindeutig bestimmt ist, kann man doch zeigen, daß d für jede Minimalgradfolge denselben Wert hat. $d + 1$ heißt ***Färbungszahl*** (colouring number) des Graphen.
Der Leser konstruiere einen Graph $\mathfrak{G}$, für den $\chi(\mathfrak{G}) < d + 1$ gilt.

Algorithmus 2 *zur zulässigen Färbung eines Graphen*

Vorgaben: Ungerichteter Graph $\mathfrak{G}[\mathfrak{X}, \mathfrak{U}]$
Service: Zulässige Färbung von $\mathfrak{G}$ mit höchstens $d + 1$ Farben auf der Basis einer Minimalgradfolge

Abbauschritt

(i) $i := 0$
(ii) $i := i + 1$; Bestimme $Y_i \in \mathfrak{X}$ mit $v(Y_i) = \min_{X \in \mathfrak{X}} v(X)$; $\mathfrak{X} := \mathfrak{X} - \{Y_i\}$; $\mathfrak{U} := \mathfrak{U} - \Delta(Y_i)$ (dabei ist $\Delta(Y_i)$ die Menge der mit Y_i inzidenten Kanten). Wiederhole (**ii**), solange $i < n$ ist.

Aufbauschritt (Färbeprozedur)

(iii) $F(Y_n) := 1$; $i := n - 1$
(iv) Sei $\mathfrak{M}_i \subseteq \{Y_n, Y_{n-1}, \ldots, Y_{i+1}\}$ die Menge der Nachbarn von Y_i, die bereits eine Farbe bekommen haben.
Sei $\mathfrak{F}_i \subseteq \mathfrak{F} = \{1, 2, \ldots, d + 1\}$ die Menge der bei der Färbung der Knoten aus $\mathfrak{M}_i$ verwendeten Farben.
$F(Y_i) := \min \{j : j \in \mathfrak{F} - \mathfrak{F}_i\}$; $i := i - 1$;
Setze bei (**iv**) fort, solange $i \geqq 1$ ist.

ENDE: $F(Y_j)$ ist die Farbe des Knotens Y_j bei einer zulässigen Färbung mit $\leqq d + 1 = \max_{1 \leqq i \leqq n} v(Y_i : G_i) + 1$ Farben.

4.2.4. PASCAL-procedure zur Minimalgradfolge und zulässiger Färbung

```
PROCEDURE CHINA (N: INTEGER; VAR IU,FARBE: KLISTE;
            VAR U: ULISTE; VAR FARBZAHL: INTEGER);
(*Vorgaben: Ungerichteter Graph, beschrieben durch die doppelte Kantenliste U
  und die zugehörige Knotenliste IU
  Service: FARBZAHL ist eine obere Schranke für die chromatische Zahl CHI
    und FARBE eine mögliche Knotenfärbung (gemäß Minimalgradfolge) mit
    höchstens FARBZAHL Farben *)
VAR F,I,J,K,MIN,IMIN,R: INTEGER;
    KNOTEN, STELLUNG, VALENZ: KLISTE;
BEGIN (*CHINA*)
  FOR I:=1 TO N DO BEGIN VALENZ[I]:=IU[I+1]-IU[I];
                          STELLUNG[I]:=0
                        END;
  (*Bildung der Minimalgradfolge*)
  FOR R:=1 TO N DO
    BEGIN MIN:=N; FOR I:=1 TO N DO
                    IF(STELLUNG[I]=0) AND (VALENZ(I]<MIN) THEN
                      BEGIN MIN:=VALENZ[I]; J:=I END;
                  KNOTEN[R]:=J; STELLUNG[J]:=R;
                  FOR K:=IU[J] TO IU[J+1]-1 DO
                    VALENZ[U[K]]:=VALENZ[U[K]]-1
    END;
```

```
  (*Färbung, dabei wird das Feld VALENZ als Hilfsfeld genutzt *)
  FARBE[KNOTEN[N]]:=1; FARBZAHL:=1;
  FOR R:=N-1 DOWNTO 1 DO
    BEGIN J:=KNOTEN[R]; (*Bestimme mögliche Farbe *)
      FOR K:=1 TO FARBZAHL DO VALENZ[K]:=0;
      FOR K:=IU[J] TO IU[J+1]-1 DO
        BEGIN I:=U[K];
          IF STELLUNG[I]>STELLUNG[J] THEN
          VALENZ[FARBE[I]]:=1
        END;
      K:=1; WHILE (VALENZ[K]=1) AND (K<=FARBZAHL)
      DO K:=K+1;
      FARBE[J]:=K; IF K>FARBZAHL THEN
      FARBZAHL:=FARBZAHL+1
    END
END; (*CHINA *)
```

4.2.5. Exakter Algorithmus zur Bestimmung der chromatischen Zahl und PASCAL-procedure

Da die Bestimmung der chromatischen Zahl zur sog. Klasse der **NP**-harten Probleme, also, wie wir sagten, zu den schweren Problemen gehört, läuft die Ermittlung der chromatischen Zahl im Prinzip auf die Auszählung aller Färbemöglichkeiten hinaus mit anschließender Auswahl einer solchen, bei der möglichst wenige Farben benötigt werden.

Betrachten wir eine beliebige zulässige Färbung der Knoten eines Graphen. Offenbar bilden die Knoten ein und derselben Farbklasse eine Menge unabhängiger Knoten (vgl. 4.1.). Bezeichneten wir mit $\sigma(\mathbf{G})$ die innere Stabilitätszahl (also die Maximalanzahl unabhängiger Knoten) eines Graphen $\mathbf{G}$, so ist klar, daß keine der Farbklassen mehr als $\sigma(\mathbf{G})$ Knoten enthalten kann, woraus sich der folgende Satz ergibt.

Satz

Seien $\sigma(\mathbf{G})$ und $\chi(\mathbf{G})$ die innere Stabilitätszahl bzw. chromatische Zahl eines Graphen $\mathbf{G}$ mit n Knoten. Dann gilt

$$\frac{n}{\sigma(\mathbf{G})} \leqq \chi(\mathbf{G}).$$

Die im Satz angegebene Schranke für die chromatische Zahl ist i. allg. nicht sehr gut. Betrachten wir etwa den Graphen $\mathbf{G}$ der Abb. 4.2.2a, so gilt $\sigma(\mathbf{G}) = 3$, denn $\{X_1, X_7, X_8\}$ z.B. ist eine stabile Menge mit maximaler Knotenanzahl; somit gilt $\frac{n}{\sigma(\mathbf{G})} = 3$. Die chromatische Zahl $\chi(\mathbf{G})$ ist mindestens gleich vier, da es in $\mathbf{G}$ eine 4-Clique gibt. Dennoch läßt sich das Konzept der innerlich stabilen Mengen sowohl zur näherungsweisen als auch zur exakten Ermittlung der chromatischen Zahl verwenden, wobei im zweiten Fall jedoch ein beträchtlicher Aufwand getrieben werden muß.

Grundlage der folgenden Betrachtungen ist der

Satz

> Der Graph $\mathfrak{G}$ sei mit r Farben zulässig färbbar. Dann ist $\mathfrak{G}$ mittels der folgenden Vorschrift mit r Farben zulässig färbbar: Wähle eine geeignete stabile Menge $\mathfrak{X}_1$ von Knoten und färbe jeden Knoten von $\mathfrak{X}_1$ mit der Farbe 1. Nunmehr entferne alle Knoten von $\mathfrak{X}_1$ aus dem Graphen sowie die mit ihnen inzidenten Kanten und suche im Restgraphen eine geeignete stabile Menge $\mathfrak{X}_2$. Färbe alle Knoten von $\mathfrak{X}_2$ mit der Farbe 2, entferne anschließend alle Knoten von $\mathfrak{X}_2$ sowie die mit ihnen inzidenten Kanten aus dem Restgraphen, usw.

Der irritierte Leser könnte sich fragen, was dieses soll. Erstens, man könnte doch zufrieden sein, wenn man weiß, daß der Graph mit r Farben zulässig färbbar ist. Zweitens, was heißt *geeignete* innerlich stabile Menge?
An der ersten Frage störe sich der Leser nicht weiter; denn es ist die eine Sache zu wissen, daß der Graph mit r Farben färbbar ist, und es ist eine andere Sache, tatsächlich eine Färbung mit r Farben zu finden.
Die zweite Frage ist da schon interessanter. Für eine zulässige Färbung mit einer zunächst noch unbekannten Anzahl von Farben genügt es ersichtlich, irgendeine stabile Menge $\mathfrak{X}_1$ zu wählen (im Beispiel der Abb. 4.2.2a etwa $\mathfrak{X}_1 = \{X_1, X_7, X_8\}$), im Restgraphen wiederum irgendeine stabile Menge $\mathfrak{X}_2$ (etwa $\mathfrak{X}_2 = \{X_2, X_9\}$), usw. Im Beispiel könnte etwa $\mathfrak{X}_3 = \{X_3, X_5\}$, $\mathfrak{X}_4 = \{X_4\}$, $\mathfrak{X}_5 = \{X_6\}$ entstanden sein, womit eine zulässige Färbung mit 5 Farben entstanden wäre. In diesem Beispiel haben wir sogar in jedem Schritt eine Maximummenge unabhängiger Knoten gewählt, ohne jedoch dabei eine zulässige Färbung mit $\chi(\mathfrak{G}) = 4$ Farben erhalten zu haben. Ein Vorgehen, wie es soeben beschrieben wurde, liefert also i. allg. nur eine obere Schranke für die chromatische Zahl.
Will man – mittels des angegebenen Satzes – die chromatische Zahl exakt ermitteln, so muß man in jedem Schritt jede mögliche innerlich stabile Menge konstruieren, um dann aus der Fülle möglicher Folgen $\{\mathfrak{X}_1, \mathfrak{X}_2, \mathfrak{X}_3, \ldots\}$ innerlich stabiler Mengen $\mathfrak{X}_i$ (im Graphen, der durch Streichen von $\{\mathfrak{X}_1, \mathfrak{X}_2, \ldots, \mathfrak{X}_{i-1}\}$ aus $\mathfrak{G}$ entstand) diejenige (oder doch eine) auszuwählen, die möglichst kurz ist.
Basierend auf dieser Idee, wollen wir einen exakten Algorithmus erarbeiten, dabei wollen wir uns stets am Beispiel des Graphen der Abb. 4.2.2a orientieren.
Zunächst stellen wir fest, daß wir o.B.d.A. dem Knoten X_1 die Farbe 1 geben können.
Im ersten Schritt ermitteln wir alle innerlich stabilen Mengen, die den Knoten X_1 enthalten. Diese Mengen ordnen wir lexikographisch und nennen sie $\mathfrak{S}_1, \mathfrak{S}_2, \ldots, \mathfrak{S}_{i_1}, \ldots, \mathfrak{S}_{n_1}$. In unserem Beispiel ergeben sich drei Mengen und zwar

$$\mathfrak{S}_1 = \{X_1, X_3\},\ \mathfrak{S}_2 = \{X_1, X_4, X_8\},\ \mathfrak{S}_3 = \{X_1, X_7, X_8\}$$

(vgl. auch Abb. 4.2.4), also $n_1 = 3$.
Nunmehr betrachten wir zu jedem $\mathfrak{S}_{i_1}$ diejenige Knotenmenge $\mathfrak{T}_{i_1}$, die aus $\mathfrak{X}$ durch Streichen der Knoten von $\mathfrak{S}_{i_1}$ hervorgeht, also $\mathfrak{T}_{i_1} := \mathfrak{X} - \mathfrak{S}_{i_1}$. In $\mathfrak{T}_{i_1}$ suchen wir denjenigen Knoten X_j mit kleinstem Index j und suchen in dem von $\mathfrak{T}_{i_1}$ aufgespannten Untergraphen $[\mathfrak{T}_{i_1}]$ von $\mathfrak{G}$ alle X_j enthaltenden innerlich stabilen Mengen, die wir wiederum lexikographisch ordnen und mit $\mathfrak{S}_1^{i_1}, \mathfrak{S}_2^{i_1}, \ldots, \mathfrak{S}_{i_2}^{i_1}, \ldots, \mathfrak{S}_{n_{i_1}}^{i_1}$ bezeichnen.

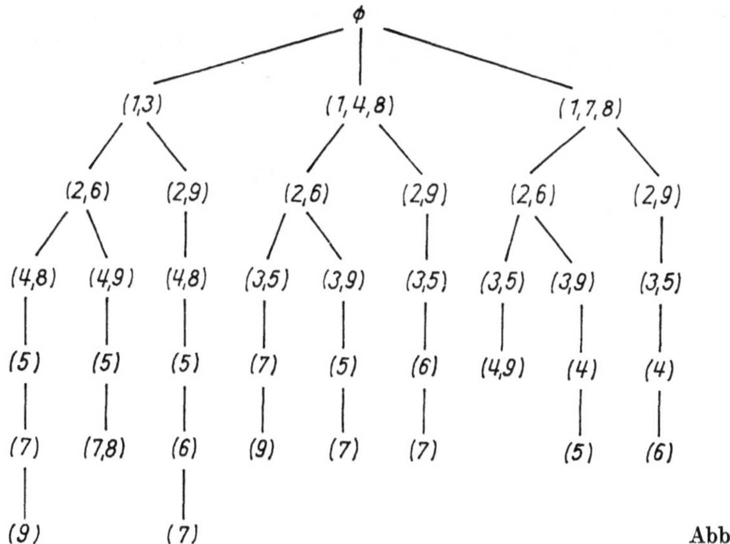

Abb. 4.2.4

In unserem Beispiel ergibt sich

$$\mathfrak{T}_1 = \{X_2, X_4, X_5, X_6, X_7, X_8, X_9\}, \mathfrak{T}_2 = \{X_2, X_3, X_5, X_6, X_7, X_9\},$$
$$\mathfrak{T}_3 = \{X_2, X_3, X_4, X_5, X_6, X_9\}$$

sowie

$$\mathfrak{S}_1^1 = \{X_2, X_6\}, \mathfrak{S}_2^1 = \{X_2, X_9\},$$
$$\mathfrak{S}_1^2 = \{X_2, X_6\}, \mathfrak{S}_2^2 = \{X_2, X_9\},$$
$$\mathfrak{S}_1^3 = \{X_2, X_6\}, \mathfrak{S}_2^3 = \{X_2, X_9\}.$$

Nunmehr entfernen wir für jedes i_1 und für jedes i_2 aus $\mathfrak{T}_{i_1}$ die Knoten aus $\mathfrak{S}_{i_2}^{i_1}$ (d.h., aus $\mathbf{G}$ werden sowohl die Knoten entfernt, die die Farbe 1 erhielten – diese Menge war $\mathfrak{S}_{i_1}$ –, als auch die Knoten, die die Farbe zwei erhielten – diese Menge war $\mathfrak{S}_{i_2}^{i_1}$). Die verbleibende Knotenmenge nennen wir $\mathfrak{T}_{i_2}^{i_1}$, also

$$\mathfrak{T}_{i_2}^{i_1} := \mathfrak{T}_{i_1} - \mathfrak{S}_{i_2}^{i_1} = \mathfrak{X} - (\mathfrak{S}_{i_1} \cup \mathfrak{S}_{i_2}^{i_1}).$$

Nun suchen wir in $\mathfrak{T}_{i_2}^{i_1}$ denjenigen Knoten X_j mit kleinstem Index j und betrachten in dem von $\mathfrak{T}_{i_2}^{i_1}$ in $\mathbf{G}$ aufgespannten Untergraphen $\mathfrak{T}_{i_2}^{i_1}$ alle innerlich stabilen Mengen, die X_j enthalten, und bezeichnen diese mit

$$\mathfrak{S}_1^{i_1,i_2}, \mathfrak{S}_2^{i_1,i_2}, \ldots, \mathfrak{S}_{i_3}^{i_1,i_2}, \ldots, \mathfrak{S}_{n_{i_1,i_2}}^{i_1,i_2}.$$

In unserem Beispiel ergibt sich

$$\mathfrak{T}_1^1 = \mathfrak{T}_1 - \mathfrak{S}_1^1 = \{X_4, X_5, X_7, X_8, X_9\};\ \mathfrak{S}_1^{1,1} = \{X_4, X_8\}, \mathfrak{S}_2^{1,1} = \{X_4, X_9\}$$
$$\mathfrak{T}_2^1 = \mathfrak{T}_1 - \mathfrak{S}_2^1 = \{X_4, X_5, X_6, X_7, X_8\};\ \mathfrak{S}_1^{1,2} = \{X_4, X_8\}$$
$$\mathfrak{T}_1^2 = \mathfrak{T}_2 - \mathfrak{S}_1^2 = \{X_3, X_5, X_7, X_9\};\quad \mathfrak{S}_1^{2,1} = \{X_3, X_5\}, \mathfrak{S}_2^{2,1} = \{X_3, X_9\}$$
$$\mathfrak{T}_2^2 = \mathfrak{T}_2 - \mathfrak{S}_2^2 = \{X_3, X_5, X_6, X_7\};\quad \mathfrak{S}_1^{2,2} = \{X_3, X_5\}$$
$$\mathfrak{T}_1^3 = \mathfrak{T}_3 - \mathfrak{S}_1^3 = \{X_3, X_4, X_5, X_9\};\quad \mathfrak{S}_1^{3,1} = \{X_3, X_5\}, \mathfrak{S}_2^{3,1} = \{X_3, X_9\}$$
$$\mathfrak{T}_2^3 = \mathfrak{T}_3 - \mathfrak{S}_2^3 = \{X_3, X_4, X_5, X_6\};\quad \mathfrak{S}_1^{3,2} = \{X_3, X_5\}.$$

Nunmehr entfernen wir für jedes i_1, i_2, i_3 aus $\mathfrak{T}_{i_2}^{i_1}$ die Knoten von $\mathfrak{S}_{i_3}^{i_1,i_2}$ (d.h., aus $\mathfrak{X}$ werden die Knoten der Menge $\mathfrak{S}_{i_1}$ – diese haben die Farbe 1 – entfernt, ferner die der Menge $\mathfrak{S}_{i_2}^{i_1}$ – diese haben die Farbe 2 – schließlich die der Menge $\mathfrak{S}_{i_3}^{i_1,i_2}$ – diese haben die Farbe 3). Dabei entsteht die Knotenmenge

$$\mathfrak{T}_{i_3}^{i_1,i_2} := \mathfrak{T}_{i_2}^{i_1} - \mathfrak{S}_{i_3}^{i_1,i_2} = \mathfrak{X} - (\mathfrak{S}_{i_1} \cup \mathfrak{S}_{i_2}^{i_1} \cup \mathfrak{S}_{i_3}^{i_1,i_2}).$$

Nunmehr suchen wir in $\mathfrak{T}_{i_3}^{i_1,i_2}$ den Knoten X_j mit kleinstem Index j und betrachten in dem von $\mathfrak{T}_{i_3}^{i_1,i_2}$ in $\mathbf{G}$ aufgespannten Untergraphen $[\mathfrak{T}_{i_3}^{i_1,i_2}]$ alle innerlich stabilen Mengen, die X_j enthalten, und bezeichnen diese Mengen mit

$$\mathfrak{S}_1^{i_1,i_2,i_3}, \ldots, \mathfrak{S}_{i_4}^{i_1,i_2,i_3}, \ldots, \mathfrak{S}_{n_{i_1,i_2,i_3}}^{i_1,i_2,i_3}.$$

Aus Abb. 4.2.2a ergibt sich – wie in Abb. 4.2.4 dargestellt –

$$\begin{aligned}
\mathfrak{T}_1^{1,1} &= \mathfrak{T}_1^1 - \mathfrak{S}_1^{1,1} = \{X_5, X_7, X_9\}; & \mathfrak{S}_1^{1,1,1} &= \{X_5\}\\
\mathfrak{T}_2^{1,1} &= \mathfrak{T}_1^1 - \mathfrak{S}_2^{1,1} = \{X_5, X_7, X_8\}; & \mathfrak{S}_1^{1,1,2} &= \{X_5\}\\
\mathfrak{T}_1^{1,2} &= \mathfrak{T}_2^1 - \mathfrak{S}_1^{1,1} = \{X_5, X_6, X_7\}; & \mathfrak{S}_1^{1,2,1} &= \{X_5\}\\
\mathfrak{T}_1^{2,1} &= \mathfrak{T}_1^2 - \mathfrak{S}_1^{2,1} = \{X_7, X_9\}; & \mathfrak{S}_1^{2,1,1} &= \{X_7\}\\
\mathfrak{T}_2^{2,1} &= \mathfrak{T}_1^2 - \mathfrak{S}_2^{2,1} = \{X_5, X_7\}; & \mathfrak{S}_1^{2,1,2} &= \{X_5\}\\
\mathfrak{T}_1^{2,2} &= \mathfrak{T}_2^2 - \mathfrak{S}_1^{2,2} = \{X_6, X_7\}; & \mathfrak{S}_1^{2,2,1} &= \{X_6\}\\
\mathfrak{T}_1^{3,1} &= \mathfrak{T}_1^3 - \mathfrak{S}_1^{3,1} = \{X_4, X_9\}; & \mathfrak{S}_1^{3,1,1} &= \{X_4, X_9\} \; !!!\\
\mathfrak{T}_2^{3,1} &= \mathfrak{T}_1^3 - \mathfrak{S}_2^{3,1} = \{X_4, X_5\}; & \mathfrak{S}_1^{3,1,2} &= \{X_4\}\\
\mathfrak{T}_1^{3,2} &= \mathfrak{T}_2^3 - \mathfrak{S}_1^{3,2} = \{X_4, X_6\}; & \mathfrak{S}_1^{3,2,1} &= \{X_4\}.
\end{aligned}$$

An dieser Stelle könnten wir abbrechen, da die chromatische Zahl mit 4 ermittelt ist, denn die Knotenmengen

$$\mathfrak{S}_3 = \{X_1, X_7, X_8\},\ \mathfrak{S}_1^3 = \{X_2, X_6\},\ \mathfrak{S}_1^{3,1} = \{X_3, X_5\},\ \mathfrak{S}_1^{3,1,1} = \{X_4, X_9\}$$

schöpfen die gesamte Knotenmenge $\mathfrak{X}$ des Ausgangsgraphen $\mathbf{G}$ aus. Wenn man jedoch die noch nicht $\mathfrak{X}$ ausschöpfenden Mengen weiter zerlegt, so ergeben sich die weiteren Farbklassen gemäß Abb. 4.2.4. Kommen wir nun zur Formulierung eines exakten Färbungsalgorithmus.

In dem zuletzt gerechneten Beispiel haben wir einen Wurzelbaum aufgebaut, wie er in Abb. 4.2.4 wiedergegeben ist. Dieser hat die folgende Eigenschaft: Vereinigt man alle Knoten, die auf einem Weg von der Wurzel zu einem Endpunkt des Wurzelbaumes liegen, so ergibt sich gerade $\mathfrak{X}$. Die Reihenfolge der Ermittlung der innerlich stabilen Mengen erfolgte gemäß dem in 2.2. beschriebenen Prinzip **BFS**. Wie wir schon früher gesehen haben, ist dieses Prinzip aus speichertechnischen Gründen nicht zu empfehlen, denn man muß sich alle Vorgängerinformationen merken. Geht man jedoch gemäß dem Prinzip **DFS** vor, so genügt es, nur die Vorgängerinformationen der aktuellen innerlich stabilen Menge zu merken, also nur den Rückwärtsweg zur Wurzel $\mathbf{0}$. Im Anschluß daran muß man die lexikographisch nächste innerlich stabile Menge ermitteln. Dieses erfolgt in der **PASCAL**-*prozedure* **STABILNF.**

Verbalalgorithmus *zur Ermittlung der chromatischen Zahl*

Vorgaben: Ungerichteter Graph $\mathbf{G}[\mathfrak{X}, \mathfrak{U}]$
Service: Chromatische Zahl $\chi(\mathbf{G})$ von $\mathbf{G}$ sowie alle möglichen Färbungen $(\mathfrak{F}_1, \mathfrak{F}_2, \ldots, \mathfrak{F}_\chi\}$ von $\mathbf{G}$ mit $\chi(\mathbf{G})$ Farben

(i) $\chi := 0; \chi' := n; \mathfrak{X} := \{X_1, X_2, \ldots, X_n\}; \mathfrak{F}_0 := \emptyset$
(ii) $\chi := \chi + 1$
(iii) Suche die lexikographisch nächste innerlich stabile Menge $\mathfrak{F}_\chi$ in dem von den Knoten aus $\mathfrak{X}$ aufgespannten Untergraphen $[\mathfrak{X}]$ von $\mathbf{G}$; falls $\mathfrak{F}_\chi$ nicht existiert, gehe nach (ix).
(iv) $\mathfrak{X} := \mathfrak{X} - \mathfrak{F}_\chi$
(v) Falls $\mathfrak{X} = \emptyset$ ist, gehe nach (viii).
(vi) Falls $\chi < \chi'$ ist, gehe nach (ii).
(vii) $\mathfrak{X} := \mathfrak{X} \cup \mathfrak{F}_\chi$; gehe nach (iii).
(viii) $\chi' := \chi$. Drucke die aktuelle Färbung $\{\mathfrak{F}_1, \mathfrak{F}_2, \ldots, \mathfrak{F}_\chi\}$ aus; $\mathfrak{X} := \mathfrak{X} \cup \mathfrak{F}_\chi \cup \mathfrak{F}_{\chi-1}; \chi := \chi - 1$; gehe nach (iii).
(ix) $\chi := \chi - 1; \mathfrak{X} := \mathfrak{X} \cup \mathfrak{F}_\chi$; gehe nach (iii), solange $\mathfrak{X} \neq \emptyset$ ist.
ENDE: χ' ist die chromatische Zahl von $\mathbf{G}$.

Wenden wir den Algorithmus auf den Graphen der Abb. 4.2.2a an, so ergibt sich: Beginnend mit $\chi = 0$, $\chi' = 9$ und $\mathfrak{X} = \{X_1, X_2, \ldots, X_9\}$, wird $\chi = 1$, $\mathfrak{F}_1 = \{X_1, X_3\}$, $\mathfrak{X} = \{X_2, X_4, X_5, \ldots, X_9\}$ und weiter (ii ... iv)

$\chi = 2$, $\mathfrak{F}_2 = \{X_2, X_6\}$, $\mathfrak{X} = \{X_4, X_5, X_7, X_8, X_9\}$ und weiter (ii ... iv)
$\chi = 3$, $\mathfrak{F}_3 = \{X_4, X_8\}$, $\mathfrak{X} = \{X_5, X_7, X_9\}$ und weiter (ii ... iv)
$\chi = 4$, $\mathfrak{F}_4 = \{X_5\}$, $\mathfrak{X} = \{X_7, X_9\}$ und weiter (ii ... iv)
$\chi = 5$, $\mathfrak{F}_5 = \{X_7\}$, $\mathfrak{X} = \{X_9\}$ und weiter (ii ... iv)
$\chi = 6$, $\mathfrak{F}_6 = \{X_9\}$, $\mathfrak{X} = \emptyset$.

Der Test (v) fällt positiv aus, damit $\chi' := \chi = 6$, und die erste zulässige Färbung mit 6 Farben ist gefunden, man gebe nur jedem der Knoten aus $\mathfrak{F}_i$ die Farbe i. Wir schreiben für die Färbung kurz: $\mathfrak{F} = (1{,}3/2{,}6/4{,}8/5/7/9)$. Dabei haben wir die Knoten durch ihre Indizes beschrieben, Knoten gleicher Farbe durch »Komma« getrennt und Knoten verschiedener Farben durch »Schrägstrich«. Setzen wir nunmehr fort:

$$\mathfrak{X} = \{X_7, X_9\}, \chi = 5.$$

Der Test (iii) fällt negativ aus, da in $[\mathfrak{X}]$ keine (in lexikographischem Sinne) nächste stabile Menge existiert. (Wir erinnern daran, daß derjenige Knoten aus $\mathfrak{X}$, der den kleinsten Index besitzt, stets in die Farbklasse $\mathfrak{F}$ aufgenommen wird!)
(ix): $\chi = 4$, $\mathfrak{X} = \{X_5, X_7, X_9\}$; (iii): pos. (denn eine weitere innerlich stabile Menge, die den Knoten X_5 enthält, gibt es in $[\mathfrak{X}]$ nicht); (ix): $\chi = 3$, $\mathfrak{X} = \{X_4, X_5, X_7, X_8, X_9\}$; (iii): neg., $\mathfrak{F}_3 = \{X_4, X_9\}$; (iv): $\mathfrak{X} = \{X_5, X_7, X_8\}$; (v): neg. (vi): pos. (ii): $\chi = 4$; (iii): neg. $\mathfrak{F}_4 = \{X_5\}$; (iv): $\mathfrak{X} = \{X_7, X_8\}$; (v): neg. (vi): pos. (ii): $\chi = 5$; (iii): neg., $\mathfrak{F}_5 = \{X_7, X_8\}$; (iv): $\mathfrak{X} = \emptyset$; (v) pos. (viii): $\chi' = 5$ und eine neue Färbung mit nur 5 Farben ist gefunden, nämlich $\mathfrak{F} = (1{,}3/2{,}6/4{,}9/5/7{,}8)$ usw.
Nach einer Reihe von Schritten wird als nächste Färbung mit 5 Farben $\mathfrak{F} = (1{,}4{,}8/2{,}6/3{,}5/7/9)$ ermittelt, nach einer Reihe weiterer Schritte $\mathfrak{F} = (1{,}4{,}8/2{,}6/3{,}9/5/7)$, nach einer Reihe weiterer Schritte $\mathfrak{F} = (1{,}4{,}8/2{,}9/3{,}5/6/7)$. Der nächste Ausdruck erfolgt nach einer Reihe von Schritten als $\mathfrak{F} = (1{,}7{,}8/2{,}6/3{,}5/4{,}9)$. Damit ist eine zulässige Färbung mit 4 Farben gefunden. Weitere zulässige Färbungen werden nicht mehr ausgedruckt. Damit ist gezeigt, daß $\chi(\mathbf{G}) = 4$ gilt und – wie man sagt – die *Färbung* von $\mathbf{G}$ mit $\chi(\mathbf{G}) = 4$ Farben *eindeutig* ist. Betrachtet man den Wurzelbaum der Abb. 4.2.4, so sieht man, daß die Ermittlung einer Färbung als einer solchen, die verdächtig ist, mit $\chi(\mathbf{G})$ Farben auszukommen, gemäß dem Prinzip **DFS** erfolgt. Sobald eine zulässige Färbung mit k Farben gefunden ist, wird keine zulässige Färbung mit mehr als k Farben mehr ausgedruckt (in Übereinstimmung mit (vi)).

4.2.6. Prozedur zur Ermittlung der chromatischen Zahl

Um den exakten Algorithmus zur Bestimmung der chromatischen Zahl zu realisieren, benötigen wir eine Prozedur **STABILNF**, die weitgehend mit der im vorigen Abschnitt bereitgestellten Prozedur **STABIL** übereinstimmt.

```
PROCEDURE CHROM (N,MAXCHI: INTEGER; VAR IU,FARBE: KLISTE;
        VAR U: ULISTE; VAR EXIST: BOOLEAN; VAR CHI: INTEGER);
(*Vorgaben: Ungerichteter Graph, beschrieben durch die doppelte Kantenliste U
    mit zugehöriger Knotenliste IU und eine Zahl MAXCHI; ferner gilt CHIMAX
    als bekannte Konstante mit CHIMAX >= MAXCHI + 1
  Service: Bei EXIST = TRUE ist CHI die chromatische Zahl des Graphen, und
    die Liste FARBE gibt eine zulässige Färbung mit CHI Farben an. Bei EXIST
    = FALSE ist die chromatische Zahl des Graphen größer als MAXCHI *)
LABEL 1;
VAR I,K,L,R,RE: INTEGER;
    STABENDE: BOOLEAN;
    DIMREST, DIMSTAB: ARRAY[1 .. CHIMAX] OF INTEGER;
    (*DIMREST[R] = Anzahl der Knoten des aktuellen Restgraphen der
                   Stufe R
                 = Anzahl der TRUE in REST[R]
      DIMSTAB[R] = Anzahl der Knoten der aktuellen stabilen Menge
                   des aktuellen Restgraphen R-ter Stufe *)
    STABIL: ARRAY[1 .. CHIMAX] OF KLISTE;
    REST: ARRAY[1 .. CHIMAX] OF KLISTEB;

PROCEDURE STABILNF (N: INTEGER; VAR IU,NR: KLISTE;
        VAR REST: KLISTEB; VAR U: ULISTE; VAR DIMSTAB,DIM-
        REST: INTEGER; VAR STABENDE: BOOLEAN);
(*Vorgaben: Ungerichteter Graph, beschrieben durch die doppelte Kantenliste U
    mit zugehöriger Knotenliste IU, aus dem alle Knoten X[I], für die REST[I] =
    FALSE gilt, sowie alle mit einem solchen Knoten inzidierenden Kanten als
    entfernt gelten. DIMREST ist die Anzahl der TRUE-Werte in der Liste
    REST. Wenn die PROCEDURE zum ersten Mal angesprungen wird, ist
    DIMSTAB = 0, andernfalls enthält NR eine stabile Menge des Restgraphen
    mit DIMSTAB Elementen.
  Service: Bei Vorgabe DIMSTAB = 0 wird die lexikographisch erste, sonst die
    auf die vorgegebene lexikographisch folgende stabile Menge des Restgraphen
    erzeugt (NR und DIMSTAB). Bei STABENDE = TRUE war die vorgegebene
    Menge die lexikographisch letzte. *)
LABEL 1;
VAR I,J,K,R,Z: INTEGER;
    MARKE: KLISTE;
    KNOTEN: BOOLEAN;
BEGIN (*STABILNF*)
  FOR I:=1 TO N DO MARKE[I]:=0; Z:=0; R:=0;
  STABENDE:=TRUE;
  IF DIMSTAB>0 THEN
    BEGIN WHILE R<DIMSTAB-1 DO
          BEGIN R:=R+1; I:=NR[R]; MARKE[I]:=I; Z:=Z+1;
```

```
                FOR K:=IU[I] TO IU[I+1]-1 DO
                  BEGIN J:=U[K]; IF (MARKE[J]=0) AND
                  (REST[I]) THEN
                      BEGIN MARKE[J]:=I; Z:=Z+1 END
                  END
              END;
            I:=NR[DIMSTAB]; NR[DIMSTAB]:=0
    END
  ELSE I:=0;
1:     KNOTEN:=FALSE;
       WHILE (I<N) AND NOT KNOTEN DO
         BEGIN I:=I+1; IF (MARKE[I]=0) AND REST[I] THEN
         KNOTEN:=TRUE END;
       IF KNOTEN THEN
         BEGIN MARKE[I]:=I; R:=R+1; NR[R]:=I; Z:=Z+1;
           FOR K:=IU[I] TO IU [I+1]-1 DO
             BEGIN J:=U[K]; IF REST[J] AND (MARKE[J]=0) THEN
                                BEGIN MARKE[J]:=I; Z:=Z+1 END
             END;
           GOTO 1
         END
     ELSE IF Z<DIMREST THEN
           BEGIN
             IF R>0 THEN
               BEGIN I:=NR[R]; NR[R]:=0; R:=R-1; MARKE[I]:=0;
                 Z:=Z-1;
                 FOR K:=IU[I] TO IU[I+1]-1 DO
                   BEGIN J:=U[K];
                     IF MARKE[J]=I THEN BEGIN MARKE[J]:=0;
                     Z:=Z-1 END
                   END;
                 GOTO 1
               END
           END
         ELSE BEGIN STABENDE:=FALSE; DIMSTAB:=R END
END; (*STABILNF*)
BEGIN (*CHROM*)
  R:=1; RE:=MAXCHI; EXIST:=FALSE;
  FOR I:=1 TO N DO REST[1,I]:=TRUE; DIMREST[1]:=N;
  (*R=1: Graph G*)
  FOR K:=1 TO RE DO DIMSTAB[K]:=0; (*Startbedingung für
  STABILNF*)
1: STABILNF(N,IU,STABIL[R],REST[R],U,DIMSTAB[R],DIMREST[R],
   STABENDE);
   IF NOT STABENDE THEN
     BEGIN FOR I:=1 TO N DO REST[R+1,I]:=REST[R,I];
       FOR K:=1 TO DIMSTAB[R] DO REST[R+1,STABIL[R,K]]:=FALSE;
       DIMREST[R+1]:=DIMREST[R]-DIMSTAB[R];
       IF DIMREST[R+1]=0 THEN
```

```
        BEGIN EXIST:=TRUE; CHI:=R; R:=R-1; RE:=R;
          FOR K:=1 TO CHI DO FOR L:=1 TO DIMSTAB[K] DO
            BEGIN I:=STABIL[K,L]; FARBE[I]:=K END
        END
      ELSE IF R<RE THEN BEGIN R:=R+1; GOTO 1 END
      END;
    IF R>1 THEN
      BEGIN FOR K:=R TO RE DO DIMSTAB[R]:=0; R:=R-1;
        GOTO 1
      END
END; (*CHROM*)
```

4.3. Dominierende Knotenmengen

4.3.1. Beispiele und Aufgabenstellung

1. *Aufgabe*

Vorgegeben sei ein Straßennetz, von welchem wir annehmen wollen, daß eine direkte, zwischen zwei Kreuzungen verlaufende Straße geradlinig ist. Man besetze (etwa mit Personen) gewisse der Kreuzungspunkte derart, daß jeder nicht besetzte Kreuzungspunkt von einem besetzten Punkt aus überblickbar ist.

2. *Aufgabe*

Auf einem Schachbrett vom Umfang n mal n (real: 8 mal 8) bringe man eine möglichst geringe Anzahl von Springern derart unter, daß jedes nicht von einem Springer besetzte Feld von wenigstens einem Springer angegriffen wird.
Zur Lösung der zuletzt angegebenen Aufgabe betrachte man das folgende Modell: Jedem Feld des Schachbrettes wird ein Knoten eines Graphen $\mathfrak{G}[\mathfrak{X}, \mathfrak{U}]$ zugeordnet. Zwei Knoten (von denen es ersichtlich n^2 Stück gibt) werden genau dann durch eine Kante verbunden, wenn die ihnen auf dem Schachbrett entsprechenden Felder einen Springerzug voneinander entfernt sind. Nun suchen wir in $\mathfrak{G}$ eine Teilmenge $\mathfrak{X}^* \subseteq \mathfrak{X}$ der Knotenmenge $\mathfrak{X}$ derart, daß ein beliebiger Knoten von $\mathfrak{X}$ entweder in $\mathfrak{X}^*$ liegt oder aber in $\mathfrak{X}^*$ einen Nachbarn besitzt.

3. *Aufgabe* (Totospiel)

Ein Bankhalter wirft eine Münze k-mal (im Fußballtoto entspricht das dem Fall von $k = 12$ Spielen). Im Ergebnis des Werfens entsteht ein Vektor mit k Komponenten, wobei in der i-ten Komponente entweder ein Z (Zahl) oder ein W (Wappen) steht, je nachdem, ob beim i-ten Versuch die Zahl oder das Wappen oben lag. Im Fußballtoto könnte dem W etwa ein Sieg der Heimmannschaft und dem Z ein Sieg der Gastmannschaft entsprechen (unentschiedene Spiele mögen – etwa wie in Pokalspielen – ausgeschlossen sein). Der Gerechtigkeit halber sei gesagt, daß der Ausgang eines Fußballspieles i. allg. nicht durch Würfeln ermittelt wird.

Ein Totospieler hat nun auf einem Tippzettel mit k Zeilen in jede der Zeilen ein Z oder W einzutragen. Die Spielregeln mögen so gestaltet sein, daß der Tipper einen zuvor vereinbarten Preis genau dann gewinnt, wenn er höchstens eines der Spiele nicht richtig getippt hat. Wie viele Wettscheine muß der Tipper abgeben, und wie sind dieselben auszufüllen, damit er mit Sicherheit gewinnt?

Zur Modellbildung: Offenbar gibt es genau 2^k verschiedene Tippmöglichkeiten. Jeder dieser 2^k Möglichkeiten ordnen wir einen Knoten eines ungerichteten Graphen $\mathfrak{G}[\mathfrak{X}, \mathfrak{U}]$ zu und verbinden zwei Knoten genau dann durch eine Kante, wenn die ihnen entsprechenden Tips sich in genau einer Zeile unterscheiden. Wir suchen nun wieder eine Knotenmenge $\mathfrak{X}^* \subseteq \mathfrak{X}$, so daß ein beliebiger Knoten $X \in \mathfrak{X}$ entweder in $\mathfrak{X}^*$ liegt (der Tip ist völlig richtig) oder aber in $\mathfrak{X}^*$ einen Nachbarn hat (genau ein Fehler in einer der Zeilen).

Betrachten wir den Graphen der Abb. 4.3.1. Bei $k = 4$ Spielen und $2^k = 16$ verschiedenen Tips ergibt sich der abgebildete Graph, wobei die Zuordnung der Tips zu den Knoten des Graphen offensichtlich sein dürfte. Gibt der Tipper genau einen Tip ab, so gewinnt er (unabhängig davon, welchen Tip er abgibt) in genau 5 der 16 Fälle. Will man also mit Sicherheit gewinnen, so muß man wenigstens 4 Tips abgeben. Der Leser überzeuge sich selber davon, daß man tatsächlich 4 geeignete Tips abgeben kann, so daß man bei beliebigem Ausgang der 4 Spiele (Würfe) mit Sicherheit gewinnt.

Bevor wir an die graphentheoretische Lösung des Problems gehen, wollen wir unser Totospiel noch etwas von der wahrscheinlichkeitstheoretischen Seite beleuchten: Bezeichnen wir mit P_i die Wahrscheinlichkeit dafür, in wenigstens einer Woche zu gewinnen, sofern man genau i Wochen hintereinander jeweils genau einen Tip abgibt, und mit $Q_i = 1 - P_i$ entsprechend die Wahrscheinlichkeit dafür, in keiner der i Wochen mit jeweils einem abgegebenen Tip zu gewinnen, so gilt ersichtlich (wegen der Unabhängigkeit der Ereignisse)

$$Q_2 = Q_1 Q_1 = (Q_1)^2, Q_3 = (Q_1)^3, \ldots, Q_i = (Q_1)^i.$$

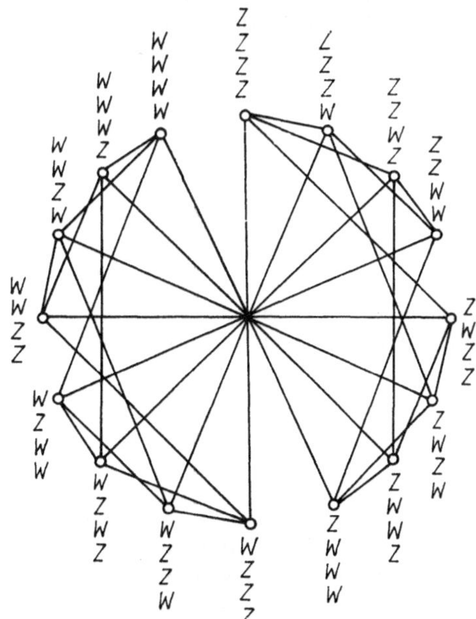

Abb. 4.3.1

Bedenkt man

$$P_1 = \frac{k+1}{2^k}, \text{ so ergibt sich}$$

$$Q_i = (Q_1)^i = (1 - P_1)^i = \left(1 - \frac{k+1}{2^k}\right)^i \quad \text{und damit}$$

$$P_i = 1 - Q_i = 1 - \left(1 - \frac{k+1}{2^k}\right)^i.$$

Für den Fall $k = 4$ (4 Würfe) und $i = 4$ (4 Wochen hintereinander je einen Tip) ergibt sich als Wahrscheinlichkeit dafür, wenigstens einmal zu gewinnen, $P_4 = 0{,}777$. Gibt man jedoch in einer Woche 4 geeignete Tips ab, so gewinnt man mit Sicherheit.

4.3.2. Definitionen, Verbalalgorithmus und PASCAL-procedure

Bei der Vorstellung der Beispiele hatten wir schon die graphentheoretische Aufgabenstellung formuliert.

Definition

Eine Teilmenge $\mathfrak{X}^* \in \mathfrak{X}$ der Knotenmenge $\mathfrak{X}$ eines ungerichteten Graphen $\mathfrak{G}[\mathfrak{X}, \mathfrak{U}]$ *dominiert* eine Knotenmenge $\mathfrak{X}' \subseteq \mathfrak{X}$, sofern für einen beliebigen Knoten $X \in \mathfrak{X}'$ entweder $X \in \mathfrak{X}^*$ gilt oder ein Knoten $Y \in \mathfrak{X}^*$ existiert mit $[X, Y] \in \mathfrak{U}$ (also $X \in \mathfrak{X}'$ zu einem Knoten $Y \in \mathfrak{X}^*$ benachbart ist). In diesem Fall sagen wir auch, daß der Knoten X von der Knotenmenge $\mathfrak{X}^*$ *überdeckt* ist. Eine Knotenmenge $\mathfrak{X}^*$ heißt *dominierend für* $\mathfrak{G}$, sofern jeder Knoten $X \in \mathfrak{X}$ durch $\mathfrak{X}^*$ überdeckt wird. Eine Knotenmenge $\mathfrak{X}^* \subseteq \mathfrak{X}$, die die Knotenmenge $\mathfrak{X}'$ dominiert, heißt *minimal* (besser: *minimal-dominierend*), sofern $\mathfrak{X}^*$ keine echte Untermenge besitzt, die ebenfalls $\mathfrak{X}'$ dominiert.

Im weiteren wollen wir einen exakten Algorithmus angeben, der alle minimalen $\mathfrak{G}$ dominierenden Knotenmengen liefert.
Das prinzipielle Vorgehen ist dabei das folgende.
Nacheinander werden in lexikographischer Reihenfolge Knoten X_i zur Menge $\mathfrak{X}^*$ hinzugenommen, in jedem Schritt die durch $\mathfrak{X}^*$ dominierte Knotenmenge $\mathfrak{X}'$ ermittelt und nachgeprüft, ob $\mathfrak{X}^*$ minimaldominierend für $\mathfrak{X}'$ ist (ob also nicht evtl. Knoten aus $\mathfrak{X}^*$ entfernt werden könnten, ohne die dominierte Menge $\mathfrak{X}'$ zu verändern). Sobald $\mathfrak{X}' = \mathfrak{X}$ ist, wird die entstandene minimale $\mathfrak{X}$ dominierende Knotenmenge $\mathfrak{X}^*$ ausgedruckt.

Verbalalgorithmus *zur Ermittlung dominierender Knotenmengen*

Vorgaben: Ungerichteter Graph $\mathfrak{G}[\mathfrak{X}, \mathfrak{U}]$
Service: Ermittlung aller minimalen $\mathfrak{X}$ dominierenden Knotenmengen $\mathfrak{T} = \{X_{i_1}, X_{i_2}, \ldots, X_{i_r}\}$, dabei wird $\mathfrak{T}$ durch einen Vektor **NUMMER** einer Länge n beschrieben mit

NUMMER $= (i_1, i_2, \ldots, i_r, 0, 0, \ldots, 0)$ und $1 \leqq i_1 \leqq i_2 \leqq \ldots \leqq i_r \leqq n$. Die Ausgabe der Mengen $\mathfrak{T}$ erfolgt in lexikographischer Reihenfolge.

(i) $\mathfrak{X}^* = \mathfrak{X}' = \emptyset$; $r := 1$; $NUMMER[1] := 1$

(ii) $\mathfrak{X}^* := \mathfrak{X}^* \cup \{X_i\}$ mit $i = NUMMER[r]$; $\mathfrak{X}' := \mathfrak{X}' \cup \Gamma(X_i) \cup \{X_i\}$ (Dabei ist $\Gamma(X_i)$ die Menge der zu X_i benachbarten Knoten.)

(iii) Falls $\mathfrak{X}^*$ minimal-dominierend für $\mathfrak{X}'$ ist, gehe nach (**viii**).

(iv) Falls $\mathfrak{X}^* = \emptyset$ ist, gehe nach **ENDE**.

(v) $\mathfrak{X}^* := \mathfrak{X}^* - \{X_i\}$ mit $i = NUMMER[r]$

(vi) Falls $i = n$ ist, setze $r := r - 1$, und gehe nach (**iv**).
In diesem Fall kann die aktuelle Menge $\mathfrak{X}^*$ nicht mehr vergrößert werden, da $i = i_r = n$ ist; dann muß aber außer X_{i_r} auch $X_{i_{r-1}}$ aus $\mathfrak{X}^*$ entfernt werden.)

(vii) $NUMMER[r] := i + 1$; gehe nach (**ii**).

(viii) Falls $\mathfrak{X}' = \mathfrak{X}$ ist, drucke **NUMMER** aus (eine minimale $\mathfrak{X}$ dominierende Menge ist gefunden), und gehe nach (**v**).

(ix) Falls $i = n$ ist (die Situation ist wie bei (**vi**)), gehe nach (**v**).

(x) $r := r + 1$; $NUMMER[r] := i + 1$; gehe nach (**ii**).

ENDE: Siehe Service

Bei der programmäßigen Bearbeitung des Verbalalgorithmus bereitet vor allem der Test (**iii**) gewisse Schwierigkeiten. Eine Möglichkeit, dieser Situation Herr zu werden, ist die folgende:
Zusätzlich zum Vektor **NUMMER** wird ein Vektor **UEBERDECKUNG** einer Länge n eingeführt, wobei gilt:

$$UEBERDECKUNG[i] = \begin{cases} 0, \text{ sofern } X_i \text{ nicht durch } \mathfrak{X}^* \text{ überdeckt ist,} \\ v > 0, \text{ sofern entweder } X_i \in \mathfrak{X}^* \text{ ist und } X_i \text{ noch genau weitere } v-1 \text{ Nachbarn in } \mathfrak{X}^* \text{ hat oder wenn } X_i \notin \mathfrak{X}^* \text{ ist und } X_i \text{ genau } v \text{ Nachbarn in } \mathfrak{X}^* \text{ hat} \end{cases}$$

Im Vektor **UEBERDECKUNG** zählen wir also ab, wie oft der Knoten X_i durch Elemente aus $\mathfrak{X}^*$ überdeckt ist. Ersichtlich bedeutet $UEBERDECKUNG[i] = 1$, daß der den Knoten X_i überdeckende Knoten $X_j \in \mathfrak{X}^*$ (wobei natürlich $X_i = X_j$ möglich ist) in $\mathfrak{X}^*$ erforderlich ist, da X_i aktuell nur von X_j überdeckt wird. Ob nun ein in $\mathfrak{X}^*$ befindlicher Knoten X_j überflüssig ist oder nicht, erkennt man daran, ob für jeden Nachbarn X_i von X_j die Beziehung $UEBERDECKUNG[i] \geqq 2$ und $UEBERDEKKUNG[j] \geqq 2$ gilt oder nicht. Falls auch nur eine der beiden Ungleichungen nicht erfüllt ist, kann X_j nicht aus $\mathfrak{X}^*$ entfernt werden.
Zwei Zählgrößen r und z werden mitgeführt, dabei bedeutet r bzw. z die aktuelle Anzahl der Elemente aus $\mathfrak{X}^*$ bzw. $\mathfrak{X}'$ (dabei ist $\mathfrak{X}'$ die von $\mathfrak{X}^*$ überdeckte Knotenmenge).

PROCEDURE DOMINANZ (N,KZ: INTEGER; VAR IU,NR: KLISTE;
VAR BEZ: ALPHALIST; VAR U: ULISTE;
VAR ASTABZ: INTEGER);

(**Vorgaben:* Ungerichteter Graph, beschrieben durch die gedoppelte Kantenliste **U** und die zugehörige Knotenliste **IU** sowie ein Kennzeichen $KZ = 0, 1, 2$ zur Information über gewünschte Zwischendrucke. **BEZ** ist die Liste der zu druckenden Knotenbezeichnungen.

```
Service: Bestimmung der äußeren Stabilitätszahl ASTABZ (durch Enumeration
   aller dominierenden Knotenmengen) sowie einer Minimummenge dominierender
   Knoten, beschrieben durch die Liste NR[I], I = 1, 2, ..., ASTABZ. *)
Label 1;
VAR I,J,K,R,T,Z: INTEGER;
      NUMMER, UEBERD: KLISTE;
      UEBERFL: BOOLEAN;
PROCEDURE DRUCK;
VAR I,Z: INTEGER;
BEGIN (*DRUCK*)
  I:=0; WHILE I<R DO BEGIN Z:=0;
                          WHILE (I<R) AND (Z<10) DO
                            BEGIN I:=I+1; Z:=Z+1;
                              WRITE (BEZ[NUMMER[I]])
                            END;
                          WRITELN (OUTPUT)
                        END
END; (*DRUCK*)
BEGIN (*DOMINANZ*)
  IF KZ>0 THEN BEGIN WRITELN(' '); WRITELN ('BEGINN
                   DOMINANZ');
                       WRITELN(' ')
                 END;
  ASTABZ:=N;
  FOR I:=1 TO N DO BEGIN NUMMER[I]:=0; UEBERD[I]:=0 END;
  R:=1; Z:=0; NUMMER[1]:=1;
1: (*Neuaufnahme des R-ten Knotens von NUMMER*)
  I:=NUMMER[R]; UEBERD[I]:=UEBERD[I]+1; IF UEBERD[I]=1
  THEN Z:=Z+1;
  FOR K:=IU[I] TO IU[I+1]-1 DO
    BEGIN J:=U[K];
      UEBERD[J]:=UEBERD[J]+1; IF UEBERD[J]=1 THEN Z:=Z+1
    END;
  UEBERFL:=FALSE; T:=0;
  (*Ist unter den Knoten in NUMMER einer überflüssig? *)
  WHILE (T<R) AND NOT UEBERFL DO
    BEGIN T:=T+1; J:=NUMMER[T];
      IF UEBERD[J]>1 THEN
        BEGIN K:=IU[J]; UEBERFL:=TRUE;
          WHILE (K<IU[J+1]) AND UEBERFL DO
            BEGIN IF UEBERD[U[K]]=1 THEN
            UEBERFL:=FALSE; K:=K+1 END
        END
    END;
  IF NOT UEBERFL THEN
    BEGIN
      IF Z=N THEN (*Neue dominierende Menge liegt vor*)
        BEGIN IF KZ=2 THEN DRUCK;
          IF R<ASTABZ THEN
            BEGIN ASTABZ:=R; FOR K:=1 TO R DO
```

```
        NR[K]:=NUMMER[K] END;
      IF (KZ=1) AND (ASTABZ=R) THEN DRUCK;
    END
  ELSE IF (I<N) AND ((KZ=2) OR (R<ASTABZ+KZ-1)) THEN
    BEGIN R:=R+1; NUMMER[R]:=I+1; GOTO 1 END (*nächster
    Knoten*)
END;
(*falls ein überflüssiger Knoten in der dominierenden Menge ist oder falls eine
  neue dominierende Menge ausgewertet ist oder wenn die Fortsetzung der
  aktuellen dominierenden Menge nicht lohnt (weil ihr Umfang schon zu groß
  ist), so erfolgt die Reduktion *)
REPEAT I:=NUMMER[R]; R:=R-1; UEBERD[I]:=UEBERD[I]-1;
  IF UEBERD[I]=0 THEN Z:=Z-1;
  FOR K:=IU[I] TO IU[I+1]-1 DO
                                BEGIN J:=U[K];
                                  UEBERD[J]:=UEBERD[J]-1;
                                  IF UEBERD[J]=0 THEN Z:=Z-1
                                END
UNTIL (I<N) OR (R=0);
IF I<N THEN BEGIN R:=R+1; NUMMER[R]:=I+1; GOTO 1 END;
IF KZ>0 THEN WRITELN('ENDE DOMINANZ');
END; (*DOMINANZ*)
```

Da der angegebene Algorithmus auf eine Enumeration aller Möglichkeiten hinausläuft, ist der erforderliche Aufwand gewiß nicht durch Polynomialzeit abschätzbar. Selbst das Problem, nur eine einzige $\mathfrak{G}$ dominierende Knotenmenge mit minimaler Knotenanzahl zu finden, ist vermutlich nicht in polynomialer Zeit lösbar. Wie bei der Bestimmung innerlich stabiler Mengen mit möglichst großer oder auch möglichst kleiner Knotenanzahl bieten sich auch bei der Ermittlung dominierender Mengen mit möglichst kleiner Knotenanzahl Näherungsalgorithmen an, auf die wir aber nicht eingehen wollen. Der interessierte Leser findet gewiß selber derartige.

4.4. Maximumpaarung

4.4.1. Aufgabenstellung

In 3.5. über das Zuordnungsproblem hatten wir uns mit dem Problem befaßt, in einem vollständigen paaren Graphen $\mathbf{K}_{n,n}$, dessen Kanten mit Längen bewertet waren, eine Menge $\mathfrak{M}$ von Kanten zu finden, die folgende Eigenschaften hat (vgl. S. 130):

- Die Kanten von $\mathfrak{M}$ sind paarweise disjunkt.
- $\mathfrak{M}$ besteht aus genau n Kanten.
- Die Summe der Kantenbewertungen von $\mathfrak{M}$ ist minimal bez. aller möglichen Auswahlen von n paarweise disjunkten Kanten.

In diesem Abschnitt wollen wir einerseits die Aufgabenstellung erweitern, indem wir von der Voraussetzung abrücken, daß der vorgegebene Graph paar sein muß, andererseits wollen wir uns einschränken, indem wir alle Kantenbewertungen $= 1$ setzen. Der folgenden Aufgabenstellung wollen wir uns zuwenden.
Gegeben sei ein ungerichteter Graph $\mathfrak{G}[\mathfrak{X}, \mathfrak{U}]$. Gesucht wird eine Teilmenge $\mathfrak{M} \subseteq \mathfrak{U}$ der Kantenmenge von $\mathfrak{G}$ mit folgenden Eigenschaften:

(a) Die Kanten von $\mathfrak{M}$ sind paarweise disjunkt.
(b) Unter allen Kantenmengen, die die Eigenschaft (a) besitzen, habe $\mathfrak{M}$ maximale Elementeanzahl.

Eine Menge $\mathfrak{M}$, die die Eigenschaften (a) und (b) hat, nennen wir eine *Maximummenge unabhängiger Kanten* oder auch *Maximumpaarung* des Graphen $\mathbf{G}$. In der englischsprachigen Literatur verwendet man den Begriff *maximum matching.*

In unserer Sprechweise gehört das gestellte Problem zu den leichten, es ist also möglich, Algorithmen anzugeben, die das Problem in Polynomzeit lösen. J. EDMONDS [6] gab als erster einen solchen Algorithmus an. Wir werden im folgenden einen Algorithmus kennenlernen mit einem Aufwand $\mathbf{O}(m \cdot n)$. Es sei an dieser Stelle erwähnt, daß auch die allgemeinere Aufgabe – nämlich wenn zusätzlich Kantenbewertungen zugelassen werden – in Polynomzeit lösbar ist, der interessierte Leser sei auf die Literatur [6, 20] verwiesen.

4.4.2. Erforderliche Sätze

Denken wir uns zunächst irgendeine Paarung gegeben. Eine solche kann man sich wie folgt erzeugt denken: Beginnend mit $\mathfrak{M} = \emptyset$, fügen wir sukzessive Kanten zu $\mathfrak{M}$ hinzu, dabei stets darauf achtend, daß die aufzubauende Menge $\mathfrak{M}$ nur aus disjunkten Kanten besteht. Betrachten wir etwa den Graphen der Abb. 4.4.1. Die doppelt gezeichneten Kanten bilden eine Maximalpaarung, denn weitere Kanten können nicht hinzugefügt werden (jedoch, wie unschwer zu erkennen ist, keine Maximumpaarung). Mit Sicherheit hat man eine Maximumpaarung $\mathfrak{M}$ gefunden, wenn es höchstens einen Knoten gibt, der mit keiner Kante aus $\mathfrak{M}$ inzident ist. Hat man also eine Maximalpaarung gefunden, so sind vor allem solche Knoten von Bedeutung, die mit keiner Kante der Paarung inzident sind.

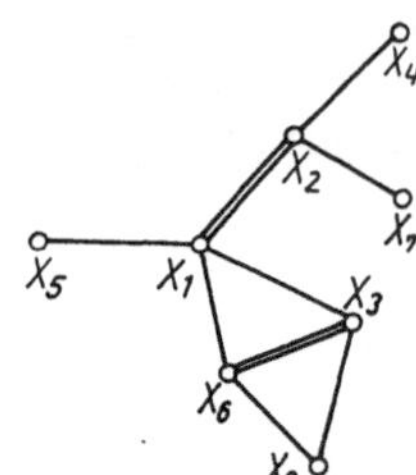

Abb. 4.4.1

Definition

Ein Knoten $X \in \mathfrak{X}$, der mit keiner Kante einer vorgegebenen Paarung $\mathfrak{M}$ inzident ist, heißt *exponiert* bez. $\mathfrak{M}$. Ein Weg, der abwechselnd eine Kante aus $\mathfrak{M}$ und eine aus $\mathfrak{U} - \mathfrak{M}$ enthält, heißt *alternierende Kette* bez. $\mathfrak{M}$. (Dabei darf sowohl die erste als auch die letzte Kante der Kette zu $\mathfrak{M}$ gehören, muß aber nicht.) Eine bez. $\mathfrak{M}$ alternierende Kette $\mathbf{W}$, deren Endpunkte exponiert sind, heißt *$\mathfrak{M}$-vergrößerbar,* offenbar gehört weder die erste noch die letzte Kante einer $\mathfrak{M}$-vergrößerbaren Kette zu $\mathfrak{M}$.

Der Begriff der $\mathfrak{M}$-Vergrößerbarkeit leuchtet unmittelbar ein. Betrachten wir im Graphen der Abb. 4.4.1 den Weg $\mathbf{W} = [X_5, X_1, X_2, X_7]$. $\mathbf{W}$ ist ersichtlich bez. $\mathfrak{M}$

(doppelt gezeichnete Kanten) eine $\mathfrak{M}$-vergrößerbare Kette. Man entferne die Kanten von **W**, die zu $\mathfrak{M}$ gehören, aus $\mathfrak{M}$ und füge diejenigen Kanten von **W**, die nicht in $\mathfrak{M}$ liegen, zu $\mathfrak{M}$ hinzu. Das neu entstandene $\mathfrak{M}$ ist eine Paarung und hat offenbar eine Kante mehr als das ursprüngliche $\mathfrak{M}$.
Auf $\mathfrak{M}$-vergrößerbaren Ketten baut der im folgenden zu beschreibende Algorithmus auf, wobei wir uns den folgenden Satz zunutze machen.

Satz

Eine Paarung $\mathfrak{M}$ eines ungerichteten Graphen **G** ist genau dann eine Maximumpaarung, wenn es keine $\mathfrak{M}$-vergrößerbare Kette gibt.

4.4.3. Verbalalgorithmus

Wir werden bei der algorithmischen Lösung des Problems wie folgt vorgehen. Ausgehend von einer Paarung $\mathfrak{M}$ (die wir uns bereits maximal denken), bilden wir – beginnend mit einem exponierten Knoten X_{START} – alle möglichen $\mathfrak{M}$-alternierenden Ketten. Finden wir dabei eine solche, die auch in einem exponierten Knoten endet, so ist eine $\mathfrak{M}$-vergrößerbare Kette gefunden, und $\mathfrak{M}$ kann vergrößert werden. (Genauer: Es gibt eine Paarung $\mathfrak{M}'$ mit einer Kante mehr als $\mathfrak{M}$.) Gibt es jedoch keine alternierende Kette, die in einem exponierten Knoten beginnt und in einem anderen exponierten Knoten endet, so ist gemäß obigem Satz eine Maximumpaarung gefunden.

Verbalalgorithmus *zum Auffinden einer Maximumpaarung*

Vorgaben: Ungerichteter Graph $\mathbf{G}[\mathfrak{X}, \mathfrak{U}]$
Service: Maximumpaarung $\mathfrak{M}$
(i) Suche eine beliebige Paarung $\mathfrak{M}$
(ii) Gibt es von irgendeinem exponierten Knoten X_{START} aus eine $\mathfrak{M}$-vergrößerbare Kette **K**? Falls ja, entferne die Kanten von **K**, die in $\mathfrak{M}$ liegen, aus $\mathfrak{M}$, und füge die Kanten von **K**, die nicht in $\mathfrak{M}$ liegen, zu $\mathfrak{M}$ hinzu; gehe nach (**ii**).
ENDE: $\mathfrak{M}$ ist eine Maximumpaarung

Beispiel. Betrachten wir den Graphen der Abb. 4.4.1. Die Ausgangspaarung $\mathfrak{M}$ bestehe aus den zwei Kanten $[X_1, X_2]$ und $[X_3, X_6]$. Wählen wir X_4 als exponierten Knoten, so finden wir eine $\mathfrak{M}$-vergrößerbare Kette $[X_4, X_2, X_1, X_5]$. Tauschen wir

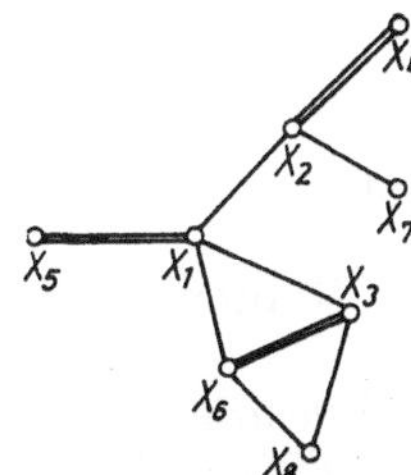

Abb. 4.4.2

die zu $\mathfrak{M}$ gehörigen Kanten der Kette mit den nicht zu $\mathfrak{M}$ gehörigen aus, so entsteht die aus den drei Kanten $[X_4, X_2]$, $[X_1, X_5]$, $[X_3, X_6]$ bestehende Paarung (vgl. Abb. 4.4.2). Man sieht nun, daß eine Maximumpaarung gefunden ist, denn alle in einem exponierten Knoten beginnenden $\mathfrak{M}$-alternierenden Ketten enden in nichtexponierten Knoten.

4.4.4. PASCAL-procedure zur Näherung an eine Maximumpaarung

Den zuvor beschriebenen Verbalalgorithmus schlüsseln wir wie folgt auf: Zunächst suchen wir eine Maximalpaarung, also eine Paarung, die durch Hinzufügen weiterer Kanten nicht vergrößert werden kann. Eine Kante $[X_i, X_j]$ gehört genau dann zur Paarung $\mathfrak{M}$, sofern $PARTNER[i] = j$ und $PARTNER[j] = i$ ist. Ein Knoten X_l, für den $PARTNER[l] = 0$ gilt, ist exponiert.
Das Suchen einer $\mathfrak{M}$-alternierenden Kette erfolgt – startend mit einem exponierten Knoten – gemäß dem in 2.2. beschriebenen Prinzip **DFS**. Dabei muß beachtet werden, daß wir – wenn wir den Knoten X_i auf der alternierenden Kette **K** über die Kante $[X_l, X_i]$ erreichen, wobei $[X_l, X_i] \notin \mathfrak{M}$ sei – längs **K** auf der Kante $[X_i, X_j]$ weiterlaufen müssen, sofern $PARTNER[i] = j$ ist (d.h., wenn $[X_i, X_j] \in \mathfrak{M}$ ist).

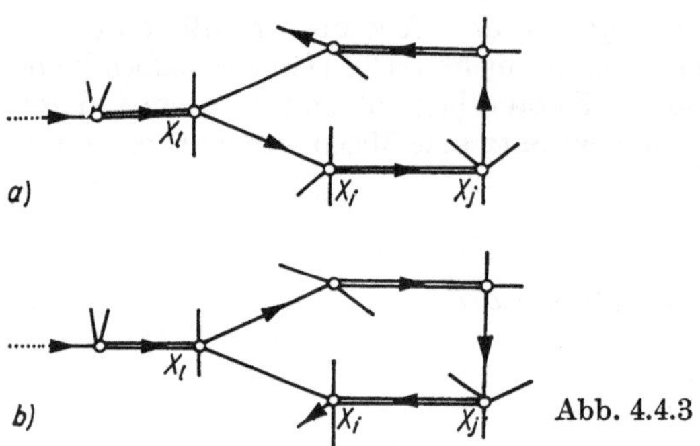

Abb. 4.4.3

Es könnte scheinen, als benötigte man die anderen mit X_i inzidenten Kanten überhaupt nicht. Dem ist aber keineswegs so; denn (vgl. Abb. 4.4.3b) es ist auch möglich, X_i derart auf einer alternierenden Kette **K** zu erreichen, daß mit $PARTNER[i] = j$ der Knoten X_j unmittelbar vor X_i auf **K** angetroffen wird (also $[X_j, X_i] \in \mathfrak{M}$) und beim Verlassen von X_i jede mit X_i inzidente Kante (außer natürlich $[X_i, X_j]$) in Betracht gezogen werden muß. Diesem Umstand tragen wir dadurch Rechnung, daß wir einen Knoten nicht schlechthin als erreicht markieren, sondern mittels der **ANTE**-Markierung die Orientierung von **K** berücksichtigen. Durch eine Hilfsliste **IUS** wird schließlich dafür gesorgt, daß jede der Kanten höchstens einmal in jeder der beiden möglichen Richtungen durchlaufen wird.

```
PROCEDURE MATCH (N: INTEGER; VAR IU,PARTNER: KLISTE;
                 VAR U: ULISTE; VAR Z: INTEGER);
(*Vorgaben: Ungerichteter Graph, beschrieben durch die doppelte Kantenliste U
    mit zugehöriger Knotenliste IU
  Service: Durch die Liste PARTNER wird eine Maximalpaarung beschrieben, zu
    der die Kante [X[I], X[J]] genau dann gehört, wenn PARTNER[I] = J und
```

```
     PARTNER[J] = I ist. Z Knoten X[I] mit PARTNER[I] = 0 bleiben expo-
     niert *)
LABEL 1,2,3,4;
VAR I,J,K: INTEGER;
      IUS,ANTE: KLISTE;
      KNOTEN: BOOLEAN;
BEGIN (*MATCH*)
  (*Aufstellen einer Ausgangspaarung*)
  Z:=N; FOR J:=1 TO N DO PARTNER[J]:=0;
  FOR J:=1 TO N DO
    BEGIN IF PARTNER[J]=0 THEN
            BEGIN K:=IU[J]; KNOTEN:=FALSE;
              WHILE (K<IU[J+1]) AND NOT KNOTEN DO
                IF PARTNER[U[K]]=0 THEN KNOTEN:=TRUE
                ELSE K:=K+1;
              IF KNOTEN THEN
                BEGIN I:=U[K]; PARTNER[J]:=I; PARTNER[I]:=J;
                Z:=Z-2; END
            END
    END;
  (*Prüfung auf Maximalität*)
  FOR J:=1 TO N DO ANTE[J]:=0; I:=0;
1:  IF Z<=1 THEN GOTO 4; (*Paarung ist Maximalpaarung*)
2:  (*Suche exponierten Knoten*)
    KNOTEN:=FALSE;
      WHILE (I<N) AND NOT KNOTEN DO
        BEGIN I:=I+1; IF PARTNER[I]=0 THEN KNOTEN:=TRUE
        END;
        IF KNOTEN THEN (*X[I] ist exponiert*)
        BEGIN (*Suche 𝔐-vergrößerbare Kette zu X[I] gemäß DFS-Prinzip*)
          FOR J:=1 TO N DO IUS[J]:=IU[J]
          ANTE[I]:=N+1;
3:        K:=IUS[I]; IUS[I]:=K+1;
          IF K<IU[I+1] THEN
            BEGIN J:=U[K];
              IF ANTE[J]<>0 THEN GOTO 3 (*nächster Nachbar*)
              ELSE IF PARTNER[J]<>0 THEN (*nächstes Glied*)
                     BEGIN ANTE[J]:=I; I:=PARTNER[J];
                       ANTE[I]:=J; GOTO 3
                     END
                   ELSE (*Kette ist gefunden*)
                     BEGIN REPEAT PARTNER[J]:=I; PARTNER[I]:=J;
                                K:=I; J:=ANTE[I]; ANTE[I]:=0;
                                I:=ANTE[J]; ANTE[J]:=0
                           UNTIL J=N+1;
                           Z:=Z-2; I:=K; GOTO 1
                     END
            END
          ELSE (*zurück*)
            IF ANTE[I]=N+1 THEN GOTO 2 (*zu X[I] existiert
```

```
        keine Kette *)
        ELSE BEGIN J:=ANTE[I]; ANTE[I]:=0; I:=ANTE[J];
        ANTE[J]:=0;
                  GOTO 3
                END;
    Z:=0; FOR I:=1 TO N DO IF PARTNER[I]=0 THEN Z:=Z+1;
4: END; (*MATCH*)
```

Der Rechenaufwand kann relativ leicht abgeschätzt werden. Zur Bestimmung einer Ausgangspaarung wird höchstens jede Kante einmal abgefragt. Durch höchstens $\mathbf{O}(m)$ Operationen (denn jede Kante wird höchstens zweimal abgefragt) werden entweder zwei exponierte Knoten durch eine $\mathfrak{M}$-vergrößerbare Kette in die Paarung einbezogen, oder es wird erkannt, daß der betrachtete Knoten exponiert bleibt. Da bezüglich der Ausgangspaarung höchstens $\mathbf{O}(n)$ exponierte Knoten existieren, ergibt sich ein Aufwand von $\mathbf{O}(m \cdot n)$. Die aus der Literatur bekannten schnellsten Algorithmen erfordern einen Aufwand von $\mathbf{O}(n^{2.5})$ [15, 20, 20a].

4.5. Planarität von Graphen

4.5.1. Problemstellung

Die Mehrzahl der bisher in diesem Buch dargestellten Graphen hatte die Eigenschaft, daß sie sich derart zeichnen ließen, daß sich keine Kanten oder Bögen überschnitten. Das ist natürlich eine Eigenschaft, die keinesfalls allen Graphen zukommt. Die Demonstration gewisser Phänomene ist oft einfacher, wenn man Graphen betrachtet, die überkreuzungsfrei in die Ebene gezeichnet werden können. Solche Graphen heißen *planar*.
Man kann aus der EULER*schen Polyederformel*

$$\textit{Knotenanzahl} + \textit{Flächenanzahl} = \textit{Kantenanzahl} + 2$$

für planare zusammenhängende Graphen schnell errechnen, daß ein schlichter planarer Graph weniger als $3n$ Kanten besitzt, wenn n die Knotenanzahl ist. Sofern also die Kantenanzahl $3n - 5$ übersteigt, ist der Graph mit Sicherheit nicht mehr planar. Die Nichtplanarität ist also keineswegs die Ausnahme.

Beispiel 1. Bei der Realisierung einer elektrischen Schaltung auf einer Leiterplatte ist es wichtig zu wissen, ob die Leiterzüge ohne Überkreuzung auf die Leiterplatte aufgebracht werden können oder nicht (beim gegenwärtigen Stand der Technologie ist es zwar kein großes Problem mehr, evtl. Überschneidungen zu berücksichtigen, dennoch ist eine Minimierung der Anzahl der Kreuzungsstellen anzustreben).

Beispiel 2 (vgl. Abb. 4.5.1).
Drei Häuser und drei Werke sind derart durch Leitungszüge zu verbinden, daß jedes Werk mit jedem Haus verbunden ist. Es ist nicht gestattet, daß sich irgend zwei Leitungszüge überschneiden.
Ist diese Aufgabe lösbar?

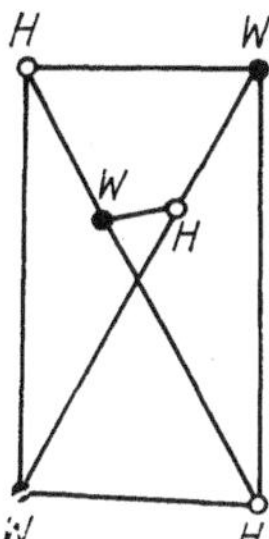

Abb. 4.5.1

Definition

Ein ungerichteter Graph $\mathfrak{G}[\mathfrak{X}, \mathfrak{U}]$ heißt *planar*, wenn es möglich ist, die Knoten und Kanten von $\mathfrak{G}$ derart in der euklidischen Ebene anzuordnen, daß keine Kanten sich überschneiden (dabei dürfen auch keine Knoten zusammenfallen).

Das Wissen um die Planarität allein reicht dem Praktiker natürlich nicht, er benötigt noch ein Verfahren, wie die Knoten und Kanten im Falle der Planarität anzuordnen sind, um eine überschneidungsfreie Darstellung (genannt: *Einbettung*) zu erhalten.
Sowohl die theoretische als auch die praktische Bedeutung von Planaritätsuntersuchungen sind unbestritten. Planaritätsfragen sind lange Zeit ein Hauptforschungsgegenstand der Graphentheorie gewesen. Dabei ist eine Fülle von Resultaten erzielt worden, von denen wir einige wenige im weiteren vorstellen wollen, weil sie der Ausgangspunkt für Algorithmen zur Ermittlung der Planarität sowie der Einbettung von Graphen in die Ebene sind.
Da die Orientierung eines Graphen offenbar ohne Bedeutung für die planare Einbettbarkeit ist, dürfen wir die Graphen stets als ungerichtet voraussetzen. Ebenso spielen Schlingen oder Mehrfachkanten keine Rolle, so daß wir alle Graphen als schlicht voraussetzen können. Besteht ein Graph aus mehreren zusammenhängenden Komponenten, so muß jede für sich auf Planarität untersucht werden, um die Planarität des Gesamtgraphen zu ermitteln. Folglich dürfen wir die betrachteten Graphen alle als zusammenhängend voraussetzen.

4.5.2. Planaritätssätze

4.5.2.1. Der Satz von Kuratowski

Gegeben sei ein ungerichteter Graph $\mathfrak{G}$. Unter einer *Unterteilung* $\mathbf{H}$ von $\mathfrak{G}$ verstehen wir einen solchen Graphen, der aus $\mathfrak{G}$ dadurch hervorgeht, daß man gewisse der Kanten (ggf. alle) durch Wege ersetzt (die Anzahl der Kanten dieser Wege darf unterschiedlich sein).

Satz von Kuratowski

Ein Graph $\mathfrak{G}$ ist genau dann nicht-planar, wenn er eine Unterteilung des vollständigen Graphen $\mathbf{K}_5$ (Abb. 4.5.2a) oder eine Unterteilung des vollständigen paaren Graphen $\mathbf{K}_{33}$ als Untergraphen enthält (Abb. 4.5.2b).

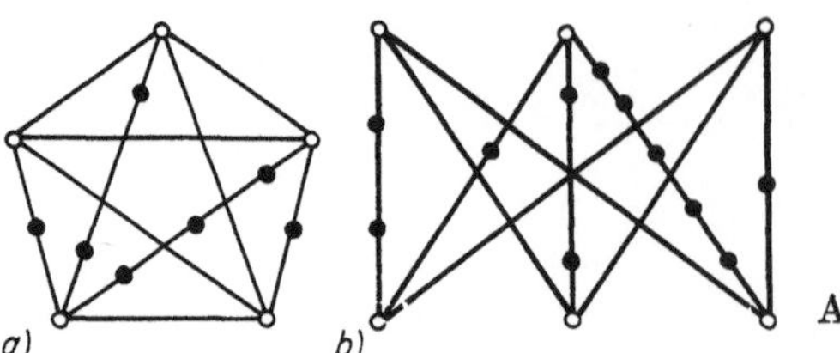

Abb. 4.5.2

Damit ist auch schon klar, daß die im Beispiel 2 gestellte Aufgabe unlösbar ist, wie auch schon Scharen von Schülern bemerkt haben dürften, die sich die Unterrichtsstunden mit Knobelei an diesem Problem zu verkürzen suchten.
Für praktische Zwecke erweist sich dieses Kriterium der Planarität als wenig geeignet, da die Feststellung der Existenz gewisser Untergraphen eines Graphen sehr mühsam ist.

4.5.2.2. Der Satz von McLane

Zunächst benötigen wir den Begriff der *Kreisbasis* eines ungerichteten Graphen. Wir denken uns die Kanten eines Graphen **G** in beliebiger Weise von 1 bis m durchnumeriert. Es sei **K** ein beliebiger Kreis von **G**. Wir ordnen **K** einen Vektor $\boldsymbol{c} = (c_1, c_2, \ldots, c_m)$ zu, wobei

$$c_i = \begin{cases} 0, \text{ sofern die Kante mit der Nummer } i \text{ nicht in } \mathbf{K} \text{ liegt,} \\ 1, \text{ sofern die Kante mit der Nummer } i \text{ in } \mathbf{K} \text{ liegt.} \end{cases}$$

Man nennt $\boldsymbol{c}$ auch den *charakteristischen Vektor* des Kreises **K**.
Betrachten wir den Graphen der Abbildung 4.5.3. Die Zahlen an den Kanten mögen die Nummern derselben sein. Es gibt (der Leser prüfe das nach) genau 13 Kreise, die wir in lexikographischer fallender Reihenfolge (diese wird bestimmt durch die charakteristischen Vektoren) aufschreiben wollen:

		$k =$ 1	2	3	4	5	6	7	8
$\mathbf{K}_1 = (1, 2, 3, 6, 7)$	$\boldsymbol{c}_1 =$	(1,	1,	1,	0,	0,	1,	1,	0)
$\mathbf{K}_2 = (1, 2, 5, 7)$	$\boldsymbol{c}_2 =$	(1,	1,	0,	0,	1,	0,	1,	0)
$\mathbf{K}_3 = (1, 2, 8)$	$\boldsymbol{c}_3 =$	(1,	1,	0,	0,	0,	0,	0,	1)
$\mathbf{K}_4 = (1, 4, 3, 5, 7)$	$\boldsymbol{c}_4 =$	(1,	0,	1,	1,	1,	0,	1,	0)
$\mathbf{K}_5 = (1, 4, 3, 8)$	$\boldsymbol{c}_5 =$	(1,	0,	1,	1,	0,	0,	0,	1)
$\mathbf{K}_6 = (1, 4, 6, 5, 8)$	$\boldsymbol{c}_6 =$	(1,	0,	0,	1,	1,	1,	0,	1)
$\mathbf{K}_7 = (1, 4, 6, 7)$	$\boldsymbol{c}_7 =$	(1,	0,	0,	1,	0,	1,	1,	0)
$\mathbf{K}_8 = (2, 3, 4)$	$\boldsymbol{c}_8 =$	(0,	1,	1,	1,	0,	0,	0,	0)
$\mathbf{K}_9 = (2, 4, 6, 5)$	$\boldsymbol{c}_9 =$	(0,	1,	0,	1,	1,	1,	0,	0)
$\mathbf{K}_{10} = (2, 4, 6, 7, 8)$	$\boldsymbol{c}_{10} =$	(0,	1,	0,	1,	0,	1,	1,	1)
$\mathbf{K}_{11} = (3, 5, 6)$	$\boldsymbol{c}_{11} =$	(0,	0,	1,	0,	1,	1,	0,	0)
$\mathbf{K}_{12} = (3, 6, 7, 8)$	$\boldsymbol{c}_{12} =$	(0,	0,	1,	0,	0,	1,	1,	1)
$\mathbf{K}_{13} = (5, 7, 8)$	$\boldsymbol{c}_{13} =$	(0,	0,	0,	0,	1,	0,	1,	1)

Nunmehr führen wir eine *Addition* der charakteristischen Vektoren gemäß folgender Vorschrift durch: Zwei Vektoren werden, wie üblich, komponentenweise addiert, jedoch mit der Zusatzforderung, daß $1 + 1 \overset{!}{=} 0$ gesetzt werden soll.

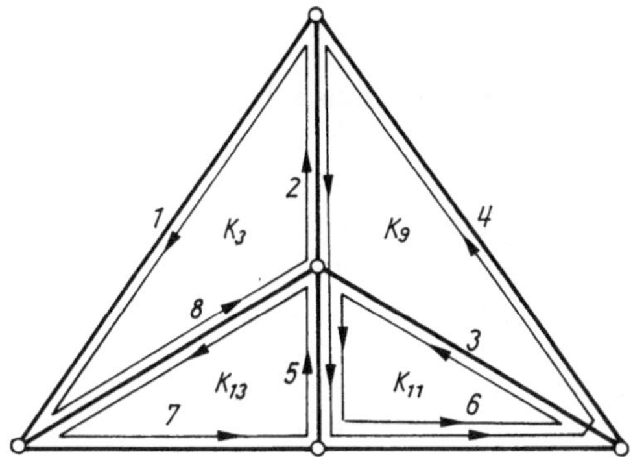

Abb. 4.5.3

So ergibt sich z.B. $\boldsymbol{c}_5 + \boldsymbol{c}_6 = \boldsymbol{c}_{11}$ oder $\boldsymbol{c}_7 + \boldsymbol{c}_8 = \boldsymbol{c}_1$.
Betrachten wir den Graphen der Abb. 4.5.3 und überlegen wir uns, was die Summe der beiden Kreise $\mathbf{K}_5$ und $\mathbf{K}_6$ bedeuten könnte. Lassen wir diejenigen Kanten weg, die beiden Kreisen zugleich angehören, und behalten die Kanten, die genau einem der beiden Kreise angehören, bei, so ergibt sich wiederum ein Kreis, und zwar $\mathbf{K}_{11}$. In diesem Sinn ist die Addition von Kreisen zu verstehen.
Eine Teilmenge $\mathfrak{C}$ aller Kreise heißt *Kreisbasis*, sofern sich ein beliebiger Kreis des Graphen durch Addition geeigneter Kreise von $\mathfrak{C}$ erzeugen läßt und keine echte Untermenge von $\mathfrak{C}$ jeden Kreis zu erzeugen gestattet. Für die charakteristischen Vektoren bedeutet das: Ein beliebiger zu einem Kreis gehöriger Vektor ist eine (sogar eindeutig bestimmte) Linearkombination gewisser Vektoren der Basis $(1 + 1 \overset{!}{=} 0)$.
In unserem Beispiel bilden die 4 Kreise $\mathbf{K}_3$, $\mathbf{K}_9$, $\mathbf{K}_{11}$, $\mathbf{K}_{13}$ eine Kreisbasis, es gilt dabei z.B.

$$\mathbf{K}_1 = \mathbf{K}_3 + \mathbf{K}_{11} + \mathbf{K}_{13},\ \mathbf{K}_2 = \mathbf{K}_3 + \mathbf{K}_{13}, \ldots, \mathbf{K}_{12} = \mathbf{K}_{11} + \mathbf{K}_{13}.$$

Der Leser ermittele für die verbleibenden Kreise die Linearkombinationen aus den Basiskreisen! Man sieht leicht, daß die Summe zweier Kreise nicht notwendig einen Kreis ergibt.
Es gilt nun der folgende Satz.

Satz

Jeder Graph besitzt (wenigstens) eine Kreisbasis. Jede Kreisbasis besteht aus genau $m - n + 1$ Kreisen (vgl. 3.2.2.).

Eine solche Kreisbasis kann man auf recht einfache Art gewinnen. Wir haben das nun folgende Verfahren bereits in 3.2. über elektrische Netze zur Ermittlung einer Menge erforderlicher und ausreichender Maschengleichungen angewandt.
Wähle ein beliebiges Gerüst $\mathbf{H}$ des Graphen $\mathbf{G}$ (den wir stets als zusammenhängend voraussetzen). $\mathbf{H}$ besteht aus genau $n - 1$ Kanten. Füge nun nacheinander jede der verbleibenden $m - n + 1$ Kanten von $\mathbf{G}$ zu $\mathbf{H}$ einzeln hinzu! Jede der $m - n + 1$ Kanten erzeugt zusammen mit $\mathbf{H}$ genau einen Kreis. Die Menge der so entstandenen Kreise bildet eine Kreisbasis. Die Unabhängigkeit dieser $m - n + 1$ Kreise überlege sich der Leser selber, er schaue sich dazu die zugeordneten charakteristischen Vektoren an!
Die oben angeführte Kreisbasis $\mathbf{K}_3$, $\mathbf{K}_9$, $\mathbf{K}_{11}$, $\mathbf{K}_{13}$ des Graphen der Abb. 4.5.3 wird ersichtlich durch das aus den Kanten mit den Nummern 2, 5, 6, 8 erzeugte Gerüst induziert.
Nunmehr sind wir in der Lage, ein weiteres Planaritätskriterium anzugeben.

Satz von McLane

> Ein Graph $\mathfrak{G}$ ist genau dann planar, wenn er eine solche Kreisbasis $\mathfrak{C}$ besitzt, daß keine Kante des Graphen in mehr als zwei Kreisen von $\mathfrak{C}$ liegt.

Die im Beispiel von uns gewählte Kreisbasis erfüllt offenbar die Forderungen des Satzes nicht (denn die Kante mit der Nummer 5 liegt in drei Basiskreisen), dennoch ist der Graph planar. Also muß es auch eine Kreisbasis $\mathfrak{C}'$ geben, so daß eine beliebige Kante von $\mathfrak{G}$ in höchstens 2 Basiskreisen liegt. Eine Kreisbasis, die den Forderungen des Satzes von McLane genügt, wäre etwa die aus den 4 Kreisen $\mathbf{K}_3$, $\mathbf{K}_7$, $\mathbf{K}_8$, $\mathbf{K}_{11}$ bestehende. Falls der Graph planar gezeichnet vorliegt und *zweifach zusammenhängend* ist (Dabei heißt ein Graph *zweifach zusammenhängend*, wenn er selber zusammenhängend ist und auch bleibt, wenn man einen beliebigen Knoten und die mit ihm inzidenten Kanten entfernt.), ist es ganz leicht, eine Kreisbasis anzugeben, die den Forderungen des Satzes von McLane genügt:

> Wähle alle die Kreise, die eine endliche Elementarfläche (vgl. Abb. 4.5.4) beranden (auch die Außenfläche ist elementar)!

In unserem Beispiel wären das die Kreise $\mathbf{K}_3$, $\mathbf{K}_8$, $\mathbf{K}_{11}$, $\mathbf{K}_{13}$.

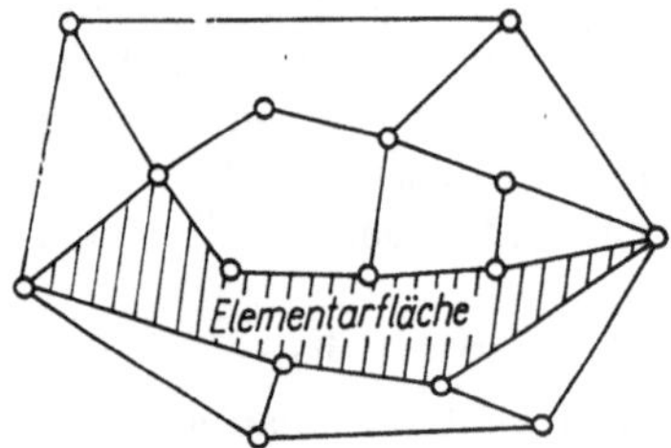

Abb. 4.5.4

4.5.2.3. Der Satz von Whitney

Erinnern wir uns des Begriffes *Schnitt* in einem zusammenhängenden Graphen, vgl. S. 113.

Wir nennen eine Kantenmenge σ eines ungerichteten Graphen $\mathfrak{G}$ einen *Schnitt von* $\mathfrak{G}$, wenn sie folgenden Bedingungen genügt:

(i) Nach Entfernen der Kanten von σ aus $\mathfrak{G}$ ist der Restgraph nicht mehr zusammenhängend.

(ii) Die Kantenmenge σ ist minimal, d.h., keine echte Teilmenge $\sigma' \subset \sigma$ erfüllt die Bedingung (i).

Schnitte sind also Kantenmengen, die einen zuvor zusammenhängenden Graphen nach ihrer Entfernung in zwei Teile zerlegen, ohne daß es eine echte Teilmenge bereits vermag. Warum entstehen genau zwei Teile?

Definition

> Der Graph $\mathfrak{G}'$ heißt *dual* zum Graphen $\mathfrak{G}$, sofern es eine eineindeutige (eindeutige und umkehrbar-eindeutige) Abbildung der Kantenmenge von $\mathfrak{G}'$ auf die von $\mathfrak{G}$ gibt, so daß folgendes gilt:
> Bildet die Kantenmenge σ einen Schnitt in $\mathfrak{G}$, so bildet die ihr entsprechende in $\mathfrak{G}$ einen Kreis, und umgekehrt.

Satz von Whitney

Ein Graph **G** ist genau dann planar, falls es einen Graphen **G**′ gibt, der zu **G** dual ist.

Wenn man einen zweifach zusammenhängenden planaren Graphen gezeichnet vorliegen hat, so läßt sich der zu ihm duale leicht angeben, vgl. dazu Abb. 4.5.5.

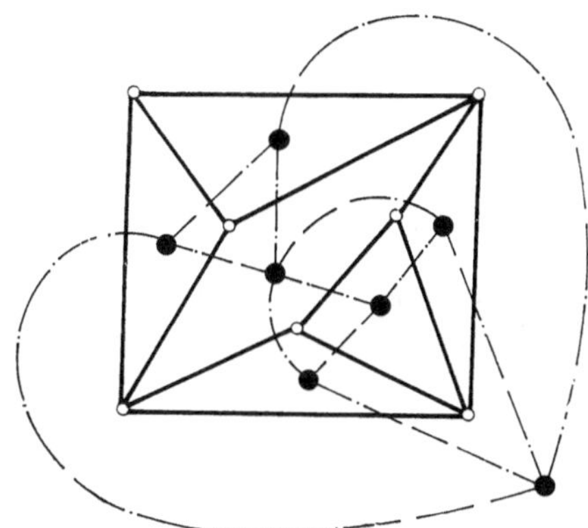

Abb. 4.5.5

In jede Elementarfläche wird ein Knoten (des dualen Graphen) eingezeichnet, und zwei Knoten X' und Y' werden genau dann durch genau so viele Kanten verbunden, wie die ihnen entsprechenden Elementarflächen gemeinsame Randkanten haben.

Man kann zeigen, daß **G** genau dann zu **G**′ dual ist, wenn **G**′ zu **G** dual ist. Im Graphen der Abb. 4.5.5 entsteht der voll ausgezogene Graph aus dem gestrichelten (mit den schwarzen Knoten), indem ebenfalls in jede Elementarfläche ein Knoten (nicht voll ausgezogen) gesetzt wird und die benachbarten Elementarflächen zugeordneten Knoten verbunden werden.

Ist der planare Graph **G** sogar dreifach zusammenhängend, so ist der duale Graph sogar eindeutig (bis auf Isomorphie) festgelegt, und es gilt **G** = (**G**′)′, ebenfalls bis auf Isomorphie.

Nach diesen theoretischen Überlegungen wenden wir uns nun Algorithmen zu, die es einerseits gestatten, zu entscheiden, ob ein vorgelegter Graph planar ist oder nicht, und andererseits im ersten Fall eine planare Einbettung des Graphen liefern.

4.5.3. Planaritätsalgorithmen

Die Zahl der publizierten Planaritätsalgorithmen ist inzwischen unermeßlich, so daß wir nur eine kleine Auswahl treffen können. Direkt oder indirekt wird bei fast jedem Algorithmus eines der drei oben angegebenen Kriterien verwendet. Da die rechentechnische Realisierung der uns bekannten Algorithmen nicht ganz einfach ist, wenngleich der Zeitaufwand der besten bekannten Algorithmen nur $\mathbf{O}(n)$ ist, verzichten wir auf die Angabe einer Subroutine. Der rechentechnisch einfache Algorithmus von W. T. Tutte macht es erforderlich, Gleichungssysteme vom Umfang $n \times n$ zu lösen, und erfordert damit einen im Vergleich mit $\mathbf{O}(n)$ sehr großen Aufwand (vgl. dazu [11]).

Im weiteren wollen wir einen Algorithmus angeben, der mit dem auch in anderen Gebieten der Graphentheorie wichtigen Begriff des *Gespinstes* (engl.: *bridge*) operiert.

Vorgegeben sei ein ungerichteter zusammenhängender Graph $\mathbf{G}[\mathfrak{X}, \mathfrak{U}]$. In $\mathbf{G}$ wählen wir einen echten Untergraphen $\mathbf{C}$ aus, der zusammenhängend sein möge (in vielen Fällen ist $\mathbf{C}$ ein Kreis). Im Graphen der Abb. 4.5.6a haben wir den Untergraphen durch doppelt gezeichnete Kanten hervorgehoben. Wir betrachten eine beliebige nicht zu $\mathbf{C}$ gehörige Kante u sowie alle Wege, die die Kante u enthalten, jedoch von $\mathbf{C}$ keinen Knoten als inneren Punkt besitzen. (Also: Ein Endpunkt oder beide Endpunkte eines solchen Weges dürfen auf $\mathbf{C}$ liegen, innere Punkte jedoch nicht.) Die Menge aller solchen Wege bezeichnen wir mit $\mathfrak{M}$; sie induziert in $\mathbf{G}$ einen Untergraphen $\mathbf{H}(\mathbf{C}, u)$. Dieser Untergraph ist offenbar zusammenhängend und heißt das von u bez. $\mathbf{C}$ erzeugte *Gespinst* in $\mathbf{G}$. Es ist leicht einzusehen, daß zwei Kanten u_1 und u_2 genau dann dasselbe Gespinst erzeugen, wenn u_2 zu $\mathbf{H}(\mathbf{C}, u_1)$ gehört. (Genau dann gehört u_1 zu $\mathbf{H}(\mathbf{C}, u_2)$.) Damit gehört jede zu $\mathbf{G}$, aber nicht zu $\mathbf{C}$ gehörige Kante genau einem Gespinst an. Bei Vorgabe von $\mathbf{G}$ und $\mathbf{C}$ sind somit die Gespinste fixiert. Für den Graphen der Abb. 4.5.6a haben wir die Gespinste in Abb. 4.5.6b wiedergegeben (dabei haben wir der Übersicht halber die Berührungspunkte der Gespinste auseinandergezogen). Es gibt deren 5, von denen 3 aus nur je einer Kante bestehen. Knoten, die sowohl zu $\mathbf{C}$ als auch zu einem Gespinst gehören, heißen *Rand-* oder *Berührpunkte* dieses Gespinstes.

Denken wir an die planare Einbettbarkeit eines Graphen, so ist unmittelbar einzusehen, daß bei Vorgabe eines Kreises $\mathbf{C}$ ein beliebiges Gespinst $\mathbf{H}(\mathbf{C}, u)$ entweder vollständig im Inneren oder vollständig im Äußeren von $\mathbf{C}$ eingebettet werden muß, wenn insgesamt eine Einbettung in die Ebene entstehen soll. Betrachten wir die Abb. 4.5.6b, so erkennen wir unmittelbar, daß die beiden Gespinste $\mathbf{H}_1$ und $\mathbf{H}_3$

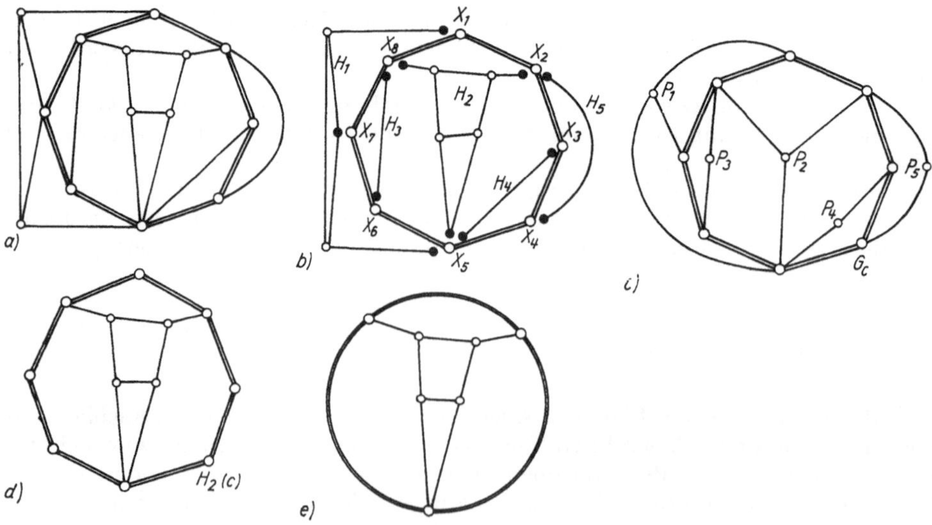

Abb. 4.5.6

bei jeder Einbettung in verschiedene durch **C** voneinander getrennte Gebiete der Ebene gelegt werden müssen, ebenso $\mathbf{H}_4$ und $\mathbf{H}_5$. Zwei Gespinste, die nicht zusammen in das Innengebiet (und damit natürlich auch nicht zusammen ins Außengebiet) des Kreises **C** eingebettet werden können, heißen *unverträglich*.
Wenn es nun, wie es z.B. beim vollständigen paaren Graphen $\mathbf{K}_{33}$ (Problem der drei Häuser und drei Werke) der Fall ist, einen solchen Kreis im Graphen gibt, bez. dessen drei Gespinste paarweise unverträglich sind, so ist der Graph gewiß nicht planar. Im $\mathbf{K}_{33}$ wähle man einen beliebigen Kreis der Länge 6, die verbleibenden drei Kanten sind in jedem Falle bez. dieses Kreises paarweise unverträglich, also ist der $\mathbf{K}_{33}$ nicht planar.
Denken wir uns in einem Graphen **G** einen Kreis **C** gegeben, der s Gespinste $\mathbf{H}_1$, $\mathbf{H}_2, \ldots, \mathbf{H}_s$ ($s \geqq 2$) erzeugt. Wir ersetzen in **G** jedes der s Gespinste $\mathbf{H}_i$ durch einen Knotenpunkt P_i und verbinden P_i mit jedem Berührpunkt von $\mathbf{H}_i$ durch eine Kante. Zusammen mit dem Kreis **C** entstehe der Graph $\mathbf{G}_\mathbf{C}$, den wir als *Ersatzgraphen* bezeichnen (vgl. Abb. 4.5.6c). Es gilt nun der folgende Satz, der als Basis vieler Einbettungsalgorithmen dient.

Satz

Ein Graph **G** ist genau dann planar, wenn er bez. eines beliebigen Kreises **C** und der von **C** in **G** erzeugten Gespinste $\mathbf{H}_1, \mathbf{H}_2, \ldots, \mathbf{H}_s$ die folgenden Eigenschaften besitzt:
(a) Der Ersatzgraph $\mathbf{G}_\mathbf{C}$ ist planar.
(b) Jeder der Graphen $\mathbf{H}_i(\mathbf{C}) := \mathbf{C} \cup \mathbf{H}_i$ ($i = 1, 2, \ldots, s$) ist planar.

In Abb. 4.5.6d ist z.B. $\mathbf{H}_2(\mathbf{C})$ für den Graphen der Abb. 4.5.6a dargestellt.
Durch den zuletzt genannten Satz ist gesichert, daß man – sofern in **G** ein wenigstens zwei Gespinste induzierender Kreis **C** existiert – die Untersuchung von **G** auf Planarität auf die Untersuchung i. allg. kleinerer Graphen zurückführen kann.
Das noch zu lösende Problem ist das Auffinden eines Kreises **C**, der wenigstens zwei Gespinste erzeugt.
Wir wählen einen beliebigen Kreis **C** und versuchen ihn wie folgt zu vergrößern: Falls sich ein Gespinst **H** bez. **C** findet, das mit **C** zwei solche Berührpunkte X und Y gemein hat, die auf **C** benachbart sind, so gibt es in **H** einen Weg (der wegen Fehlens von Doppelkanten wenigstens zwei Kanten enthält), dessen Endpunkte X und Y sind. Nun ersetzen wir die Kante (X, Y) von **C** durch den soeben gefundenen Weg und erhalten einen neuen Kreis, den wir wiederum mit **C** bezeichnen. Dieses Verfahren setzen wir solange fort, bis weitere Anwendung keine Verlängerung des Kreises **C** ergibt.
Gehen wir davon aus, daß der Ausgangsgraph dreifach zusammenhängend ist (es genügt, den zweifachen Zusammenhang zu fordern sowie $v(X) \geqq 3$ für die Valenz eines jeden Knoten von **G**), so erzeugt der soeben konstruierte Kreis **C** wenigstens zwei Gespinste.
Die Untersuchung der entstehenden Graphen $\mathbf{G}_\mathbf{C}, \mathbf{H}_1(\mathbf{C}), \ldots, \mathbf{H}_s(\mathbf{C})$ auf Planarität kann nun entsprechend den Untersuchungen für **G** durchgeführt werden. Zu bedenken ist jedoch, daß die so entstehenden Graphen i. allg. nicht dreifach zusammenhängend sind, da Knoten der Valenz 2 auftreten können. In diesem Fall »ziehen wir diese Knoten durch«, so wie wir umgekehrt beim Satz von Kuratowski Knoten auf die Kanten »gesetzt« haben, vgl. Abb. 4.5.6e. Wenn der Prozeß genügend weit voran-

geschritten ist, werden gewisse der Graphen trivialerweise planar, da außer dem Kreis **C** im wesentlichen nur noch eine Kante verbleibt. Solche Graphen können natürlich von weiterer Untersuchung auf Planarität ausgeschlossen werden. Ein anderes triviales Zeichen, daß ein aktueller Graph planar ist, wäre eine Knotenzahl kleiner als 5, denn gemäß dem Satz von KURATOWSKI haben nichtplanare Graphen wenigstens 5 Knoten.
Wenden wir uns nun einem Einbettungsalgorithmus zu.

Verbalalgorithmus *zur Einbettung eines zusammenhängenden Graphen in die Ebene* (nach DEMOUCRON et al. [8])

(i) Wähle einen beliebigen Kreis **K** in **G**, und bette ihn in die Ebene ein. (Gibt es keinen Kreis, so ist **G** ein Baum und trivialerweise planar.) Vgl. S. 53.
(ii) Gibt es ein Gespinst **H** bez. **K**, das nur in eine einzige Elementarfläche **F** der aktuellen Einbettung eingebettet werden kann? Falls ja, gehe nach (v).
(iii) Gibt es ein Gespinst **H** bez. **K**, das in keine Elementarfläche der aktuellen Einbettung eingebettet werden kann?
Falls ja, gehe nach **FEHLER**.
(iv) Wähle irgendein Gespinst **H** bez. **K** und in **H** einen beliebigen Weg **W**, dessen beide Endpunkte zu **K** gehören. Bette **W** in irgendeine der beiden möglichen Elementarflächen ein und bilde $\mathbf{K} := \mathbf{K} \cup \mathbf{W}$. Gehe nach (ii), solange **G** nicht vollständig eingebettet ist, andernfalls gehe nach **ENDE**.
(v) Bette einen beliebigen Weg **W** von **H**, dessen beide Endpunkte auf **K** liegen, in die Elementarfläche **F** ein. Gehe nach (ii), solange **G** nicht vollständig eingebettet ist, andernfalls gehe nach **ENDE**.

FEHLER: **G** ist nicht planar.
ENDE: **G** ist planar und eingebettet.

Betrachten wir ein kleines Beispiel. Gegeben sei der Graph **G** durch die beiden Kantenlisten **A** und **E**, wobei $A(u)$ und $E(u)$ die Endpunkte der Kante u sind:

$u =$	u_1	u_2	u_3	u_4	u_5	u_6	u_7	u_8	u_9	u_{10}	u_{11}	u_{12}	u_{13}	u_{14}	u_{15}
$A(u) =$	3	4	7	7	6	2	2	1	4	5	5	1	2	1	2
$E(u) =$	6	6	9	8	7	7	3	5	9	9	8	8	8	3	4

Es findet sich etwa der Kreis $\mathbf{K} = (X_3, X_6, X_7, X_8, X_1, X_3)$, den wir gemäß Abb. 4.5.7a eingebettet haben. Es gibt an **K** ersichtlich nur ein Gespinst. In diesem wählen wir einen Weg, etwa (X_3, X_2, X_4, X_6), und betten ihn gemäß (iv) in die Innenfläche von **K** ein (Abb. 4.5.7b). Die gesamte bisherige Einbettung nennen wir **K**.
Nunmehr gibt es drei Gespinste $\mathbf{H}_1 = [X_2, X_7]$, $\mathbf{H}_2 = [X_2, X_8]$ und $\mathbf{H}_3$, das die verbleibenden 5 Kanten enthält. Das Gespinst $\mathbf{H}_3$ läßt sich in nur eine Elementarfläche einbetten, somit betten wir (vgl. Abb. 4.5.7c) etwa den Weg $[X_1, X_5, X_9, X_4]$ ein. Anschließend erweitern wir **K** um diesen Weg. Es verbleiben 4 Gespinste, von denen jedes aus nur einer Kante besteht. Nacheinander können nun die Kanten $[X_5, X_8]$ und $[X_7, X_9]$ eindeutig eingebettet werden (Abb. 4.5.7d). Die verbleibenden zwei Kanten sind in Übereinstimmung mit (iii) nicht mehr einbettbar, damit ist klar, daß der Graph nichtplanar ist. In Abb. 4.5.7e haben wir eine Einbettung mit 2 Überkreuzungen angegeben. Der Leser versuche eine solche Einbettung zu finden, bei der nur ein Kreuzungspunkt auftritt!
Ein interessanter Einbettungsalgorithmus wurde von W. T. TUTTE angegeben, der für dreifach zusammenhängende Graphen anwendbar ist. Zunächst wird ein sog. *peripherer*

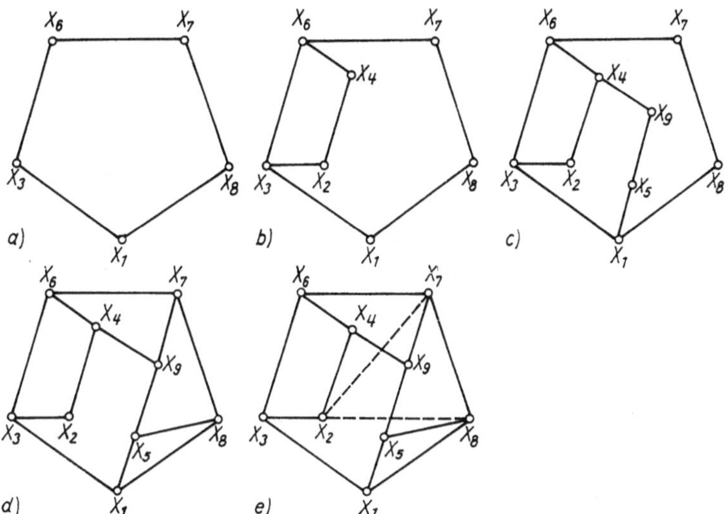

Abb. 4.5.7

Kreis gesucht, also ein Kreis, der nur ein Gespinst erzeugt. Dieser Kreis wird konvex in die Ebene eingebettet und wird zur Berandung des Außengebietes.
Jeder der nicht zu diesem peripheren Kreis gehörigen Knoten wird nun in den jeweiligen Schwerpunkt seiner Nachbarknoten gelegt. Dazu muß ein Gleichungssystem mit $n - r$ Gleichungen und ebensovielen Unbekannten gelöst werden, wenn r die Anzahl der Knoten des peripheren Kreises ist. (Genauer: Es sind zwei Gleichungssysteme zu lösen, eines für die Abszissen, eines für die Ordinaten, jedoch haben beide die gleiche Koeffizientenmatrix.)
Die Lösung des Gleichungssystems liefert die x- bzw. y-Koordinate für die Einbettung eines jeden Knotens, der nicht zum peripheren Kreis gehört. Ist die Lage der verbleibenden Knoten fixiert, so verbinde man nur noch geradlinig diejenigen Knotenpaare, zwischen denen eine Kante des Graphen eingezogen werden muß. Wenn keine zwei Knoten zusammenfallen und wenn es keine Überschneidungen gibt, so ist der Graph planar und auch eingebettet.
Hopcroft et al. [18] haben einen Einbettungsalgorithmus angegeben, der es gestattet, die Planarität oder Nichtplanarität eines Graphen mit einem Aufwand $\mathbf{O}(n)$ zu ermitteln. In seiner Realisierung ist dieser Algorithmus nicht ganz einfach, weswegen wir auf seine Wiedergabe verzichten.

4.6. Bemerkungen zur Auswertung von Rechenbeispielen

Die im Buch angegebenen **PASCAL**-*Prozeduren* sind von uns sowohl an Hand ausgewählter Beispiele als auch mittels zufällig erzeugter Graphen getestet worden. Die verwendete Rechenanlage war eine aus der Serie ES 1040. Die Rechenexperimente wurden bei normalem Rechenbetrieb (Betriebssystem OS/ES Version 6.1 M9(MVT)) mit einem **PASCAL**-360-Compiler durchgeführt. Die Meßgenauigkeit der Rechenzeiten betrug 0,02 s. Wiederholungen der gleichen Rechnung liefern unter diesen Bedingungen bei kleineren Beispielen Abweichungen von bis zu 40%. Die im folgenden angeführten Rechenzeiten sind somit entsprechend zu relativieren. Die angeführten Zeitangaben beziehen sich stets auf die Arbeitszeit der Prozedur, sie beinhalten keine Datenein- und -ausgaben und keine evtl. erforderlichen Vorbereitungsarbeiten.

Die drei einfachen Prozeduren

- **VLINNF** Bereitstellung der Nachfolgerliste bei vorgegebener Vorläuferliste
- **UMGEBUNG** Bereitstellung der Umgebungsliste aus der Vorläuferliste
- **ZUSAMMEN** Ermittlung aller zusammenhängenden Komponenten aus der Umgebungsliste

wurden an einer Serie von mehr als 100 verschiedenen Graphen mit maximal $n = 500$ Knoten und $m = 1\,000$ Bögen getestet. Für jede der drei Prozeduren ergab sich eine mittlere Rechenzeit von $0{,}06 \cdot 10^{-2} \cdot m$ s. Die Streuung war dabei sehr gering. Die Rechenzeiten der beiden Erreichbarkeitsprozeduren

- **BFS** Breadth-First-Search
- **DFS** Depth-First-Search

streuen naturgemäß stärker, weil sie von der Anzahl der erreichbaren Knoten abhängen. Die Rechenzeit für **DFS** betrug etwa $0{,}3 \cdot 10^{-3}\, m$ s. In allen vergleichbaren Beispielen (gleicher Graph, gleicher Startknoten) benötigte die Prozedur **BFS** etwa $0{,}01 \cdot 10^{-2}\, m$ s weniger Rechenzeit.
Zu diesen Erfahrungen fügt sich die Rechenzeit für die Prozedur

- **STARKZUS** Ermittlung aller stark zusammenhängenden Komponenten, die die Prozedur **BFS** bzw. **DFS** benötigt:

n	m	Rechenzeit STARKZUS in Sekunden		Anzahl stark zusammenhängender Komponenten
		mit DFS	mit BFS	
48	100	0,08	0,06	1
50	100	0,60	0,50	13
91	200	0,14	0,26	1
100	200	3	2,5	39
174	400	0,30	0,28	1
200	400	13	11	87
300	600	22	18,5	92
400	800	43	34	136
500	1000	58	48	148

Sind auch die Rechenzeiten bei **DFS** etwas größer als bei **BFS**, so hat **DFS** natürlich auch große Vorteile, wie in vielen Kapiteln des Buches beschrieben, sei es ein gewisses Ziel schnell zu erreichen, sei es Speicherplatz zu sparen. Diese Vorteile wurden bei Enumeration einschließlich der branch-and-bound-Technik wiederholt verwendet.

Die Prozedur

- **MINGERST** Bestimmung eines Gerüstes minimaler Länge benötigte im Mittel $0{,}24 \cdot n \cdot m \cdot 10^{-2}$ s (z.B. für einen Graph mit $n = 262$ und $m = 600$ etwa 370 s). Eine zweite, im Buch nicht explizit angegebene Prozedur benötigte nur etwa $0{,}14 \cdot \lg n \cdot m \cdot 10^{-2}$ s (für das Beispiel etwa 1,5 s).

Bei den Wegalgorithmen

- **KURZWEG** Bestimmung eines kürzesten Weges bei nichtnegativen Bogenlängen
- **KURZWEGF** Bestimmung eines kürzesten Weges in Graphen ohne Fehlerkreise
- **BAHN** Ermittlung eines kürzesten oder längsten Weges bei gleichzeitiger Suche nach Fehlerkreisen (ähnlich der Prozedur **KURZWEGF**)
- **LANGWEG** Ermittlung eines längsten Weges bei vorangehender Aufstellung einer geeigneten Knotennumerierung (sofern kein Fehlerkreis vorliegt)

erweist sich **KURZWEG** als relativ langsam. Die Rechenzeit von **KURZWEG** kann etwa durch $(5\,m + n^2) \cdot 10^{-4}$ s angegeben werden und entspricht damit der worst-case-Abschätzung $\mathbf{O}(m + n^2)$. Im Gegensatz dazu zeigt die Prozedur **KURZWEGF** günstigeres Verhalten, nämlich $0{,}13 \cdot 10^{-3} \cdot m \cdot \ln n$ s. Wir wollen dieses günstige Verhalten an der Prozedur **ZENTRUM** demonstrieren, die im wesentlichen aus $(n + 1)$-maligem Aufruf der entsprechenden Kürzeste-Weg-Prozedur besteht:

		Rechenzeit für **ZENTRUM** in Sekunden			
		– mit **KURZWEG**		– mit **KURZWEG F**	
n	m	Zeit für **ZENTRUM**	Mittel für **KURZWEG**	Zeit für **ZENTRUM**	Mittel für **KURZWEGF**
50	100	13	0,26	10	0,20
100	200	103	1,02	45	0,44
200	400	817	4,06	249	1,24
100	600	35	0,35	65	0,64
100	800	49	0,48	75	0,75
100	1000	46	0,64	79	0,78

Für **BAHN** muß im Mittel mit $2 \cdot 10^{-6} \cdot m$ s und für **LANGWEG** mit $6 \cdot 10^{-4} \cdot m$ s gerechnet werden.

Die guten Erfahrungen mit den Prozeduren **KURZWEGF** und **BAHN** werden auch durch ein komplexes Programmsystem (**LEINET**) für die Ablaufplanung bestätigt, mit dem eine Vielzahl von Terminberechnungen in Netzplänen für die Praxis durchgeführt wurden. Selbst bei $n = 1200$ und $m = 2500$ lag die Rechenzeit unter drei Minuten, wobei in dieser Zeit noch ein hoher Anteil vorzubereitender Datenorganisation und Ergebnisausgabe (Listenzusammenstellung) enthalten ist.

Auch bez. der Prozedur

- **TRANSPORT** Lösung von Transportaufgaben in gerichteten Graphen können wir auf gute Rechenerfahrungen verweisen. Bei Beispielen mit $n \approx 500$ und $m \approx 2000$ liegen die Rechenzeiten einschließlich Ein- und Ausgabe im Bereich von 1 bis 2 Minuten.

Darüber hinaus haben wir **TRANSPORT** auf zufällig erzeugte, stark zusammenhängende Graphen angewandt, wobei alle unteren Flußschranken auf 0 gesetzt wurden, genau ein Bogen den Kostenwert -1000 bekam, während alle anderen Bögen Kosten zwischen 1 und 75 erhielten. Die erzielten Ergebnisse waren

n	m	**TRANSPORT**-Zeit in Sekunden
17–48	40–100	0,02
82	200	3,28
89	200	0,02
163	400	26,6
174	400	0,06
234	600	5,8
262	600	0,1
349	800	0,12
434	1000	0,16

Die Prozeduren

- **ZUORDNUNG** Lösung des Zuordnungsproblems
- **RUNDRSAP** Näherungslösung des Rundreiseproblems
- **RUNDRSSY** Näherungslösung des symmetrischen Rundreiseproblems

haben wir mit einer kleineren Serie symmetrischer Matrizen der Ordnung $n = 10$ bis $n = 100$ mit sehr großen Hauptdiagonalelementen getestet. Die Rechenzeiten lagen dabei bei etwa

50 s bei $n = 100$ für **ZUORDNUNG**
1 s bei $n = 100$ für **RUNDRSAP**
200 s bei $n = 100$ für **RUNDRSSY**.

Dabei waren die Zielfunktionswerte bei **RUNDRSAP** im Mittel um 40% schlechter als die bei **RUNDRSSY**.
Für die Prozedur

- **MATCH** Ermittlung einer Maximumpaarung

wurden z. B. folgende Rechenzeiten ermittelt:

n m	10 20	50 100	91 200	100 200	179 400	255 600	262 600	349 800	434 1000
Rechenzeit in Sekunden	0,08	0,18	0,14	0,26	0,42	1,91	1,70	1,10	1,56

Im Mittel kann die Rechenzeit durch $0{,}11 \cdot 10^{-4} \cdot m \cdot n$ s abgeschätzt werden.
Die Rechenzeiten der Proceduren

- **STABIL** Ermittlung der inneren Stabilitätszahl
- **DOMINANZ** Ermittlung der äußeren Stabilitätszahl

wachsen erwartungsgemäß sehr rasch an, da ja die ermittelten innerlich bzw. äußerlich stabilen Mengen in ihrer Anzahl sehr schnell wachsen. Wir beschränken uns auf wenige Beispiele (die Rechenzeiten sind in Sekunden angegeben).

n m	10 20	18 40	17 50	17 60	17 80	17 100	28 60	28 80	39 80	
STABIL	0,04	1,0	0,9	0,6	0,36	0,24	10	18	342	
DOMINANZ	0,16	6,5	3,3	1,8	0,7	1,1	713	129	30	Min.

Ein ähnlicher Effekt tritt erwartungsgemäß bei der Bestimmung der chromatischen Zahl auf. Während die Näherungsprozedur **CHINA** für die folgenden kleinen Beispiele maximal 0,04 s benötigte, waren für die exakte Prozedur **CHROM** die folgenden Rechenzeiten ermittelt worden:

n	m	chromatische Zahl	**CHROM** – Rechenzeit in Sekunden
19	50	4	168
20	100	6	530
30	80	5	308

Im 2. Beispiel ermittelte die Näherungsprozedur **CHINA** in 0,04 s eine 7-Färbung, **CHROM** ermittelte in 10 s eine 6-Färbung, die in den restlichen über 8 Minuten nur als optimale Lösung bestätigt wurde. Der Nachweis, daß der Graph vom Beispiel 3 nicht mit 4 Farben zulässig färbbar ist (durch Ansatz $MAXCHI = 4$), benötigte **CHROM** 51 Sekunden.

Literatur- und Quellenverzeichnis

[1] Белов, В. В.; Воробьев, Е. М.; Шаталов, В. Е.: Теория графов. Высшая школа. Москва 1976

[2] Berge, C.; Ghoula-Houri, A.: Programmes, Jeux et Résaux Transport. – Paris, 1962 (dt.: Leipzig, 1969)

[3] Busacker, R. G.; Saaty, T. L.: Finite Graphs and Networks. – New York, 1965

[4] Carré, B.: Graphs and Networks. – Oxford, 1979

[5] Christofides, N.; et al.: Combinatorial Optimization. – New York, 1979

[6] Christofides, N.: Graph Theory. An Algorithmic Approach. – New York, 1975

[7] Danzig, G. B.: Lineare Programmierung und Erweiterungen. – Berlin-Heidelberg-New York, 1966

[8] Demoucron, G.; et al.: Graphes Planaires: Reconnaissance et Construction de Représentations Planaires Topologiques, Rev. Franc. Recherche Operationelle 8 (1964) 34–37

[9] Ebert, J.: Effiziente Graphenalgorithmen. – Wiesbaden, 1981

[10] Евстигнеев, В. А.; Мельников, Л. С.: Задачи и упражнения по теории графов и комбинаторике. – Новосибирск, 1981

[11] Ehnert, G.: Systematische Untersuchungen über Planaritätskriterien und Einbettungsalgorithmen von Graphen, Diss. A. – Ilmenau, 1978

[12] Ермолаев, Ю. М.; Мельник, И. М.: Экстремальные задачи по графам. Наукова думка. – Киев, 1968

[13] Even, S.: Graph Algorithms. – London, 1979

[14] Ford, L. R.; Fulkerson, D. R.: Flows in Networks. – Princeton, New Yersey, 1962

[15] Garey, M. R.; Johnson, D. S.: Computers and Intractability. – A Guide to the Theory of NP-Completeness. – W. H. Treeman, 1979

[16] Goodman, S. E.; Hedetniemi, S. T.: Introduction to the Design and Analysis of Algorithms. – New York, 1977

[17] Henn, R.; Künzi, H. P.: Einführung in die Unternehmensforschung. – New York, 1968

[18] Hopcroft, J.; Tarjan, R. E.: Efficient Planarity Testing. – Jacm Vol. 21 No. 4, Oct. 1974, 549–568

[19] Hu, T. C.: Ganzzahlige Programmierung und Netzwerkflüsse. – München, Wien, 1972

[19a] Künzi, H. P.; Tan, S. T.: Lineare Optimierung großer Systeme. – Lecture Notes in Math, Bd. 27. – New York, 1966

[20] Lawler, E. L.: Combinatorial Optimization: Netzworks and Matroids. – Holt, Rinehart and Winston, 1976

[20a] Lovász, L.; Plummer, M. D.: Matching Theory. – Budapest, 1986

[21] Marshall, C. W.: Applied Graph Theory. Wiley-Interscience. – New York, 1971

[22] Minieka, E.: Optimization Algorithms for Networks and Graphs. – New York, Basel, 1978

[23] Noltemeier, H.: Graphentheorie mit Algorithmen und Anwendungen. – Berlin, New York, 1976

[24] Picard, C. F.: Théorie des Questionnaires. – Paris, 1965

[25] Sachs, H.: Einführung in die Theorie der endlichen Graphen. I, II. – Leipzig, 1970, 1972

[26] Seshu, S.; Reed, M. B.: Linear Graphs and Electrical Networks. – Massachusetts (USA), 1961

[27] Wai-Kai Chen: Applied Graph Theory. – Amsterdam, London, 1971

[28] Wataru Mayeda: Graph Theory. – New York, 1972

[29] Walther, H.: Anwendungen der Graphentheorie. – Berlin, 1978

[29 a] Walther, H.: Ten Applications of Graph Theory. – Dordrecht, 1984

[30] Wilson, R. J.; Beinecke, L. W.: Applications of Graph Theory. – London, 1979

Sachwortverzeichnis

Adjazenzmatrix 15
Aktivität 71
Algorithmus 19
–, befehlsmäßiger 21
alternierende Kette 170
Anfangsknoten 14
Anordnung, Lexikographische 10
Antipode 67
Antisymmetrie 43
Anweisungen 23
Ausgangsvalenz 19

Bahn 37
Baum 39, 85
befehlsmäßiger Algorithmus 21
Berührungspunkte 180
binärer Wurzelbaum 43
Bogen 14
– -bewertungen 28
– -kosten 116
– -längenmatrix 62
branch and bound 135
bridge 180

charakteristischer Vektor 10, 176
chromatische Zahl 152
Cliquenzahl 153
Cogerüst 82
Cokreis 113

Demoucron 182
deterministische Maschine 34
disjunkte Kanten 130
Distanzmatrix 62
dominierende Knotenmenge 166
Dreiecksungleichung 55
dualer Graph 178

eindeutige Färbung 161
Eingangsvalenz 17
Endknoten 14
Ergiebigkeit 96

Erreichbarkeit 38
Ersatzgraphen 181
Eulersche Polyederformel 174
exponierter Knoten 170

Familie 9
Färbungszahl (colouring number) 155
Festpunkt 88
Fluß 96
Floyd, Algorithmus von 62

Gerüst 79
Geschwisterhalbordnung 44
Gespinst 180
Gespinste, unverträgliche 181
Graph 12
–, dualer 178
–, schlichter 15
–, zusammenhängender 48
–, zweifach zusammenhängend 179
Greedy-algorithmen 80
– -prinzip 74

Halbordnung 43
Hamilton 135
– -Kreis 135
Hopcroft 183

Indexliste 17, 18
in-kilter 120
innere Stabilitätszahl 148
innerlich stabil 148
Inzidenz-funktion 14
– -matrix 16
Isomorphie 14

Kanten, disjunkte 130
– -folge 37
– -zug 37
Kapazitätsschranke 96
k-Clique 153
Kette 37

Kette, alternierende 170
Kilterkurve 120
KIRCHHOFF 96, 99
Knapsackproblem 72
Knoten 14
–, überdeckter 149, 166
– -menge, unabhängige 148
– -punkt 14
KÖNIG, Satz von 130
Kreis 37
– negativer Länge 56
–, peripherer 182
– -basis 177
– -matrix 101
KURATOWSKI, Satz von 175
Kurzzyklus 135

Labyrinthproblem 38
LANDAUsches Symbol 31
Länge eines Bogens 55
– einer Kante 55
lexikographische Anordnung 10
Liste 15
Lösung, suboptimale 11

Maschen-regel 99
– -strom 104
matching 130
Matroid 81
maximale Menge 10
Maximalstrom 108
– -problem 97
maximum matching 170
Maximum-menge 10, 170
– -paarung 130, 170
McLANE, Satz von 176
Mehrfachbogen 15
Menge 9
–, stabile 148
Minimal-gerüst 79
– -gradfolge 155
– -schnitt 113
Minimumelement 29
𝔐-vergrößerbar 170

Nachfolger 18
nichtdeterministische Maschine 34

OMsches Gesetz 99
Optimierung 11

out-of-kilter 120
– -Algorithmus 120

Paarung 129
peripherer Kreis 182
Peripheriewinkelsatz 89
Permutation 10
planar 43, 174
Polnische Notation, umgekehrte 45
polynomialer Aufwand 34
Polynomzeit 34
Potential 71
Programmablaufplan 19
Prüfbefehl 23
PTOLEMAIOS 89

Quelle 96

Radius 67
Randpunkt 180
Reflexivität 43
Rückkehrbogen 97, 116
Rundreiseproblem 134

schlichter Graph 15
Schlinge 15
Schnitt 80, 178
Sehnenviereck 90
Senke 96
Spaltenknoten 131
spanning tree 79
Spannung 99
stabile Menge 148
Stabilitätszahl, innere 148
stark zusammenhängend 50
Starrpunkt 92
Startknoten 14
STEINER, Problem von 86
Strom 99
–, zulässiger 109
suboptimale Lösung 11
Superpositionsprinzip 104

Tanzpaarung 98
TARRY-Ordnung, umgekehrte 45
Terminvektor 71
Test 23
Totospiel 164
Transitivität 43
Transportproblem 98

TRÉMAUX, Algorithmus von 38
Trockentest 24

überdeckter Knoten 149, 166
unabhängige Knotenmenge 148
Unterteilung eines Graphen 175
unverträgliche Gespinste 181

Vektor 15
–, charakteristischer 10, 176
Verteilerknoten 96
Verteilungsproblem 97
vollständig geordnete Menge 44
vollständiges k-Eck 153
Vorfahrrelation 44
Vorgang 71
Vorläuferliste 17

Weg 37
WHITNEY, Satz von 178
worst case 31
Wurzelbaum 39
–, binärer 43

Zeilenknoten 131
Zentrum 67
Zielknoten 14
zulässiger Strom 109
zulässig gefärbter Graph 152
zusammenhängende Komponente 50
zusammenhängender Graph 48
zweifach zusammenhängend 179
Zyklenbasis 101
– -matrix 101
Zyklus 37